大数据、云计算、人工智能、信息安全人才培养丛书

“互联网+”新形态一体化教材

路由交换技术项目实战教程

LUYOU JIAOHUAN JISHU XIANGMU SHIZHAN JIAOCHENG

主审◎利业鞑

主编◎钟祥睿　许志聪　曹秀莲

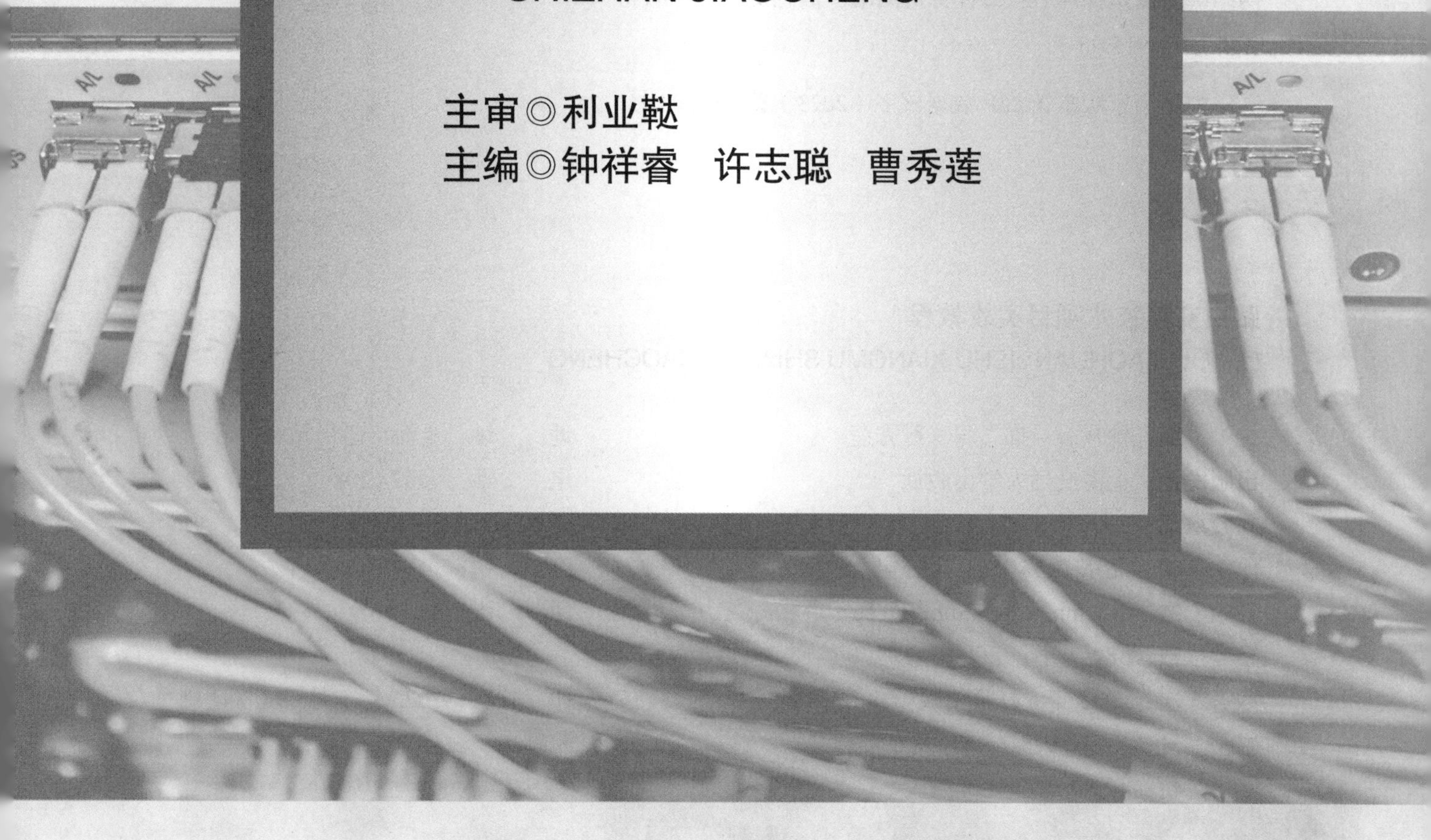

上海交通大學出版社
SHANGHAI JIAO TONG UNIVERSITY PRESS

内容提要

本书根据教育部高等职业学校计算机专业教学标准，基于当前国内主流网络品牌华为的官方模拟器 eNSP，通过华为系列主流的网络设备，介绍了网络互联与构建的基础原理和实践操作。全书共分为 11 个单元，内容涵盖了网络物理层的传输原理，数据链路层二层交换机的工作原理、VLAN 技术、ARP 协议，生成树协议，链路聚合技术，网络层中路由器的静态路由协议、动态路由协议、广域网接入 PPP 协议、访问控制列表、网络地址转换技术，以及传输层中的高级访问列表应用等内容。

图书在版编目（CIP）数据

路由交换技术项目实战教程 / 钟祥睿，许志聪，曹秀莲主编 . — 上海：上海交通大学出版社，2023.6（2025.1 重印）

ISBN 978-7-313-28069-5

Ⅰ . ①路… Ⅱ . ①钟… ②许… ③曹… Ⅲ . ①计算机网络—路由选择—教材②计算机网络—信息交换机—教材 Ⅳ . ① TN915.05

中国国家版本馆 CIP 数据核字（2023）第 030504 号

路由交换技术项目实战教程

LUYOU JIAOHUAN JISHU XIANGMU SHIZHAN JIAOCHENG

主　　编：钟祥睿　许志聪　曹秀莲

出版发行：上海交通大学出版社

邮政编码：200030

印　　制：北京荣玉印刷有限公司

开　　本：889 mm × 1194 mm　1/16

字　　数：382 千字

版　　次：2023 年 6 月第 1 版

书　　号：ISBN 978-7-313-28069-5

定　　价：49.80 元

地　　址：上海市番禺路 951 号

电　　话：6407 1208

经　　销：全国新华书店

印　　张：15

印　　次：2025 年 1 月第 3 次印刷

编写委员会

主　审　利业鞑

主　编　钟祥睿　许志聪　曹秀莲

副主编　张金良　卞如芳　张　驰

前 言

现阶段计算机网络技术的发展已成为世界高新技术发展的核心之一，它在不知不觉中影响着我们每个人的生活。我们日常生活应用的计算机网络服务是依托于网络设备和网络传输媒介的，网络设备中的交换机、路由器、无线接入点和光缆等为数据传输、云计算、人工智能和工业互联网等领域的上层应用提供坚实的基础。

根据 Dell'Oro 集团的数据，华为 2021 年占全球通信设备市场 28.7%的份额，连续 2 年居于首位。在国内市场，华为通信设备也是市场主流产品。因此，本书以华为系列设备为基础进行具体的项目实战。

网络设备的成本比较大，个人甚至一般的院校想要通过真实网络设备来实现一些结构复杂的练习及测试是不太现实的。eNSP(enterprise network simulation platform)是一款由华为提供的、可扩展的、图形化操作的网络仿真工具平台，主要对企业网络路由器和交换机进行软件仿真，呈现真实设备使用场景，支持大型网络模拟，让广大用户有机会在没有真实设备的情况下能够模拟演练，学习网络技术。

本书以帮助学习者掌握计算机网络原理为理念，以华为官方的 eNSP 工具为依托，让学习者能够通过仿真工具中的链路、二层交换机、路由器和三层交换机等网络基础设备掌握和理解计算机网络 TCP/IP 协议，能够根据现实需求规划、设计网络拓扑结构，为各个网络设备配置相应的信息并掌握远程、自动化的网络管理能力。

本书分为 6 大模块：TCP/IP 基础模块、交换技术模块、网络可靠性模块、路由协议模块、广域网技术模块和网络安全模块。每个模块分为若干个单元，每个单元都设置了学习目标、学习准备、相关知识、项目实战和单元总结等内容，其中项目实战把项目分为若干个子项目完成，实施完成之后再进行相关的单元总结。最后，每个单元设计合适的练习题巩固学习者在该单元学习的知识内容。

TCP/IP 基础模块由单元 1 的网络通信基础组成，详细介绍了网络通信基础、IP 地址、数据包组成结构及分类、华为通信设备基础界面及命令模式等内容。

交换技术模块由单元 2～单元 4 的以太网交换机基础、虚拟局域网和生成树技术组成，通过原理与项目实训相结合的方式，让学习者掌握二层交换机的基本功能及其应用场景。

网络可靠性模块由单元 5 的以太网链路聚合组成，该模块主要介绍了链路聚合的手工方式和 LACP 方式，让学习者掌握链路聚合的功能作用和应用场景。

路由协议模块由单元 6～单元 8 的 IP 路由基础、VLAN 间通信和链路状态路由协议组成，通过一系列路由选择的项目引导学习者掌握不同路由选择的原理，理解在什么网络环境下选择何种路由协议和路由管理技术。

广域网模块由单元 9 组成，该模块主要介绍了接入广域网的常见链路层协议 PPP 和 PPPoE，让学习者掌握这两种协议的功能作用及其应用场景。

网络安全模块包括了单元 10 访问控制列表和单元 11 网络地址转换。该模块的内容中总结归纳了网络应用的各种场景，引导学习者了解并掌握各类场景下如何使用支持 3 层甚至 4 层设备的安全选项，来处理网络互通与安全之间的关系。

本书摒弃了过往某些网络设备类的教材中把网络实训的项目设计过于理想化，与实际应用差异较大，容易导致学生毕业后在实践工作中难以应用的缺陷，强调采用实际网络工程中的案例，把现实网络工程中常见案例的原理讲清、讲细，真正做到授之以渔。

本书配有教学实训微课视频、项目练习原始拓扑图、课程标准、教学课件、电子教案、作业、习题答案和模拟试卷等资源，方便教师的授课与学生的学习。同时本书还配有超星在线学习平台，读者可登录以下网址在线学习：

https://mooc1.chaoxing.com/course-ans/courseportal/233120285.html

本书落实立德树人根本任务，贯彻《高等学校课程思政建设指导纲要》和党的二十大精神，将专业知识与思政教育有机结合，推动价值引领、知识传授和能力培养紧密结合。本书可作为高等院校计算机相关专业学习网络技术的教材，也可供广大网络技术爱好者和网络管理从业者参考阅读。

由于编者水平有限，而且计算机网络技术发展日新月异，书中存在的疏漏和不妥之处，敬请广大读者和专家批评指正。

编　者

2022 年 12 月

目 录

TCP/IP 基础模块

交换技术模块

网络安全模块

TCP/IP
基础模块

2022 年 11 月 7 日，国务院新闻办公室发布的《携手构建网络空间命运共同体》白皮书指出，随着新一轮科技革命和产业变革加速推进，互联网让世界变成了“地球村”，国际社会将会成为你中有我、我中有你的命运共同体。发展好、运用好、治理好互联网，让互联网更好地造福人类，是国际社会的共同责任。作为全球最大的发展中国家和网民数量最多的国家，我国顺应信息时代发展趋势，坚持以人民为中心的发展思想，秉持共商、共建、共享的全球治理观，推动构建网络空间命运共同体。

单元1 网络通信基础

单元导航

华为作为我国优秀民族企业，是全球领先的ICT(信息与通信)解决方案提供商，推动着ICT产业跨越式发展。3GPP确定了华为主导的Polar码作为控制信道的编码方案。3GPP也定义了5G的三大场景：增强型移动宽带(eMBB)、大连接物联网(mMTC)和低时延高可靠通信(URLLC)。本单元主要介绍网络通信的基础知识，并部署华为eNSP仿真工具，为后面的学习和实战打下基础。

学习目标

知识目标

(1)了解网络通信的概念和信息传递的过程。

(2)区分不同的网络设备并了解其基本作用。

(3)理解网络参考模型的概念。

(4)理解TCP/IP模型各层的功能和应用。

(5)理解网络层的主要协议、IPv4地址的概念与分类、特殊IP地址。

(6)了解VRP的基础知识。

技能目标

(1)学会计算IP网络地址。

(2)能进行IP子网划分和CIDR超级组网。

(3)学会使用VRP系统命令行的基本命令。

(4)学会使用VRP系统命令行的在线帮助。

素养目标

(1)形成团队意识、协作意识，具备表达能力和文档能力。

(2)树立标准意识、操作规范意识、服务质量意识、尊重产权意识及环境保护意识。

(3)增强网络安全意识。

学习准备

在人类社会的起源和发展过程中，通信一直伴随着我们。现在人类社会已进入信息时代，对于生活在信息时代的我们，通信的必要性更是不言而喻的。

通信是人与人之间通过某种媒体进行的信息交流与传递。网络是用物理链路将各个孤立的工作站或主机连接在一起组成的数据链路。通信网络是指将各个孤立的设备进行物理连接，实现人与人、人与计算机、计算机与计算机之间信息交换的链路，从而达到资源共享和通信的目的。典型的网络通信有如下3种。

1.最简单的通信网络

2台计算机通过一根网线相连就组成了1个最简单的网络，如图1-1所示。

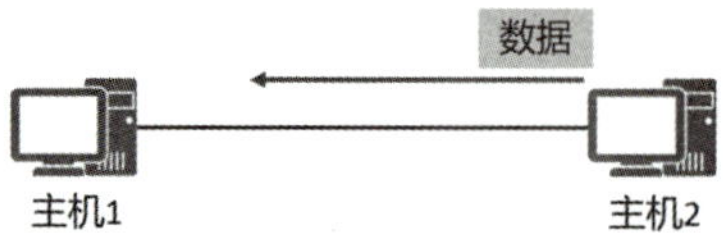

图 1-1 两台计算机之间的通信

2. 小型通信网络

小型通信网络是由 1 台路由器、1 台或多台交换机和多台计算机设备组成的网络。在这样的通信网络中，通过路由器（或交换机）的中转，每两台计算机之间都可以自由地传递文件，如图 1-2 所示。

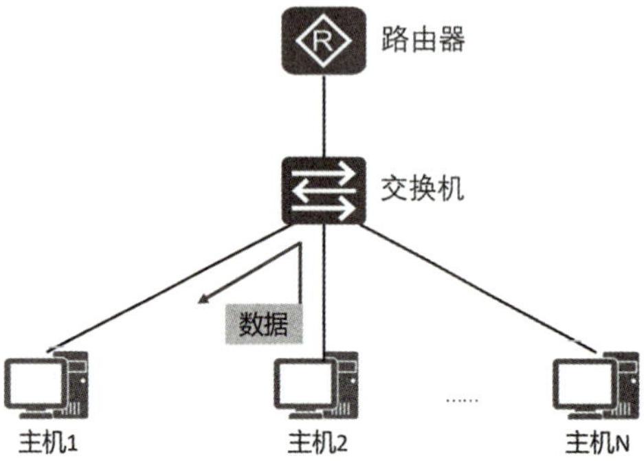

图 1-2 多台计算机之间的通信

3. 大型通信网络

大型通信网络是由计算机、与其接入的 Internet 和服务器组成的通信网络，如图 1-3 所示。

图 1-3 计算机与 Internet 的通信

计算机网络是人类历史发展中伟大的里程碑，它是未来信息高速公路的雏形，通过它，人类正进入一个前所未有的信息化社会。Internet（英特网或互联网）是目前世界上规模最大的计算机网络，它正在向全世界各大洲延伸和扩散，不断增添吸收新的网络成员，已经成为世界上覆盖面最广、规模最大、信息资源最丰富的计算机网络。

接下来，我们将学习计算机网络的基础知识，通过学习数据通信网络的概念、信息传递的过程、网络设备及其作用、网络类型及典型组网、IPv4 地址的基本概念、子网划分和 CIDR 技术等网络基础知识，为接下来学习园区网设备的配置管理打下坚实的基础。

1.1 数据通信网络

1.1.1 基本概念

数据通信网络（data communication network，DCN）是指由路由器、交换机、防火墙、无线控制器、无线接入点，以及个人电脑、网络打印机、服务器等设备构成的通信网络。数据通信网络最基本的功能是实现数据互通。

1.1.2 网络类型

根据网络覆盖的地理范围，网络可以划分成局域网、城域网和广域网。

1. 局域网

局域网（local area network，LAN）是指在某一地理区域内由计算机、服务器及各种网络设备组成的网络。局域网的覆盖范围一般是方圆几千米以内。

LAN 的主要作用是把分布距离较近的若干计算机终端连接起来，使用的技术有以太网、Wi-Fi 等。典型的局域网包括一家公司的办公网络、一个网吧的网络和一个家庭的网络等。

2. 城域网

城域网(metropolitan area network，MAN)是指在一个城市范围内建立的计算机通信网络，成本比局域网高，但可以达到更快的传输速率。

城域网的主要作用是将同一城市内不同地点的主机、数据库或局域网等连接起来，使用的技术有以太网 (10 Gbps/100 Gbps)、WiMAX (全球互通微波访问)等。典型的城域网包括宽带城域网、教育城域网和市级或省级电子政务专网等。

3. 广域网

广域网(wide area network，WAN)通常覆盖更大的地理范围，从几十千米到几千千米不等。它能连接多个城市甚至国家，并能提供远距离通信，形成国际性的大型网络。

广域网的主要作用是把分布较远的若干局域网或城域网连接起来，广域网的连接会用到电信运营商的通信线路。Internet 就是典型的广域网。

1.1.3　网络拓扑

网络拓扑(network topology)结构是指用传输介质(如双绞线和光纤等)互连各种设备(如计算机终端、路由器和交换机等)所呈现的结构化布局。

按照网络的拓扑结构来划分，常见的网络拓扑结构有 3 种，它们是环型网络、总线型网络和星型网络，如图 1-4 所示。

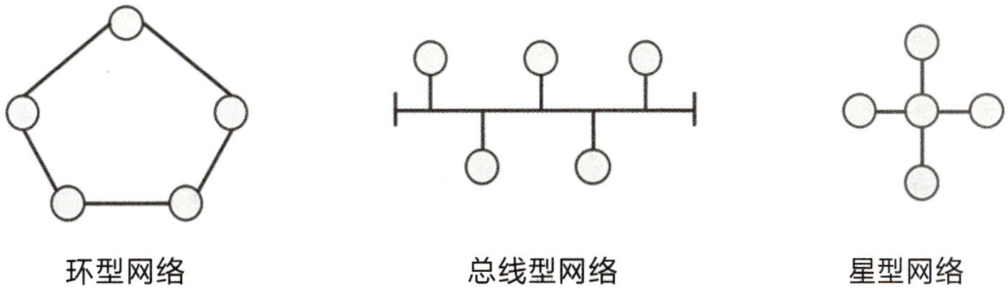

图 1-4　常见的网络拓扑结构

1. 环型网络

环型网络使用 1 个连续的环将每台设备连接在一起。它能够保证 1 台设备上发送的信号可以被环上其他所有设备接收到。在简单的环型网络系统中任何部件的损坏都将导致系统出现故障，这样将阻碍整个系统正常工作，而具有高级结构的环型网络则在很大程度上改善了这一缺陷。

环型网络通信的 1 个例子是令牌环局域网，它的传输速度为 4 Mbit/s 和 16 Mbit/s，这种网络通信结构最早由 IBM 推出，但被其他厂家采用。在令牌环网络通信中，只允许拥有“令牌”的设备在网络中传输数据，这样可以保证在某一时间内网络中只有 1 台设备可以传送信息。

2. 总线型网络

总线型网络使用一定长度的电缆，也就是必要的高速网络通信链路，将设备连接在一起，且任一设备可以在不影响系统中其他设备工作的情况下从总线中取下。总线型网络中最主要的实现方式就是以太网，以太网已经成为局域网的标准。连接在总线上的设备通过监听总线上传送的信息来检查并获取发给自己的数据。当两个设备想在同一时间内发送数据时，以太网上将发生碰撞现象，这时可使用带冲突检测的载波监听多路访问(CSMA/CD)协议将碰撞的负面影响降到最低。

3. 星型网络

星型网络将所有设备通过一个中心节点连接在一起。这种拓扑结构的优点是容易在网络中增加新的节点,并且通信数据必须经过中心节点中转,这样易于实现网络监控。其缺点是中心节点如果发生故障会影响到整个网络的通信。

提示

在实际的组网中,通常都会根据成本、通信效率和可靠性等具体需求来采用多种拓扑结构相结合的方法。

1.2 网络参考模型

1.2.1 OSI 参考模型

网络发展中的一个重要里程碑是国际标准化组织(International Standards Organization,ISO)对开放系统互连(open system interconnect,OSI)七层网络模型的定义。

建立七层模型的主要目的是解决异种网络互连时所遇到的兼容性问题。它最大的优点是将服务、端口和协议这 3 个概念明确地区分开来,"服务"说明某一层为上一层提供什么功能,"端口"说明上一层如何使用下层提供的服务,"协议"说明如何实现本层的服务,这样各层之间就具有了很强的独立性。互连网络中各实体采用什么样的协议是没有限制的,只要向上提供相同的服务并且不改变相邻层的端口即可。

1.2.2 TCP/IP 参考模型

由于 OSI 协议栈比较复杂,而且 TCP 和 IP 协议在业界得到了广泛使用,因此 TCP/IP 参考模型成为了互联网的主流参考模型。

TCP/IP 标准参考模型将 OSI 参考模型中的数据链路层和物理层合并为网络接入层,这种划分方式其实是不符合现实情况的,因此进一步提出了将 OSI 参考模型和 TCP/IP 标准参考模型相融合的 TCP/IP 对等模型,我们在之后的学习中提到的 TCP/IP 模型均是指 TCP/IP 对等模型。这 3 种模型的对照如图 1-5 所示。

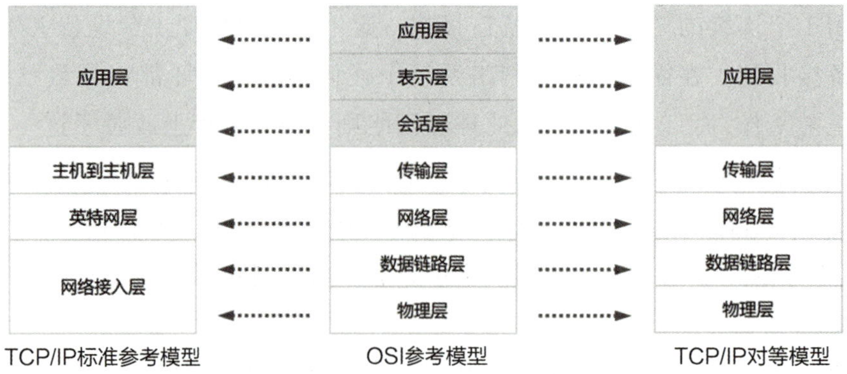

图 1-5 3 种模型的对照

TCP/IP 协议栈定义了一系列的标准协议,各层常见协议如表 1-1 所示。

表 1-1 TCP/IP 协议栈各层常见协议

应用层	Telnet	FTP	TFTP	SNMP
	HTTP	SMTP	DNS	DHCP
传输层	TCP		UDP	
网络层	ICMP		IGMP	
	IP			
数据链路层	PPPoE			
	Ethernet		PPP	
物理层	……			

1. 应用层

应用层为应用软件提供端口，使应用程序能够使用网络服务。应用层协议会指定使用相应的传输层协议，以及传输层所使用的端口等。应用层的协议数据单元(protocol data unit，PDU)称为数据(data)。

常见的应用层协议有 HTTP、FTP、DNS、SMTP 和 TFTP 等。

(1)超文本传输协议(hypertext transfer protocol，HTTP)用于访问在网页服务器上的各种页面，该协议使用了传输层 TCP 的 80 端口。

(2)文件传输协议(file transfer protocol，FTP)用于从一台主机接收或发送文件到另一台主机，该协议使用了传输层 TCP 的 20 和 21 端口。

(3)域名服务(domain name service，DNS)用于实现从主机域名到 IP 地址之间的转换，该协议主要使用了传输层 UDP 的 53 端口。

(4)简单邮件传输协议(simple mail transfer protocol，SMTP)用于提供互联网电子邮件服务，该协议使用了传输层 TCP 的 25 端口。

(5)简易文件传输协议(trivial file transfer protocol，TFTP)用于提供简单的文件传输服务，该协议使用了传输层 UDP 的 69 端口。

2. 传输层

传输层协议接收来自应用层协议的数据，封装上相应的传输层头部帮助其建立“端到端”(port to port)的连接。传输层的 PDU 称为段(segment)。

常见的传输层协议有 TCP 和 UDP。

(1)传输控制协议(transmission control protocol，TCP)是一种面向连接的、可靠的传输层通信协议，为应用程序提供可靠的面向连接的通信服务。实际中，许多流行的应用程序都使用 TCP。

(2)用户数据报协议(user datagram protocol，UDP)是一种简单的无连接的传输层协议，提供了无连接通信，且不对传送数据包进行可靠性保证。

TCP 和 UDP 都使用端口号来区分应用层中不同的应用，其中客户端使用的源端口一般随机分配，目标端口则由服务器的应用指定。源端口号一般为系统中未使用的、大于 1023 的端口。目的端口号为服务端开启的应用(服务)所监听的端口，如 HTTP 默认使用的 80 端口。传输层的端口号如图 1-6 所示。

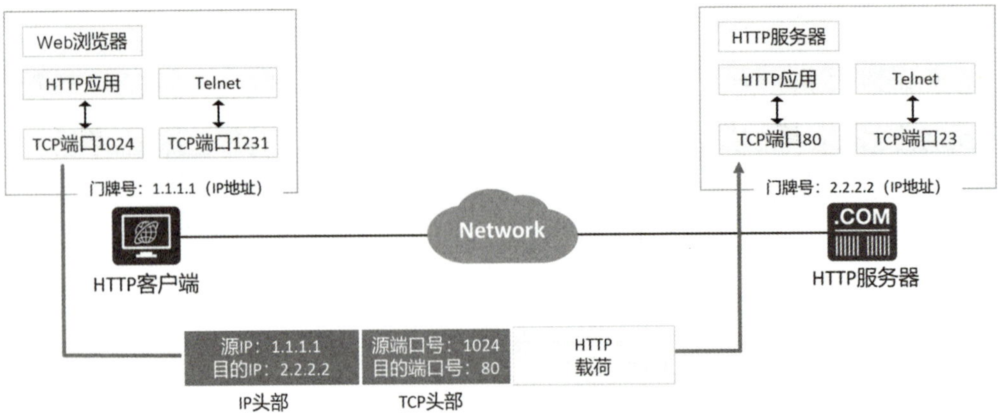

图 1-6 传输层的端口号

3. 网络层

传输层负责建立不同主机进程与进程之间的连接，而网络层则负责数据从一台主机到另外一台主机之间的传递。网络层的作用是为网络中的设备提供逻辑地址，负责数据包的寻径和转发。网络层的 PDU 称为包(packet)。

常见的网络层协议有 IPv4、IPv6、ICMP 和 IGMP 等。其中 IPv4 是实际中应用最广泛的网络层协议。

(1)互联网协议(internet protocol，IP)将传输层的数据封装成数据包并完成源站点到目的站点的转发，提供无连接的、不可靠的服务。

(2)互联网组管理协议(internet group management protocol，IGMP)是负责 IP 组播成员管理的协议。它用于在 IP 主机和与其直接相邻的组播路由器之间建立并维护组播和组成员的关系。

(3)互联网控制报文协议(internet control message protocol，ICMP)基于 IP 在网络中发送控制消息，提供可能发生在通信环境中的各种问题的反馈。通过这些信息，管理者可以对发生的问题做出诊断，然后采取适当的解决措施。

4. 数据链路层

数据链路层位于网络层和物理层之间，可以向网络层的 IPv4、IPv6 等协议提供服务。数据链路层的作用是向网络层提供“段内通信”，有组帧、物理编址和差错控制等功能。数据链路层的 PDU 称为帧(frame)。

常见的数据链路层协议有以太网协议、PPP 和 PPPoE 等。其中，以太网协议是最常见的数据链路层协议。

(1)以太网(ethernet)协议是一种多路访问广播型数据链路层协议，是当前应用最为广泛的局域网技术。

(2)点对点协议(point-to-point protocol，PPP)是一种点对点模式的数据链路层协议，多用于广域网。

(3)以太网承载 PPP 协议(point-to-point protocol over ethernet，PPPoE)能够通过简单桥接访问设备(接入设备)把一个网络的多台主机连接到远程访问集中器，常见的应用有家庭宽带拨号上网。

5. 物理层

数据到达物理层之后，物理层会根据物理介质的不同，将数字信号转换成光信号、电信号或电磁波信号。物理层的作用是负责比特流在介质上的传输，规范了线缆、针脚、电压和端口等物理特性。物理层的 PDU 称为比特流(bitstream)。

常见的传输介质有双绞线、光纤和电磁波等。

1.2.3　数据通信过程

假设你正在通过浏览器访问华为官网，当你输入网址并按回车键后，计算机内部会发生下列事件，通信过程如图 1-7 至图 1-9 所示。

（1）浏览器（应用程序）调用 HTTP（应用层协议），完成应用层数据的封装。

（2）HTTP 依靠传输层的 TCP 进行数据的可靠传输，将封装好的数据传递到 TCP 模块，此时的 PDU 称为 date。

（3）TCP 模块为应用层传递下来的 data 添加相应的 TCP 头部信息（源端口和目的端口等），此时的 PDU 称为 segment。

（4）在 IPv4 网络中，TCP 模块会将封装好的 segment 传递给网络层的 IPv4 模块。

（5）IPv4 模块在收到 TCP 模块传递来的 segment 之后，完成 IPv4 头部的封装，此时的 PDU 称为 packet。

（6）由于 PDU 使用 ethernet 作为数据链路层协议，因此在 IPv4 模块完成封装之后，它会将 packet 交由数据链路层的 ethernet 模块（如以太网卡）处理。

（7）ethernet 模块在收到 IPv4 模块传递来的 packet 之后，添加上相应的 ethernet 头部信息和 FCS 帧尾，此时的 PDU 称为 frame。

（8）在 ethernet 模块封装完毕后，PDU 会将数据传递到物理层。

（9）根据物理介质的不同，物理层负责将数字信号转换成电信号、光信号或电磁波（无线）信号等，此时的 PDU 称为 bitstream。

（10）转换完成的信号在网络中开始传递。

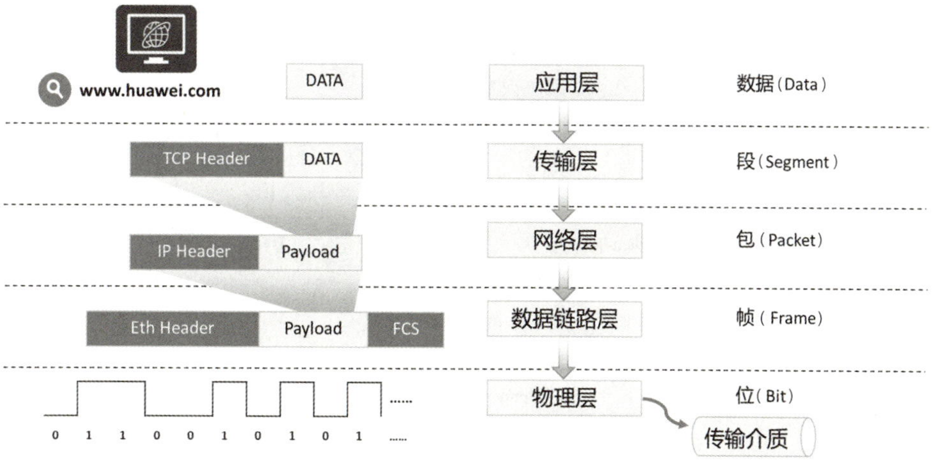

图 1-7　发送方封装数据

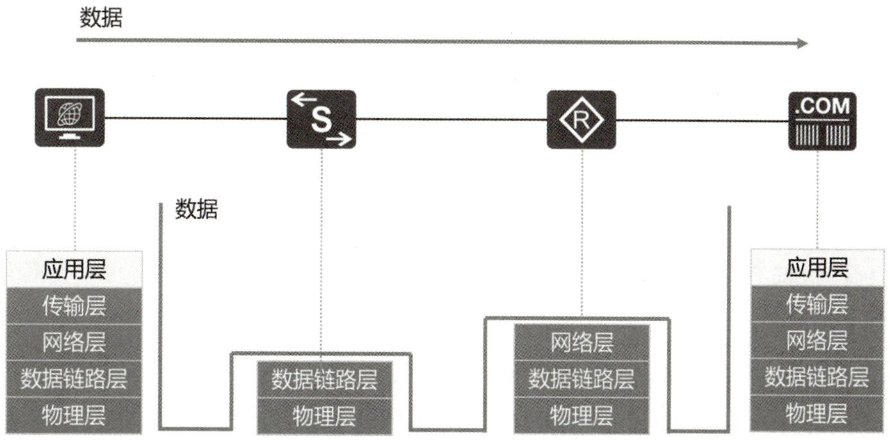

图 1-8　数据经中间网络传输

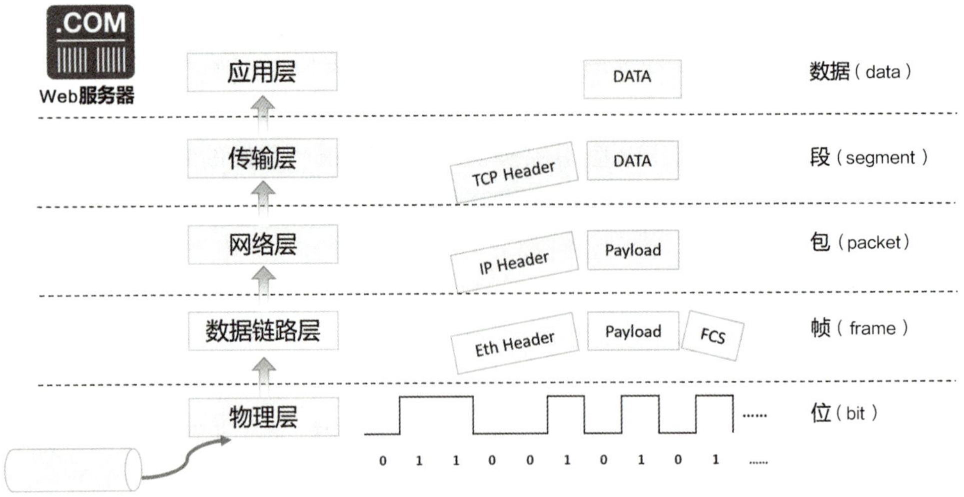

图 1-9　接收方解封装数据

1.3　网络层协议及 IP 编址

网络层经常被称为 IP 层，但网络层协议并不只有 IP 协议，还包括 ICMP、IPX（internet packet exchange）协议等。IP 协议也有版本之分，分别是 IPv4 和 IPv6。Internet 上的 IP 报文正逐步向 IPv6 过渡。

1.3.1　IPv4 报文格式

IPv4 报文格式如图 1-10 所示。

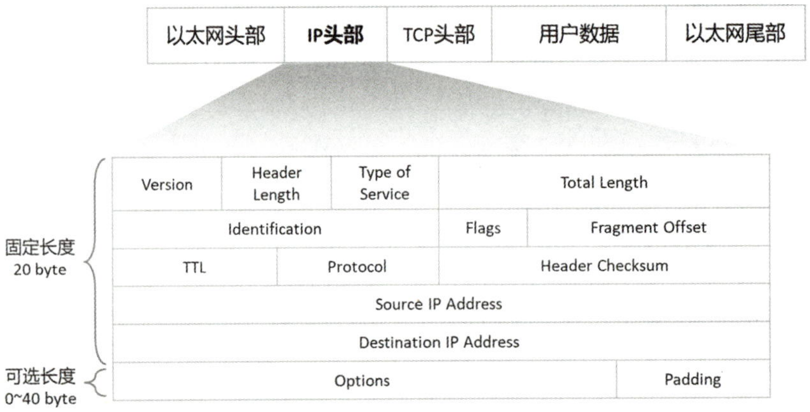

图 1-10　IPv4 头部结构

IP 头部各字段含义如下。

（1）Version：4 bit，指 IP 的版本，4 表示 IPv4，6 表示 IPv6。

（2）Header Length：4 bit，指首部长度，如果不带 Option 字段，则为 20 bit，最长为 60 bit。

（3）Type of Service：8 bit，指服务类型，该字段只在 QoS 差分服务中起作用。

（4）Total Length：16 bit，指总长度，即整个 IP 数据包的长度。

（5）Identification：16 bit，指标识，分片重组时会用到该字段。

（6）Flags：3 bit，指标志位。

（7）Fragment Offset：12 bit，指片偏移，分片重组时会用到该字段。

（8）TTL（Time to Live）：8 bit，指生存时间。

（9）Protocol：8 bit，指协议，指出此数据包携带的数据使用何种协议，以便目的主机的网络层将数据部分上交给对应进程处理，常见值有 1（ICMP）、2（IGMP）、6（TCP）、17（UDP）。

(10)Header Checksum:16 bit,指首部检验和。

(11)Source IP Address:32 bit,指源 IP 地址。

(12)Destination IP Address:32 bit,指目的 IP 地址。

(13)Options:可变,指选项字段。

(14)Padding:可变,指填充字段,全为 0。

1.3.2　IPv4 地址

在 IP 网络上,如果用户要将 1 台计算机连接到 Internet 上,就需要申请 1 个 IP 地址。IP 地址就像现实中的地址,可以标识网络中的 1 个节点。数据就是通过它来找到目的地的,即我们可以通过 IP 地址实现全球范围内的网络通信。

需要注意的是,IP 地址是网络设备端口的属性,不是网络设备本身的属性。当我们需要给某台设备分配 1 个 IP 地址时,实质上是指给这台设备的某个端口分配 1 个 IP 地址。如果设备有多个端口,则通常每个端口都至少需要 1 个 IP 地址。

1 个 IPv4 地址有 32 bit,由 4 个字节组成。为了阅读和书写方便,IP 地址通常采用点分十进制数来表示,其范围是 0.0.0.0～255.255.255.255,如图 1-11 所示。

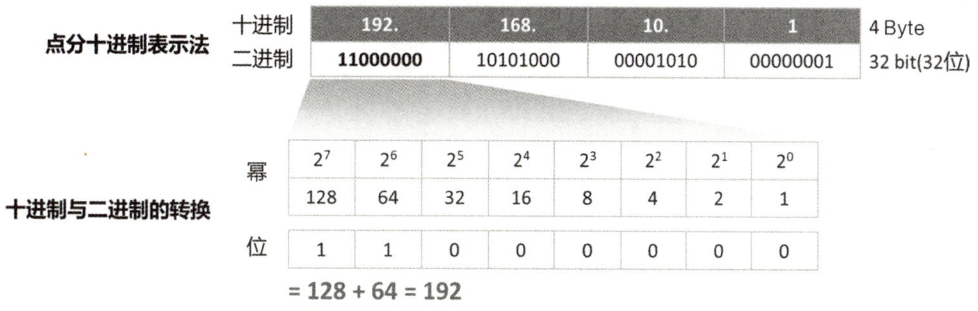

图 1-11　IPv4 地址的点分十进制表示

IPv4 地址由网络部分和主机部分 2 部分组成。

(1)网络部分也称网络号,用于表示主机所在的网络,类似于“××省××市××区××小区”的作用。IP 地址不能反映任何有关主机位置的地理信息,只能通过网络号字段判断出主机属于哪个网络。对于网络号相同的设备,无论实际所处的物理位置如何,它们都处于同一个网络中。

(2)主机部分也称主机号,用于表示网络号所定义的网络范围内某个特定的主机端口,类似于门牌号“××栋××号”的作用。

那么如何区分 IP 地址中的网络部分和主机部分呢?这就需要用到网络掩码。

网络掩码 (netmask),又称子网掩码 (subnet mask)。网络掩码为 32 bit,与 IP 地址的位数一样,通常也以点分十进制数来表示。

网络掩码不是 IP 地址,在二进制的表示上是多个连续的 1,后面接多个连续的 0。

通常将网络掩码中 1 的个数称为这个网络掩码的长度。例如,掩码 0.0.0.0 的长度为 0,掩码 252.0.0.0的长度为 6。

网络掩码一般与 IP 地址结合使用,其中值为 1 的比特对应 IP 地址中的网络位;值为 0 的比特对应 IP 地址中的主机位,以此来辅助我们识别一个 IP 地址中的网络位与主机位。即网络掩码中 1 的个数就是 IP 地址网络号的位数,0 的个数就是 IP 地址主机号的位数,如图 1-12 所示。

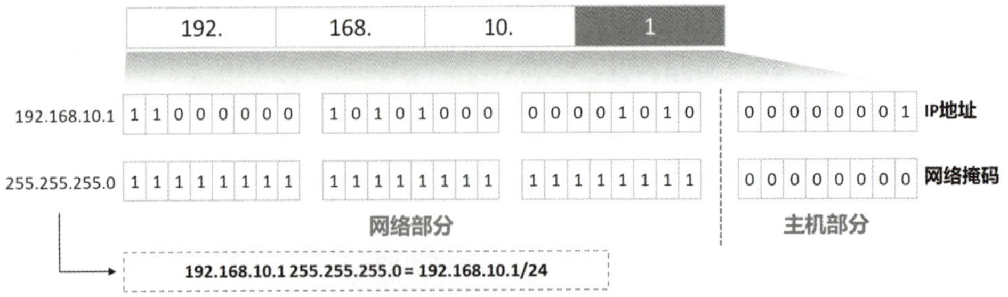

图 1-12　IP 地址与网络掩码

为了方便 IP 地址的管理及组网，IP 地址分成 A、B、C、D、E5 类，如图 1-13 所示。这 5 类的类别字段分别对应二进制数 0、10、110、1110、1111，通过网络号码字段的前几个比特位就可以判断 IP 地址属于哪一类，这是区分各类地址最简单的方法。

A、B、C3 类地址是单播 IP 地址（除一些特殊地址外），只有这 3 类地址才能分配给主机端口使用；D 类地址属于组播 IP 地址；E 类地址专门用于特殊的实验目的。

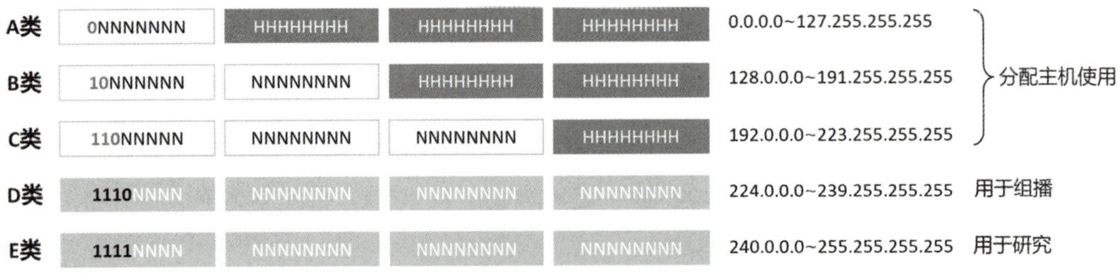

图 1-13　IP 地址的分类

我们通常把 1 个网络号所定义的网络范围称为 1 个网段，在 1 个网段内有如下 3 类地址。

（1）网络地址：用于标识 1 个网络，其主机号的每个比特都为 0，不能分配给具体的主机端口使用。

（2）广播地址：用于向该网络中的所有主机发送数据的特殊地址，其主机号的每个比特都为 1，也不能分配给具体的主机端口使用。

（3）主机地址：用于分配给网络中的节点或网络设备端口的地址，可分配给具体的主机端口使用。

如何计算 1 个网段可用的地址数量呢？若 1 个网段的主机位为 n 位，则 IP 地址数为 2^n，可用 IP 地址数为 2^n-2（减去网络地址和广播地址）。

例 1.1 计算 172.16.10.1/16 这个 B 类地址的网络地址、广播地址以及可用地址数。

解： 计算过程如图 1-14 所示。

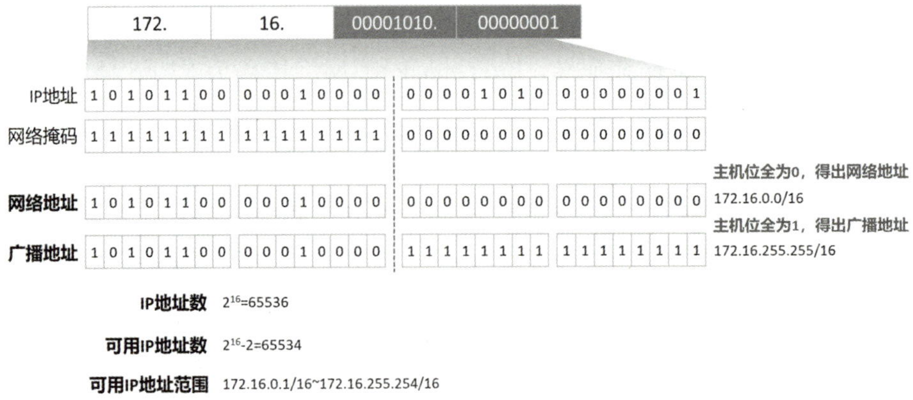

图 1-14　IP 地址的计算过程

为了解决 IP 地址短缺的问题，人们提出了私有 IP 地址的概念。私有 IP 地址是指内部网络主机使用的地址，这些地址只能用于某个内部网络，不能用于公共网络，这类地址可以在不同的私有网络中重复使用。

与私有 IP 地址相对应的是公网 IP 地址，连接到 Internet 的网络设备必须具有由 ICANN 分配的公网 IP 地址。

在 IP 地址空间中，A、B、C3 类地址中各预留了一些私有 IP 地址，包括 A 类的 10.0.0.0～10.255.255.255，B 类的 172.16.0.0～172.31.255.255，C 类的 192.168.0.0～ 192.168.255.255。

在 IP 地址空间中，有一些特殊的 IP 地址，它们有特殊的含义和作用，如表 1-2 所示。

表 1-2 特殊 IP 地址的含义和作用

特殊 IP 地址	地址范围	作用
有限广播地址	255.255.255.255	可作为目的地址发往该网段的所有主机(受限于网关)
任意地址	0.0.0.0	“任何网络”的网络地址 “这个网络上这个主机端口”的 IP 地址
环回地址	127.0.0.0/8	测试设备自身的软件系统
本地链路地址	169.254.0.0/24	当主机自动获取地址失败后，可使用该网段中的某个地址进行临时通信

拓展阅读

IPv6 地址

IPv6 作为下一代互联网重要创新平台，具有网络地址充足、可拓展报头和分段路由可溯源等诸多优势，为 5G、物联网、云计算、大数据、人工智能和工业互联网等新技术的融合创新发展提供坚实支撑，成为网络技术的重点创新方向和万物互联时代的重要基石。

IPv6 的地址长度为 128 位，是 IPv4 地址长度的 4 倍，因此不再适用点分十进制格式。IPv6 采用十六进制表示，共有如下 3 种表示方法。

1. 冒分十六进制表示法

格式为 X:X:X:X:X:X:X:X，其中每个 X 表示地址中的 16 位，以十六进制表示，例如：

ABCD:EF01:2345:6789:ABCD:EF01:2345:6789

这种表示法中，每个 X 的前导 0 是可以省略的，例如：

2001:0DB8:0000:0023:0008:0800:200C:417A→ 2001:DB8:0:23:8:800:200C:417A

2. 0 位压缩表示法

在某些情况下，一个 IPv6 地址中可能包含很长的一段 0，可以把连续的一段 0 压缩为“::”。但为保证地址解析的唯一性，地址中“::”只能出现一次，例如：

FF01:0:0:0:0:0:0:1101 → FF01::1101

0:0:0:0:0:0:0:1 →::1

0:0:0:0:0:0:0:0 → ::

3. 内嵌 IPv4 地址表示法

为了实现 IPv4 与 IPv6 的互通，IPv4 地址会嵌入 IPv6 地址中，此时地址常表示为 X:X:X:X:X:X:d.d.d.d，前 96 位采用冒分十六进制表示，而最后 32 位地址则采用 IPv4 的点分十进制表示，例如::192.168.0.1与::FFFF:192.168.0.1。注意，在前 96 位中，压缩 0 位的方法依旧适用。

1.3.3 子网划分

由于有类编址的地址划分过于死板，划分的颗粒度太大，会有大量的主机号不能被充分利用，从而造成了大量的 IP 地址资源浪费，因此可以利用子网划分来减少地址浪费，即可变长子网掩码(variable length subnet mask，VLSM)，将一个大的有类网络，划分成若干个小的子网，使得 IP 地址的使用更为科学，下面通过一个案例来说明如何进行子网划分。

例 1.2 假设有一个 C 类网段地址 192.168.10.0/24，现在需要划分 2 个子网，每个子网都有 128 个 IP 地址，请使用可变长子网掩码分别给 2 个子网分配 IP 地址。

解：根据划分需求，现在向主机位“借”1 位作为网络位，这样网络位就扩充到了 25 位，相对的主机位就减少到了 7 位，而借过来的这 1 位就是子网位，此时网络掩码就变成了 25 位，即 255.255.255.128或“/25”。

子网位可取值 0 或取值 1，因此得到了 2 个新的子网。如果子网位取值 0，则第 1 个子网的网络地址为 192.168.10.0/25；如果子网位取值 1，则第 2 个子网的网络地址为 192.168.10.128/25。每个子网都有 128 个 IP 地址。

在每个子网内，其广播地址的主机位全为 1，因此如果子网位取值为 0，则第 1 个子网的广播地址为 192.168.10.127/25。如果子网位取值 1，则第 2 个子网的广播地址为 192.168.10.255/25。整个计算过程如图 1-15 所示。

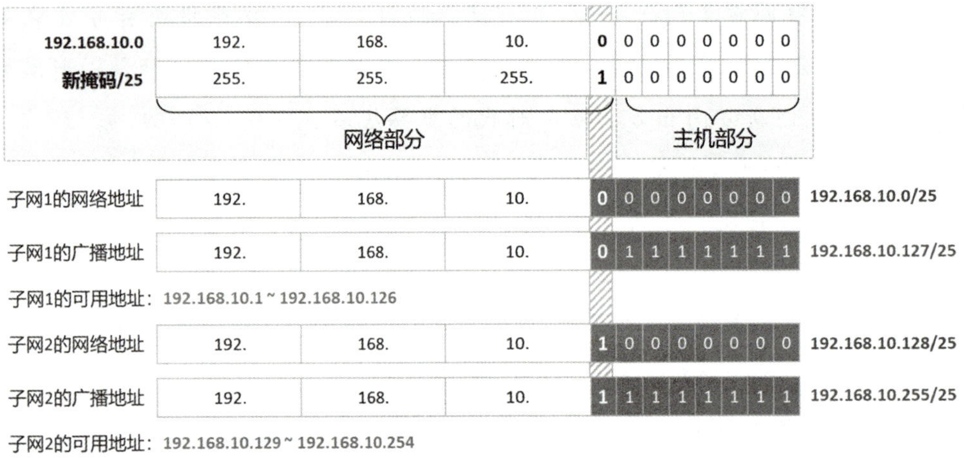

图 1-15 子网划分计算过程

巩固练习

有一个 C 类网络地址段 192.168.1.0/24，现需划分 3 个子网，请使用可变长子网掩码分别给 3 个子网分配 IP 地址。

1.3.4 无类别域间路由

无类别域间路由(classless inter-domain routing，CIDR)消除了传统的 A 类、B 类和 C 类地址以及子网划分的概念，因而可以更加有效地分配 IPv4 的地址空间。

CIDR 建立在“超级组网”的基础上，“超级组网”是“子网划分”的派生词，可看作子网划分的逆过程。子网划分是从主机部分借位，将其合并进网络部分；而在超级组网中，则是将网络部分的某些位合并进主机部分。它可以将多个 IP 网络结合在一起，使用无类别的域间路由选择算法，使它们合并成 1 条路由，从而减少路由表中的路由条目，减轻 Internet 路由器的负担。

CIDR 技术使用名为“CIDR 前缀”的值指定地址中作为网络 ID 的位数，这个前缀有时也被称为变长子网掩码。CIDR 前缀可以位于地址空间的任何位置，让管理者能够以更灵活的方式定义子网，以简便的形式指定地址网络 ID 部分与主机 ID 部分。

CIDR 标记使用一个斜线“/”，后面跟一个十进制数值来表示地址中网络部分所占的位数，形式为“{<网络前缀>，<主机号>} / 网络前缀所占位数”。

例 1.3 某 ISP 被分配了一些 C 类网络，该 ISP 准备把这些 C 类网络分配给各个用户群，其中分配了 3 个网段给用户分别是 198.168.1.0/24、198.168.2.0/24 和 198.168.3.0/24。如果没有 CIDR 技术，ISP 路由器的路由表中会有 3 条下连网段的路由条目，并且会把它们通告给 Internet 上的路由器。为减少路由条目，决定使用 CIDR 技术，将这 3 条路由汇聚成一条路由 198.168.0.0/22。

解：CIDR 汇聚过程如图 1-16 所示。需要注意的是，使用 CIDR 技术汇聚的网络地址的比特位必须是一致的。如果例 1.3 所示的 ISP 连接了一个 172.178.1.0 网段，这些网段路由将无法汇聚，即无法实现 CIDR 技术。

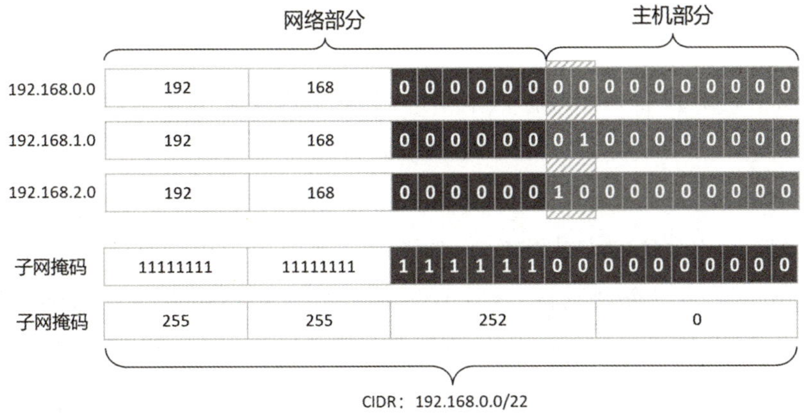

图 1-16　CIDR 汇聚过程

1.4　VRP 系统

通用路由平台（versatile routing platform，VRP）是华为公司数据通信产品的通用操作系统平台。它以 IP 业务为核心，采用组件化的体系结构，在实现丰富功能特性的同时，还提供了基于应用的可裁剪和可扩展功能，使得路由器和交换机的运行效率大大增加。熟悉 VRP 操作系统并且熟练掌握 VRP 配置是高效管理华为网络设备的必备基础。

1.4.1　VRP 的文件系统

文件系统是指对存储器中的文件、目录进行管理的系统，其功能包括查看、创建、重命名和删除目录，拷贝、移动、重命名和删除文件等。常见的文件类型包括如下 4 种。

（1）系统文件：设备启动、运行的必备文件，为整个设备提供支撑、管理和业务等功能，常见的文件后缀名为“.cc”。

（2）补丁文件：与设备系统文件兼容的文件，用于解决设备系统文件中存在的少量且急需解决的问题，常见的文件后缀名为“.pat”。

（3）配置文件：保存用户配置命令的文件，作用是允许设备以指定的配置启动生效，常见的文件后缀名有“.cfg”“.zip”“.dat”。

（4）PAF 文件：根据用户对产品的需要，来裁剪产品的资源占用和功能特性的文件，常见的文件后缀名为“.bin”。

1.4.2 VRP 的存储设备

VRP 存储设备包括 SDRAM、Flash、NVRAM、SD Card 和 USB。

(1)SDRAM:同步动态随机存储器,是系统的运行内存,相当于电脑的内存。

(2)Flash:非易失存储器,断电后不会丢失数据,主要存放系统软件和配置文件等。

(3)NVRAM:非易失随机读写存储器,用于存储日志缓存文件,定时器超时或缓存满后再写入 Flash。

(4)SD Card:断电后不会丢失数据,存储容量较大,一般应用在主控板上,可以存放系统文件、配置文件和日志等。

(5)USB:USB 是端口,用于外接大容量存储设备,主要用于设备升级,传输数据。

1.4.3 设备管理

用户需要通过相应的方式登录到设备后才能对设备进行管理。用户对设备的管理方式主要有命令行方式和 web 网管方式 2 种。

1. 命令行方式

命令行方式可以实现对设备(提供命令行)的精细化管理,但是要求用户熟悉命令行。命令行方式可以通过 Console 端口、Telnet 或 SSH 方式登录设备。

1)Console 端口方式

通过 Console 端口登录设备的方式称为本地登录。当用户为第一次上电(第 1 次开机使用)的设备配置时,可通过 Console 端口登录设备。Console 端口登录是设备默认开启的功能,不需要预配置。

Console 端口是一种通信串行端口,由设备的主控板提供。用户终端的串行端口可以与设备的 Console 端口直接连接,然后通过 PuTTY 和 CRT 等工具进行本地登录实现对设备的配置。

本地登录时,终端设备采用串口与华为设备的 Console 端口连接,所以采用“Serial”连接类型,COM 端口根据终端设备实际端口选取,速率固定为 9 600,如图 1-17 所示。

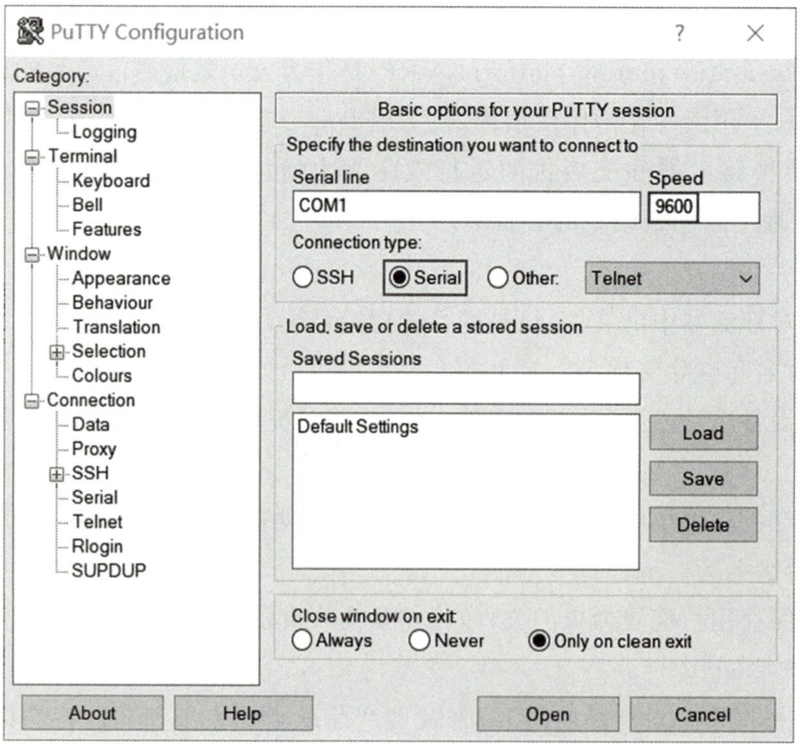

图 1-17　使用 PuTTY 工具本地登录网络设备

2)Telnet 或 SSH 方式

通过 Telnet 或 SSH 登录设备的方式称为远程登录。远程登录允许终端登录到任何可以充当远程登录服务器的设备,对这些网络设备进行集中管理和维护。

如果通过 SSH 远程登录,则连接类型为“SSH”,需要输入远程登录服务器的 IP 地址,其端口号默认为 22,如图 1-18 所示。

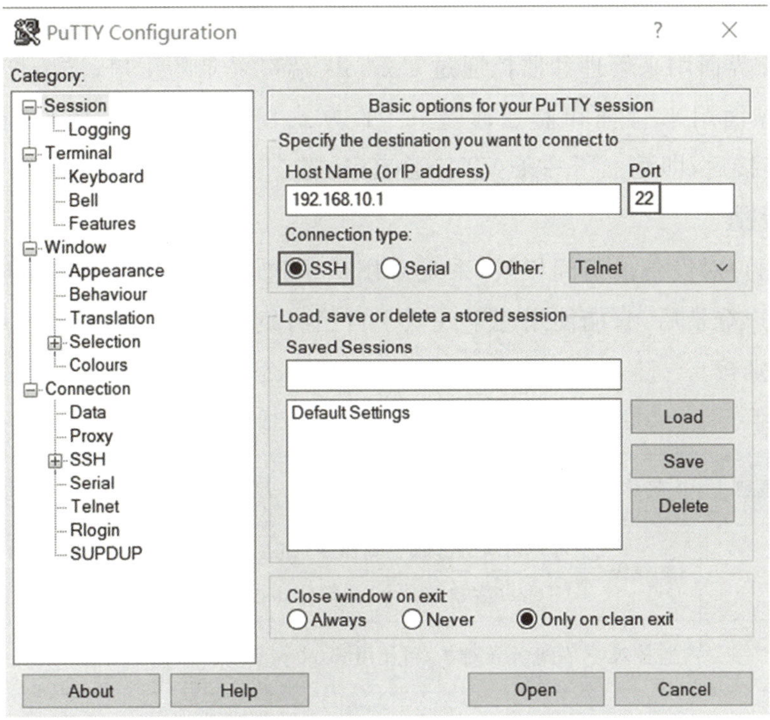

图 1-18　使用 PuTTY 工具以 SSH 方式远程登录网络设备

如果通过 Telnet 远程登录,则连接类型为“Telnet”,需要输入远程登录服务器的 IP 地址,其端口号默认为 23。

登录成功后即进入命令行界面(command line interface,CLI),如图 1-19 所示。

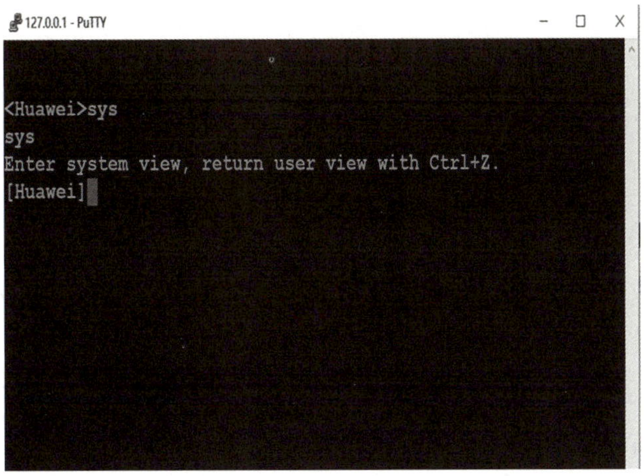

图 1-19　网络设备命令行界面

2. web 网管方式

web 网管方式通过图形化的操作界面,实现对设备直观方便地进行管理与维护,但是此方式仅可对设备的部分功能进行管理与维护。

web 网管方式可以通过 HTTP 和 HTTPS 方式登录设备。以华为 AR 系列路由器为例,在 PC

终端打开浏览器软件，在地址栏中输入“https://192.168.1.1”，按回车键，就会显示 AR Web 管理平台登录界面。

1.4.4 VRP 用户界面

用户通过命令行的方式登录设备时，系统会分配 1 个用户界面用来管理并监控设备和用户间的当前会话。设备系统支持的用户界面有 Console 用户界面和虚拟类型终端(virtual type terminal，VTY)用户界面。

(1)Console 用户界面用来管理和监控通过 Console 端口登录的用户，详情见 1.4.3 的内容介绍。

(2)VTY 用户界面用来管理和监控通过 VTY 方式登录的用户。用户通过终端与设备建立 Telnet 或 STelnet 连接后，即建立了一条 VTY 通道，通过 VTY 通道实现对设备的远程访问。

1.4.5 VRP 用户级别

为了限制不同用户对设备的访问权限，系统对用户也进行了分级管理。用户的级别与命令级别对应，不同级别的用户登录后，只能使用等于或低于自己级别的命令。默认情况下，命令级别按 0～3 级进行注册，用户级别按 0～15 级进行注册，用户级别和命令级别对应关系如表 1-3 所示。

表 1-3 VRP 系统用户级别和命令级别对应关系

用户级别	命令级别	名称	说明
0	0	参观级	可使用网络诊断工具命令(ping 和 tracert)、从本设备出发访问外部设备的命令(Telnet 客户端命令)和部分 display 命令等
1	1	监控级	用于系统维护，可使用 display 等命令
2	2	配置级	可使用业务配置命令，包括路由和各个网络层次的命令，向用户提供直接网络服务
3～15	3	管理级	可使用用于系统基本运行的命令，对业务提供支撑作用，包括文件系统、FTP、TFTP 下载、命令级别设置命令以及用于业务故障诊断的 debugging 命令等

注意：高命令等级可以使用低命令等级的相关命令

1.4.6 VRP 命令行基础

1. 基本命令结构

华为提供的命令按照一定的格式设计，用户可以通过命令行界面输入命令，由命令行界面对命令进行解析，实现用户对路由器的配置和管理。命令的语法结构如下所示。

```
命令字 [关键字] 参数列表{<参数名> <参数值>…}
```

命令字：规定了系统应该执行的功能，如 display(查询设备状态)和 reboot(重启设备)等命令字。

关键字：由特殊的字符构成，用于进一步约束命令，是对命令的拓展，也可用于为表达命令构成逻辑而增设的补充字符串。

参数列表：是对命令执行功能的进一步约束，包括一对或多对参数名和参数值。

每条命令有最多 1 个命令字、若干个关键字和参数。参数必须由参数名和参数值组成。命令字、关键字、参数名和参数值之间需要用空格分隔开。

2. 命令行视图

设备提供了多样的配置和查询命令，为便于用户使用这些命令，VRP 系统按功能分类将命令分别注册在不同的命令行视图下，如图 1-20 所示。

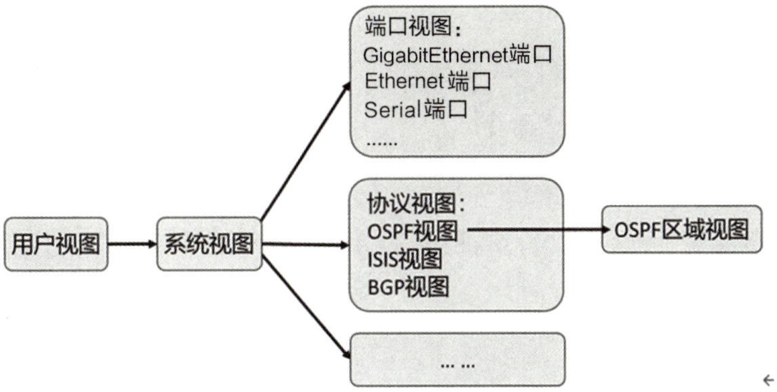

图 1-20　命令行视图

(1)用户视图：用户可以完成查看运行状态和统计信息等功能。

(2)系统视图：用户可以配置系统参数以及通过该视图进入其他的功能配置视图。

(3)其他视图：用户可以对其他视图进行端口参数和协议参数的配置，如端口视图、协议视图。

用户视图为登录系统后的第 1 个视图，该视图只提供查询和工具命令。在用户视图中，唯一可进入的视图是系统视图，系统视图中提供全局的配置命令。如果系统存在下一级配置视图，则在系统视图中须提供进入下一级配置视图的命令。命令行各视图的切换如图 1-21 所示。

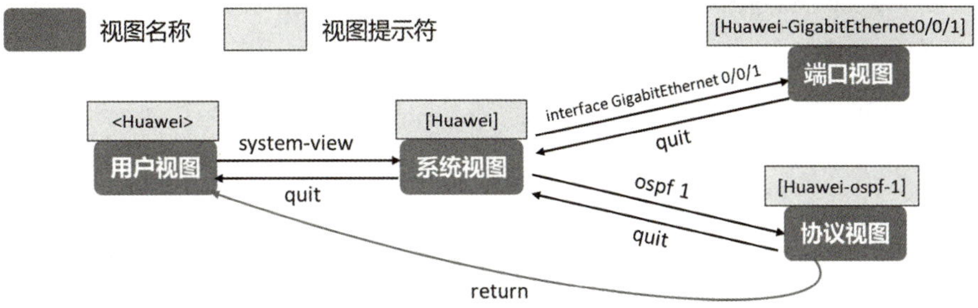

图 1-21　命令行各视图的切换

命令行举例如下：

```
〈Huawei〉 system-view      # 用户首先进入用户视图，通过命令进入系统视图
[Huawei] interface GigabitEthernet 0/0/1      # 从系统视图进入端口视图
[Huawei-GigabitEthernet0/0/1] ip address 192.168.1.1 24      # 配置 IP 地址
[Huawei-GigabitEthernet0/0/1] quit#      退回到上一个视图
[Huawei] ospf 1      # 在系统视图进入协议视图
[Huawei-ospf-1] area 0      # 在协议视图进入 OSPF 区域视图
[Huawei-ospf-1-area-0.0.0.0] return      # 返回用户视图
```

3. 编辑命令行

1) 功能键

(1)退格键 Backspace：删除光标位置的前 1 个字符，光标左移。

(2)左光标键←或"Ctrl＋B"组合键：光标向左移动 1 个字符位置。

(3)右光标键→或"Ctrl＋F"组合键：光标向右移动 1 个字符位置。

2)不完整关键字输入

在当前视图下,当输入的字符能够匹配唯一的关键字时,可以不必输入完整的关键字,例如,“dis cu”表示“display current-configuration”命令。

3)Tab 键的使用

如果与之匹配的关键字唯一,按 Tab 键,系统将自动补全关键字,例如,“[Huawei] info-”按“Tab”键,则变成“[Huawei] info-center”。

4. 使用命令行在线帮助

用户在使用命令行时,可以使用在线帮助以获取实时帮助,从而无需记忆大量的复杂命令。命令行在线帮助可分为完全帮助和部分帮助,可通过输入“?”实现。

1)完全帮助

当用户输入命令时,可以使用“?”命令(完全帮助)获取全部关键字和参数的提示。

```
<Huawei>?
User view commands:
  arp-ping          ARP-ping
  autosave          <Group> autosave command group
  backup            Backup information
  cd                Change current directory
…
```

2)部分帮助

当用户输入命令时,如果只记得此命令关键字开头的 1 个或几个字符,可以使用如下命令行的部分帮助获取以该字符串开头的所有关键字的提示。

```
<Huawei> d?
  debugging         <Group> debugging command group
  delete            Delete a file
  dialer            Dialer
  dir               List files on a filesystem
  display           Display information
```

5. 使用 undo 命令行

在命令前加 undo 关键字,即为 undo 命令行。undo 命令行一般用来恢复默认情况、禁用某个功能或者删除某项配置,例如:

(1)用 undo 命令行恢复默认情况。

```
<Huawei> system-view
[Huawei] sysname Server
[Server] undo sysname
[Huawei]
```

（2）使用 undo 命令行禁用某个功能。

```
〈Huawei〉 system-view
[Huawei] ftp server enable
[Huawei] undo ftp server
```

（3）使用 undo 命令行删除某项设置。

```
[Huawei] interface g0/0/1
[Huawei-GigabitEthernet0/0/1] ip address 192.168.1.1 24
[Huawei-GigabitEthernet0/0/1] undo ip address
```

6. 常见文件系统操作命令

（1）查看当前目录。

```
〈Huawei〉 pwd
```

（2）显示当前目录下的文件信息。

```
〈Huawei〉 dir
```

（3）查看文本文件的具体内容。

```
〈Huawei〉 more
```

（4）修改用户当前界面的工作目录。

```
〈Huawei〉 cd
```

（5）创建新的目录。

```
〈Huawei〉 mkdir
```

（6）删除目录。

```
〈Huawei〉 rmdir
```

（7）复制文件。

```
〈Huawei〉 copy
```

（8）移动文件。

```
〈Huawei〉 move
```

（9）重命名文件。

```
〈Huawei〉 rename
```

（10）删除文件。

```
〈Huawei〉 delete
```

（11）恢复删除的文件。

```
〈Huawei〉 undelete
```

(12)彻底删除回收站中的文件。

```
<Huawei> reset recycle-bin
```

7. 基本配置命令

(1)配置设备名称。

```
[Huawei] sysname name
```

(2)设置系统时钟。

```
# 设置本地时区信息
<Huawei> clock timezone time-zone-name {add|minus} offset
# 设置设备当前或 UTC 日期和时间
<Huawei> clock datetime [utc] HH:MM:SS YYYY-MM-DD
# 设置设备的夏令时
<Huawei> clock daylight-saving-time
```

(3)配置命令等级。

```
[Huawei] command-privilege level level view view-name command-key
```

(4)配置用户通过 password 方式登录设备。

```
[Huawei] user-interface vty 0 4
[Huawei-ui-vty0-4] set authentication password cipher information
```

(5)配置用户界面断开连接的超时时间。默认情况下,超时时间为 10 分钟。

```
[Huawei] idle-timeout minutes [ seconds ]
```

(6)配置端口 IP 地址。

```
[Huawei] interface interface-number
[Huawei-interface-number] ip address ip-address
```

(7)查看当前运行的配置文件。

```
<Huawei> display current-configuration
```

(8)保存配置文件。

```
<Huawei> save
```

(9)查看保存的配置。

```
<Huawei> display saved-configuration
```

(10)清除已保存的配置。

```
<Huawei> reset saved-configuration
```

(11)查看系统启动配置参数。

```
<Huawei> display startup
```

(12)配置系统下次启动时使用的配置文件。

```
<Huawei> startup saved-configuration configuration-file
```

(13)配置设备重启。

```
<Huawei> reboot
```

项目实战

项目 1-1 Windows 下安装部署华为 eNSP 仿真工具

项目 1-1 Windows 下安装部署华为 eNSP 仿真工具

eNSP(enterprise network simulation platform)是一款由华为提供的免费的、可扩展的、图形化的网络设备仿真平台。eNSP 主要对企业网路由器、交换机和 WLAN 等设备进行软件仿真,完美呈现真实设备部署实景,支持大型网络模拟,让我们有机会在不便获取真实设备的情况下也能够学习网络技术,开展实验测试。本项目将在 Windows 操作系统下安装部署华为 eNSP,为后面的项目实战做好准备。

项目规划

(1)了解终端主机的硬件配置,需按如下标准达到软件安装的最低配置要求。

①eNSP 对主机的 CPU 要求最低达到双核 2 GHz 或以上。

②eNSP 对主机的内存要求达到 2 GB 或以上。

(2)了解终端主机的操作系统要求,要求使用 Windows 7 系统或之后的版本,暂时不支持 MacOS 和 Linux 等操作系统。eNSP 的具体安装环境要求如表 1-4 所示。

表 1-4 eNSP 安装环境要求

项目	最低配置	推荐配置
CPU	双核 2 GHz 或以上	双核 2 GHz 或以上
内存	2 GB 或以上	4 GB 或以上
操作系统	Windows 7、Windows 8、Windows 10、Windows 11	Windows 10、Windows 11

(3)根据软件安装引导,完成工具的安装并测试。

项目实施

步骤 1:关闭 Windows 系统自带的防火墙,如图 1-22 所示。

图 1-22　关闭 Windows 防火墙

说明

eNSP 仿真工具支持与终端主机的真实网卡或者虚拟网卡进行通信，甚至可以把数据通过服务发布到互联网，Windows 系统自带的防火墙默认状态下会阻止这类操作。

步骤 2：按照安装向导的提示，完成 eNSP 软件包的安装，如图 1-23 至图 1-26 所示。

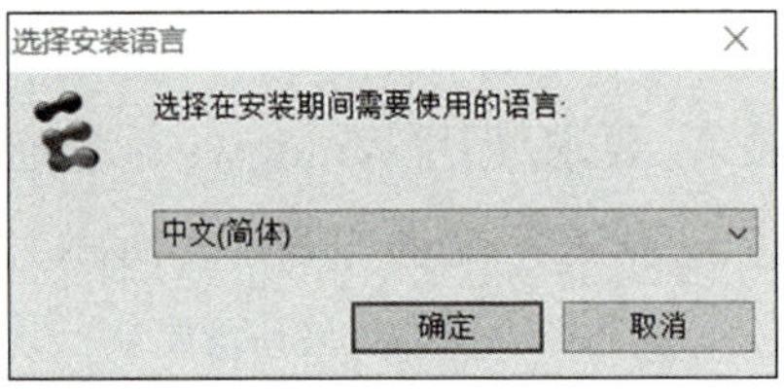

图 1-23　启动 eNSP 安装包并选择中文

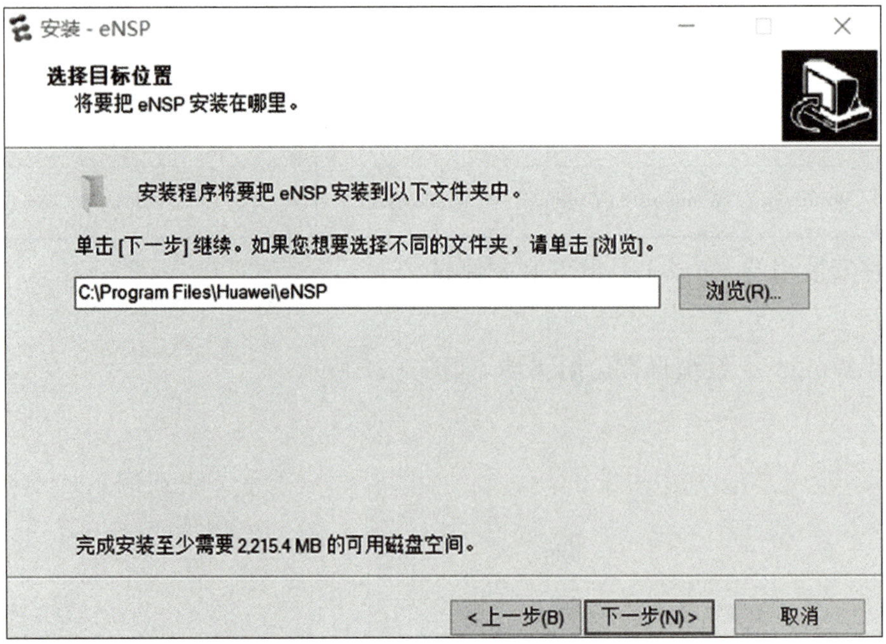

图 1-24　选择软件安装路径

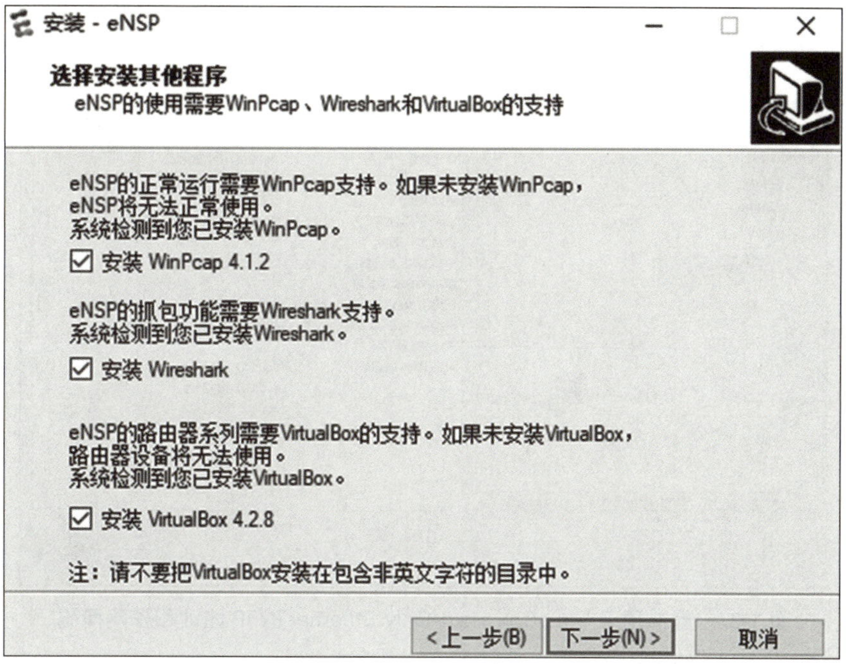

图 1-25　提示安装 WinPacp、Wireshark 和 VirtualBox 插件

图 1-26　安装完成提示界面

说明

安装过程会提示需要安装网络协议分析工具 WinPcap、网络数据包抓包工具 Wireshark、开源虚拟机软件 VirtualBox，eNSP 只有在上述工具已安装的情况下才能继续安装。

步骤 3：启动 eNSP 前，检查虚拟网卡配置情况。虚拟网卡“VirtualBox Host-Only Network”的 IP 地址需要设置为 192.168.56.1，子网掩码需要设置为 255.255.255.0，如图 1-27 所示。

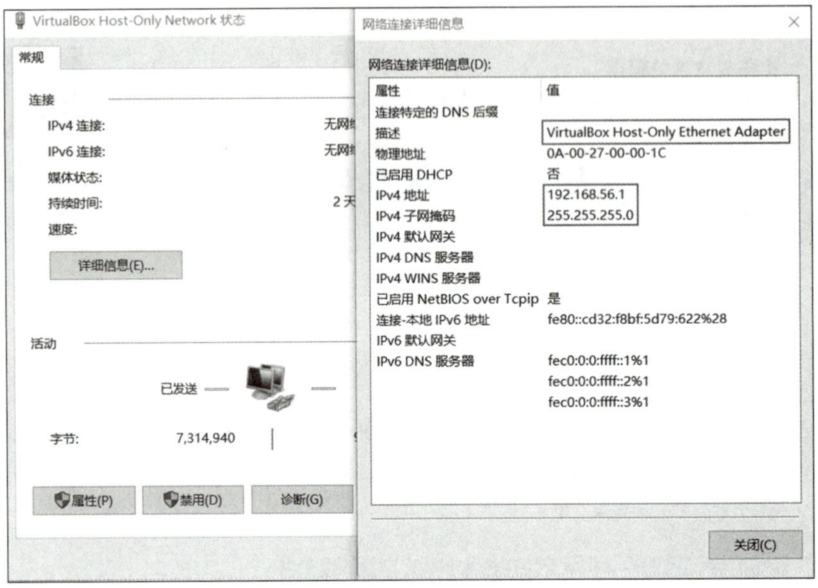

图 1-27　虚拟网卡 ViruaBox Host-Only Ethernet 的 IP 地址和子网掩码

步骤 4:启动已安装成功的 eNSP,界面如图 1-28 所示。

图 1-28　eNSP 仿真工具的界面

▷项目验证

(1)测试各个型号的交换机和路由器等设备是否启动成功,如图 1-29、图 1-30 所示。

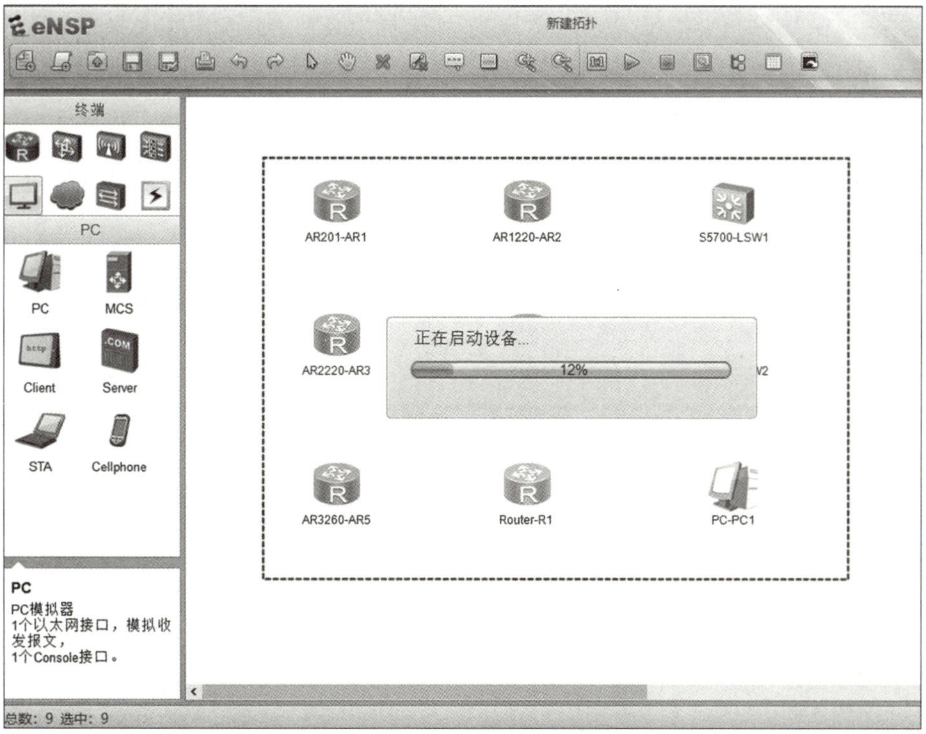

图 1-29　启动各个型号的设备

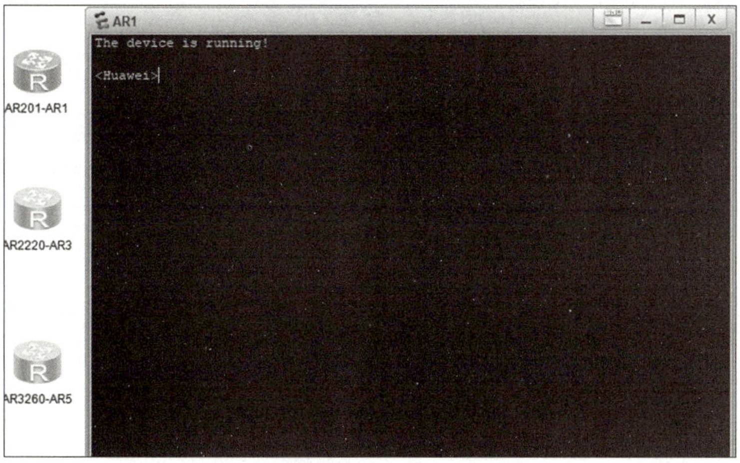

图 1-30　路由器 AR201 启动成功界面

(2)检测 eNSP 的云设备是否能够通过虚拟网卡与物理主机通信。

①启动云设备,如图 1-31 所示。

图 1-31　启动云设备

②配置云设备。在“端口创建”设置中，端口类型选择“GE”，绑定信息选择“UDP”；在“端口映射设置”中，“端口类型”选择“GE”，“入端口编号”选择“1”，“出端口编号”选择”2”，最后设置为双向通道，如图 1-32 所示。

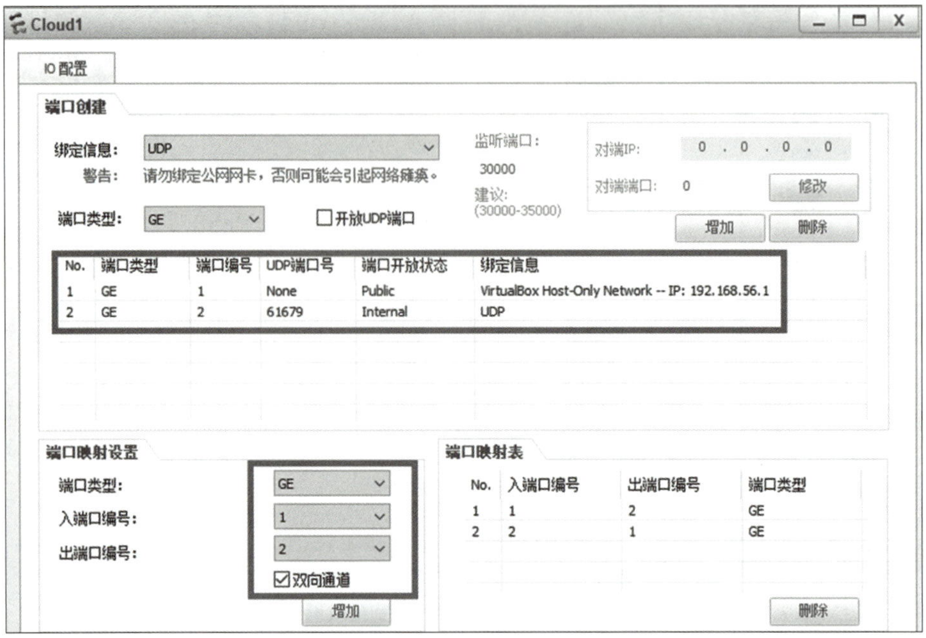

图 1-32 配置云设备

③设置“IP 地址”为 192.168.56.2，“子网掩码”为 255.255.255.0，如图 1-33 所示。

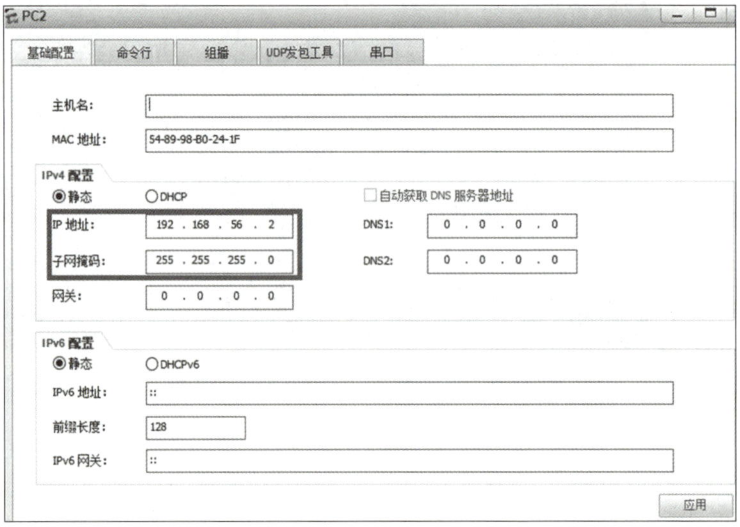

图 1-33 PC 设置 IP 地址

④PC 设置完成后与云设备连接，物理主机则使用 ICMP 测试与 eNSP 上 PC 的互通性，如果通信成功则表示云设备连接成功，如图 1-34 所示。

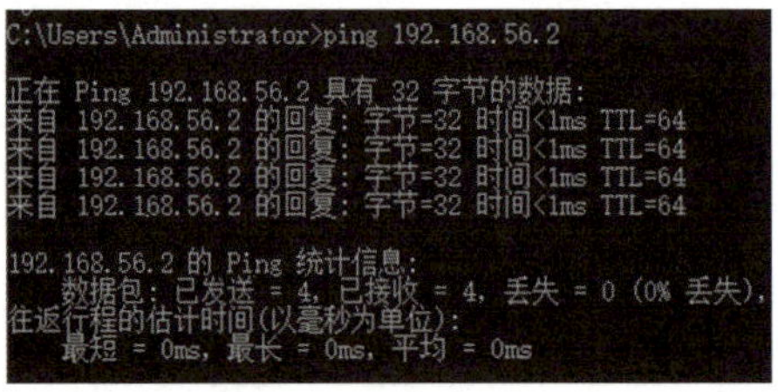

图 1-34 测试物理主机与 eNSP 上的 PC 的互通性

单元总结

本单元简单介绍了网络通信及 VRP 系统的基础知识，主要学习了以下知识内容。

(1)网络通信和数据通信网络的概念，信息传递的过程。

(2)不同网络设备的功能和作用。

(3)常见网络类型及拓扑结构。

(4)OSI 网络参考模型的概念和各层的功能作用。

(5)TCP/IP 模型各层的功能和应用。

(6)网络通信过程中的数据封装与解封装。

(7)IPv4 地址的概念和分类，特殊 IP 地址，子网划分和超级组网。

(8)VRP 系统的基础知识及基本应用。

巩固练习

一、单选题

1. 在 OSI 参考模型中，(　　)处于模型的最底层。

A. 传输层　　B. 网络层　　C. 物理层　　D. 数据链路层

2. 在 TCP/IP 模型中，(　　)使用端口向上层提供服务。

A. 传输层　　B. 网络互联层　　C. 应用层　　D. 网络端口层

3. 下列命令中，根据 IP 地址获取物理地址的是(　　)。

A. ipconfig　　B. arp　　C. tracert　　D. netstat

4. 下列地址中，(　　)是 B 类地址。

A. 10.110.25.1　　B. 127.10.210.25　　C. 192.56.30.240　　D. 128.20.230.2

5. 以下正确的子网号表示方法是(　　)。

A. 255.255.0.0　　B. 187.230.34.0　　C. 210.34.78.24　　D. 255.255.255.0

6. 以下描述不正确的是(　　)。

A. TCP/IP 传输层协议有 TCP 和 UDP

B. UDP 提供的是不可靠传输

C. IP 位于网络互联层

D. IP 提供的是可靠传输

7. 下列协议中，工作在应用层的是(　　)。

A. TCP　　B. ARP　　C. FTP　　D. OSPF

8. 从通信协议的角度来看，路由器是在(　　)上实现网络互联。

A. 物理层　　B. 链路层　　C. 网络层　　D. 传输层

二、多选题

1. 计算机网络的拓扑结构可以分为(　　)和网状型网络。

A. 星型　　B. 总线型　　C. 复合型　　D. 环型

2. 下面关于 IP 地址的说法，正确的有(　　)。

A. IP 地址由两部分组成——网络号和主机号

B. A 类 IP 地址的网络号有 8 位，实际的可变位数为 7 位

C. D 类 IP 地址通常作为组播地址

D. 地址转换(NAT)技术通常用于解决 A 类地址到 C 类地址的转换

3. 以下有关 OSI 参考模型和 TCP/IP 参考模型的说法正确的有(　　)。

A. 它们都采用了层次结构的概念

B. 它们在层次的划分上是相同的，但采用的协议不同

C. 实现 OSI 参考模型较为简单

D. TCP/IP 参考模型成为目前公认的工业标准

4. 在 OSI 参考模型中，下面属于表示层功能的有(　　)。

A. 数据加密　　B. 数据压缩　　C. 会话控制　　D. 数据格式转换

5. 关于网络体系结构，以下描述正确的有(　　)。

A. 物理层完成比特流的传输

B. 数据链路层用于保证端到端数据的正确传输

C. 网络层为分组通过通信子网选择适合的传输路径

D. 应用层处于参考模型的最高层

三、简答题

1. 简述 OSI 参考模型和 TCP/IP 参考模型的异同点。

2. 常见的网络拓扑结构有哪些，各自有何特点？

3. 按计算机网络覆盖的地理范围可以将计算机网络分为几种？

4. 简述 A、B、C3 类 IP 地址的区别。

交换技术模块

2022 年 7 月 29 日，“星火 · 链网”北京超级节点在 2022 全球数字经济大会上启动上线仪式，这标志着北京超级节点正式上线运行并开始向全球提供服务。超级节点是“星火 · 链网”的顶层设施，定位于面向业务互通的数据交换网络。在产业数字化转型和数字经济发展的进程中，超级节点的区块链技术为数据“上链”后形成连接秩序提供了重要的机制和手段，是在工业互联网中形成数字生产关系的关键。依托超级节点，产业上下游间各行业、各企业的数据将被打通，有助于实现核心企业生态内共享、工业企业间互信共享和工业互联网平台间价值共享，同时为工业“网络化生产”推进过程中遇到的生产协同、工业安全、信息共享和资源融合等挑战提供解决方案。

单元2 以太网交换基础

单元导航

交换机是数据中心里十分重要的网络设备。作为数据中心内部数据传输通道的骨干，交换机的容量和速率决定了数据中心可对外提供数据的能力。自 20 世纪 90 年代我国引入交换技术后，通过不断学习新技术和自主研发相关设备，我国交换机生产能力已达较高水平，可以满足我国通信事业发展的基本需求。本单元主要介绍二层交换机的工作原理及基本配置。

学习目标

知识目标

(1)理解传统以太网的工作方式和冲突域的概念。

(2)理解二层交换机的工作原理。

(3)熟识 MAC 地址表的构成与形成过程。

技能目标

(1)学会使用交换机的基本配置命令。

(2)学会分析和排除交换机故障。

素养目标

(1)形成团队意识和协作意识，具备一定的表达能力。

(2)增强创新意识，培养创新思维。

学习准备

在网络中传输数据时需要遵循一定的标准。比如，以太网协议定义了数据帧在以太网上的传输标准。了解以太网协议是充分理解数据链路层通信的基础，而以太网交换机是实现数据链路层通信的主要设备，因此，了解以太网交换机的工作原理也就十分重要。

我们在之前的学习中了解到，在分层的网络体系结构中，数据链路层主要通过使用数据帧完成网络中相邻节点之间可靠的数据通信，并进行有效的流量控制；在局域网中，数据链路层同样也是使用数据帧完成主机对等层之间数据的可靠传输。对网络层而言这是一条无差错的线路。

传统局域网是一种共享式网络，采用物理层设备——集线器(HUB)作为组网设备，并通过 CSMA/CD 协议解决共享带宽的冲突问题，但其效率和性能较为低下。而现代局域网则是一种交换式网络，采用数据链路层设备交换机作为组网设备，交换机组网作为一种能隔绝冲突的二层网络设备，极大地提高了局域网的性能，实际应用中，交换机组网正逐步替代 HUB 成为主流的局域网设备。

接下来，将通过学习局域网(以太网)交换机的工作原理和相关配置命令等知识内容，完成不同场景二层交换机的应用部署。

2.1 以太网概述

以太网是当前局域网(local area network,LAN)较通用的通信协议标准,它在很大程度上取代了其他的局域网标准,如令牌环、FDDI 和 ARCNET。以太网定义了在局域网中应采用的电缆类型和信号处理方法。

早期的以太网是广播型网络。这种类型的以太网(也叫共享式以太网,如图 2-1 所示)采用了总线型网络拓扑,各个主机之间共用一条同轴电缆进行通信,它们共享这条通信链路的带宽(指信号所占用的频带宽度,以赫兹(Hz)为单位)。这意味着在这条同轴电缆上的任意一台主机发送数据,这条电缆上的其余主机都能收到该数据。

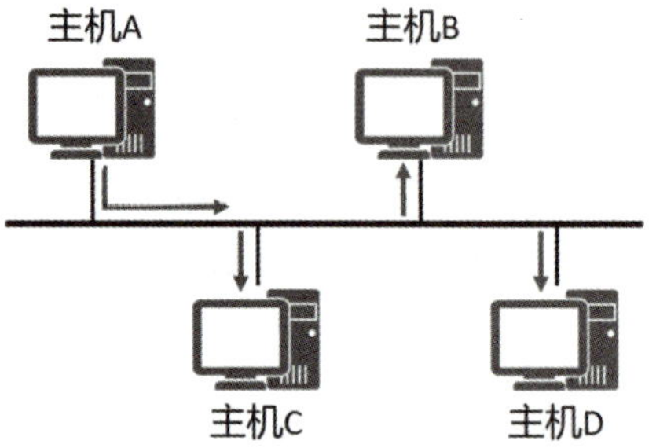

图 2-1 共享式以太网

在共享式以太网中,可能会出现这样一种场景:当其中一台主机正在发送数据的同时,另一台主机也开始发送数据;或者两台主机同时开始发送数据。在这种场景下,两台主机发送的数据信号会在信道内碰撞,互相干扰,使得数据信号被破坏,导致通信中断。

为避免冲突,在共享式以太网中使用了带冲突检测的载波监听多路访问(carrier sense multiple access/collision detection,CSMA/CD)技术,其基本工作过程可简单总结为:先听后发,边发边听,冲突停发,随机延迟后重发。

交换机作为一种能隔绝冲突的二层网络设备,极大地提高了交换式以太网的性能,但是交换机对网络中的广播数据流量没有限制,这也影响了网络的性能。交换式以太网如图 2-2 所示。

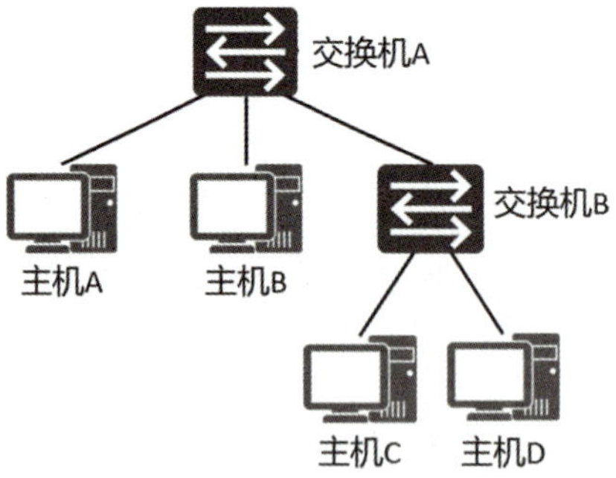

图 2-2 交换式以太网

2.1.1 冲突域

冲突域是指连接在同一共享介质上的所有节点组成的集合。冲突域内所有节点竞争同一带宽,一个节点发出的报文(单播、组播、广播),其余节点都可以收到。

在共享式以太网中,同一介质上的多个节点因属于同一冲突域,它们共享链路带宽,争用链路的使用权,这样就会发生冲突,如图 2-3 所示。同一介质上的节点越多,冲突发生的概率就越大。

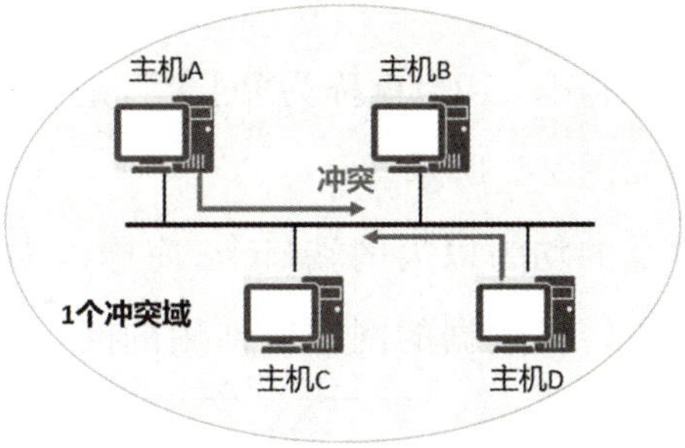

图 2-3　共享式以太网的冲突域

而在交换式以太网中，由于交换机不同的端口发送和接收数据是独立的，各端口属于不同的冲突域，因此，交换式以太网有效地隔离了网络中物理层冲突域，使得通过它互连的主机之间不必担心发送数据时发生冲突，如图 2-4 所示。

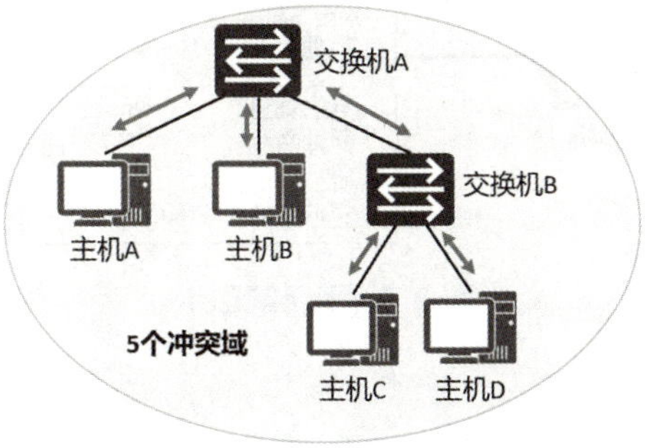

图 2-4　交换式以太网的冲突域

2.1.2　广播域

广播报文所能到达的整个访问范围称为二层广播域，简称广播域。同一广播域内的主机都能收到广播报文。广播报文的目的地址称为广播地址，表示为 FF-FF-FF-FF-FF-FF。

在共享式以太网中，因同一介质上的多个节点共享链路，一台设备发出的广播报文，所有设备均会收到，所以，在同一介质上的所有设备属于一个广播域。如 2-5 图所示。

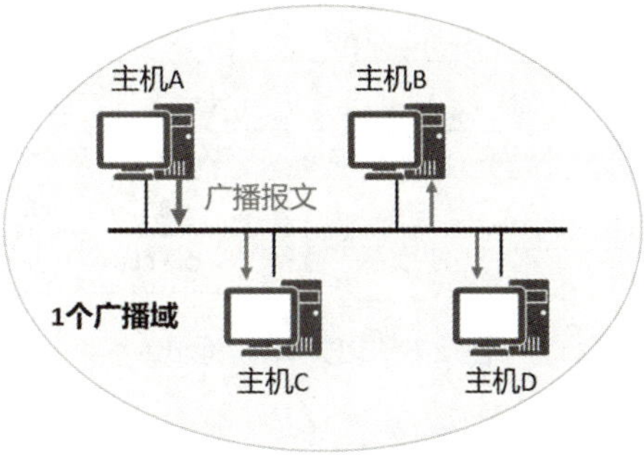

图 2-5　共享式以太网的广播域

而在交换式以太网中，交换机会将广播报文向所有的端口转发，所以交换机的所有端口连接的节点属于同一个广播域，如图 2-6 所示。

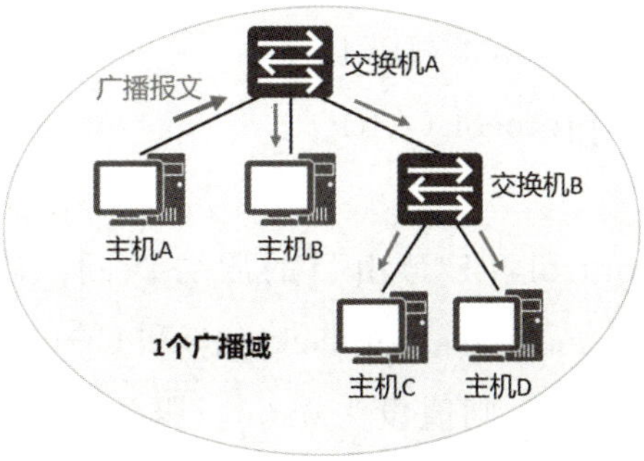

图 2-6　交换式以太网的广播域

2.1.3 以太网卡

网络端口卡(network interface card, NIC)也称为“网卡”,是计算机、交换机和路由器等网络设备与外部网络世界相连的关键部件,如图 2-7 所示。

网卡有很多类型,本教材所提及的均为以太网端口卡,简称以太网卡。本教材所提及的交换机也均为以太网交换机,即交换机上每个转发数据的网口所使用的网卡都是以太网卡。

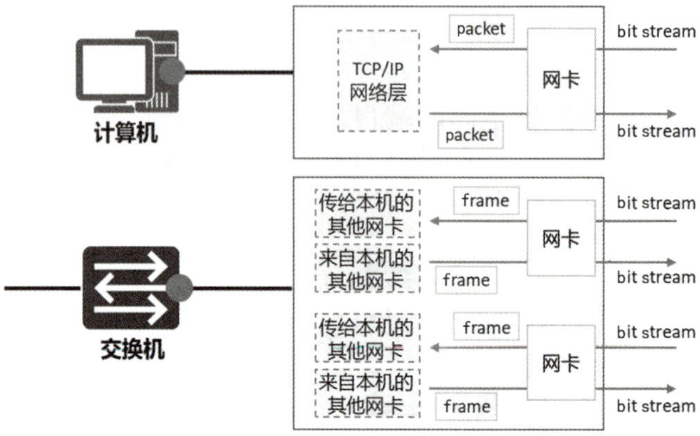

图 2-7　网络端口卡

2.2 以太网帧

在以太网中,数据通信的基本单位是以太网帧(frame)。

2.2.1 以太网帧格式

以太网帧的格式有 2 个标准:Ethernet_II 格式和 IEEE 802.3 格式,如图 2-8 所示。

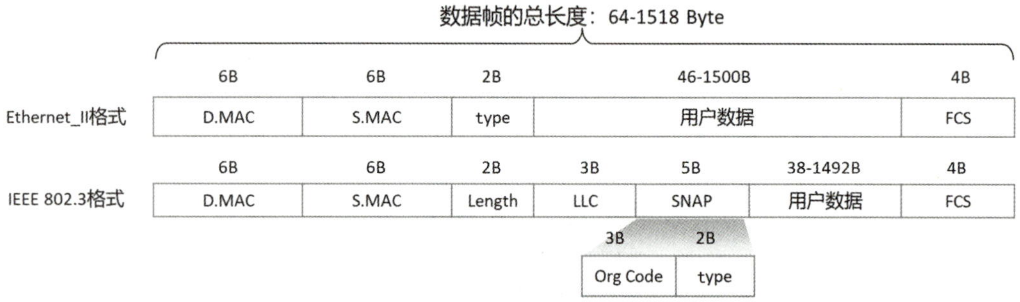

图 2-8　以太网帧格式

1. Ethernet_Ⅱ 以太帧

D. MAC:目的 MAC 地址,6 byte,该字段标识帧的接收者。

S. MAC:源 MAC 地址,6 byte,该字段标识帧的发送者。

Type:协议类型,2 byte,常见值为如下 2 种。

(1)0x0800:Internet protocol version 4 (IPv4) ;

(2)0x0806:address resolution protocol (ARP) 。

2. IEEE 802.3 LLC 以太帧

逻辑链路控制(logical link control,LLC)由目的服务访问点(destination service access point, DSAP)、源服务访问点(source service access point,SSAP)和 Ctrl 字段组成。

(1)DSAP:1 byte,若后面类型为 IP,则值设为 0x06。服务访问点的功能类似于 Ethernet_Ⅱ 帧中的 type 字段或 TCP/UDP 的端口号。

(2)SSAP:1 byte,若后面类型为 IP,则值设为 0x06。

(3)Ctrl:无连接服务的 IEEE 802.2 无编号数据格式,1 byte,通常设为 0x03。

2.2.2　MAC 地址

如同每个人都用身份证号码来标识自己一样,每块网卡也拥有一个用来标识自己的号码,即 MAC(media access control)地址。MAC 地址在网络中唯一标识一个网卡,每个网卡也需要并拥有唯一的 MAC 地址。网卡的 MAC 地址具有全球唯一性。

MAC 地址是在 IEEE 802 标准中定义并规范的,凡是符合该标准的以太网卡都必须拥有 1 个 MAC 地址,该地址用来定义网络设备的位置。不同的以太网卡,其 MAC 地址也不同。

1 个 MAC 地址有 48 bit(6 byte)的长度,通常采用"十六进制"+"-"的结构表示。MAC 地址结构及表示如图 2-9 所示。

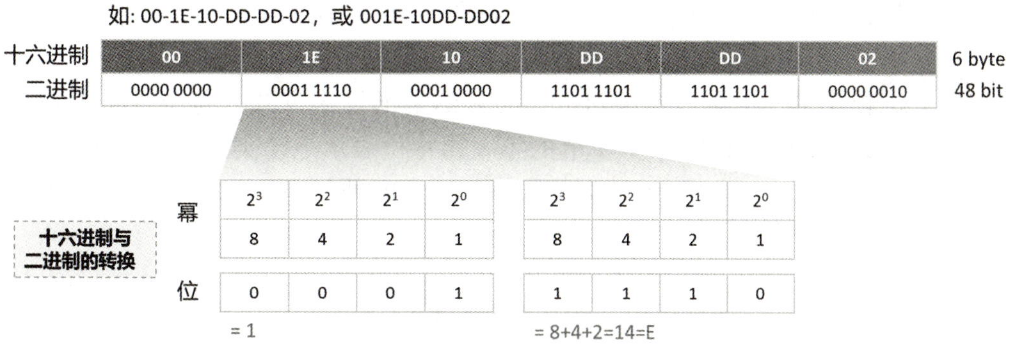

图 2-9　MAC 地址结构及表示

MAC 地址上的获取过程:首先,制造商在生产网卡之前,必须先向 IEEE 注册,以获取 MAC 地址的前 24 bit,这个长度为 24 bit 的厂商代码,称为 OUI。另外,MAC 地址的后 24 bit 由厂商自行分派,后 24 bit 是各个厂商制造的所有网卡的唯一编号。

MAC 地址分为 3 种类型,有单播 MAC 地址、广播 MAC 地址和组播 MAC 地址三类,如图 2-10 所示。

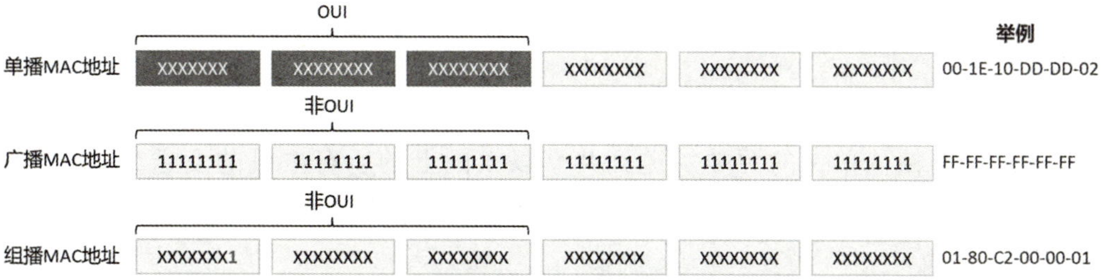

图 2-10　MAC 地址的类型

1. 单播 MAC 地址

单播 MAC 地址也称物理 MAC 地址,这种类型的 MAC 地址唯一地标识了以太网上的 1 个终端,该地址为全球唯一的硬件地址。其特点如下:

(1)单播 MAC 地址用于标识链路上的 1 个单一节点。

(2)若发送目的 MAC 地址为单播 MAC 地址的帧时,该帧将发往 1 个单一的节点。

(3)单播 MAC 地址可以作为源地址或目的地址使用。

单播 MAC 地址具有全球唯一性,当一个二层网络中接入了两台具有相同 MAC 地址的终端时(如误操作等),将会引发通信故障,且其他设备与它们之间的通信也会存在问题。

2. 广播 MAC 地址

广播 MAC 地址是指所有比特位全为 1 的 MAC 地址(FF-FF-FF-FF-FF-FF),用来表示局域网上的所有终端设备。其特点如下:

(1)广播 MAC 地址可以理解为一种特殊的组播 MAC 地址。

(2)其具体格式为:FFFF-FFFF-FFFF。

(3)若发送目的 MAC 地址为广播 MAC 地址的帧时,该帧将发往链路上的所有节点。

3. 组播 MAC 地址

除广播地址外,第 7 比特位为 1 的 MAC 地址为组播 MAC 地址(如 01-00-00-00-00-00),用来代表局域网上的一组终端,其特点如下:

(1)组播 MAC 地址用于标识链路上的一组节点;

(2)若发送目的 MAC 地址为组播 MAC 地址的帧时,该帧将发往一组节点;

(3)组播 MAC 地址不能作为源地址使用,只能作为目的地址使用。

2.2.3 以太网帧发送方式

以太网上的数据帧可以通过 3 种方式发送:单播、广播和组播。

1. 单播

单播指将以太网帧从单一的源端发送到单一的目的端的发送方式。每个主机端口由 1 个 MAC 地址唯一标识,MAC 地址的 OUI 中,第 1 字节的第 8 比特位表示地址类型。对于主机 MAC 地址,第 8 比特位固定为 0。这表示目的 MAC 地址为此 MAC 地址的帧都是发送到某个唯一的目的端,如图 2-11 所示。

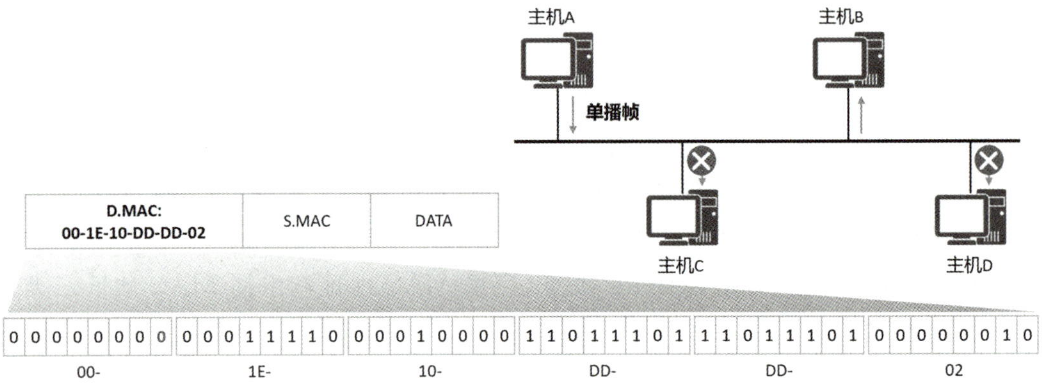

图 2-11　单播帧

2. 广播

广播表示将以太网帧从单一的源端发送到共享以太网上的所有主机的发送方式。广播帧的目的 MAC 地址为 FF-FF-FF-FF-FF-FF,所有收到该广播帧的主机都要接收并处理这个帧,如图 2-12 所示。

广播方式会产生大量的流量,导致带宽利用率降低,进而影响整个网络的性能。当需要网络中的所有主机都能接收到相同的信息并处理时,通常会使用广播的方式。

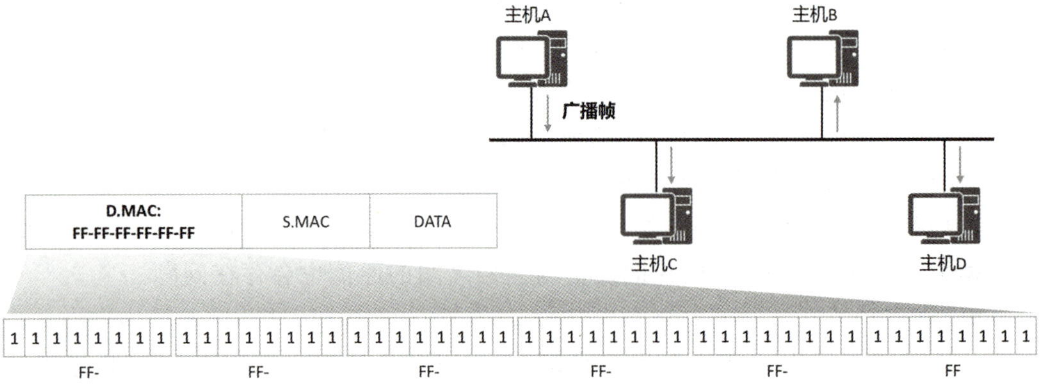

图 2-12　广播帧

3. 组播

组播转发可以理解为选择性的广播。主机侦听特定组播地址，接收并处理目的 MAC 地址为该组播 MAC 地址的帧，组播比广播更加高效。组播 MAC 地址和单播 MAC 地址是通过第一字节中的第 8 比特位区分的。组播 MAC 地址的第 8 比特位为 1，如图 2-13 所示。

当需要网络上的一组主机（而不是全部主机）接收相同信息且其他主机不受影响的情况下，通常会使用组播方式。

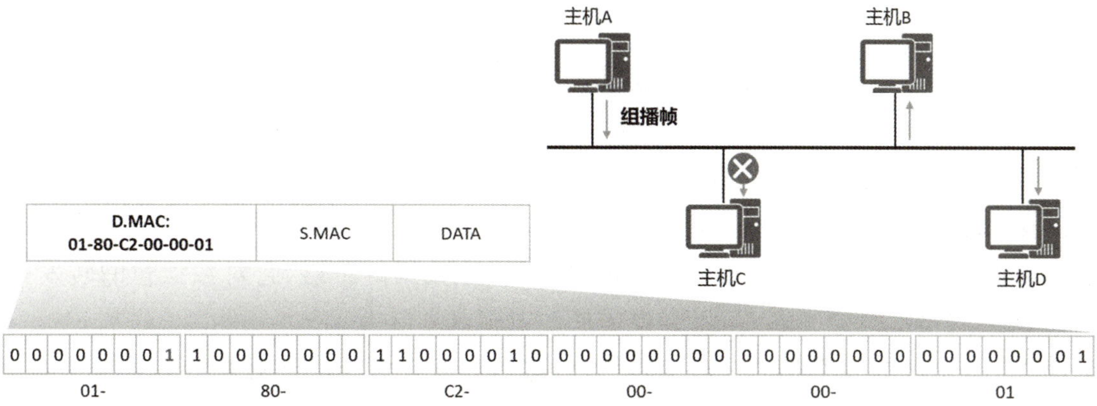

图 2-13　组播帧

2.2.4　IP 地址与 MAC 地址的区别

每个以太网设备在出厂时都有 1 个唯一的 MAC 地址作标识，那为什么还需要为每台主机再分配 1 个 IP 地址呢？或者说，每台主机都已经分配唯一的 IP 地址了，为什么还要在网络设备（如网卡）生产时内嵌 1 个唯一的 MAC 地址呢？其主要原因有以下 2 个。

（1）IP 地址与 MAC 地址的分配方式是不同的：IP 地址是根据网络的拓扑结构分配的唯一的，但是可变的；MAC 地址是根据制造商分配的唯一的，且不可变的地址。一般情况下，路由寻址是根据电脑的 IP 地址进行寻址。

（2）当存在两层地址寻址时，设备组成的网络拓扑结构将更灵活，两层网络地址也更易于设备的移动和维修。例如，如果 1 个以太网卡坏了，无需更换 1 个新的 IP 地址，只需要更换新的以太网卡；如果 1 个 IP 主机从一个网络移到另一个网络，只需给它 1 个新的 IP 地址，而无需更换 1 个新的网卡。

也就是说 IP 地址的作用是唯一标识网络中的 1 个节点，通过 IP 地址进行不同网段的数据访问；MAC 地址的作用是唯一标识 1 个网卡，通过 MAC 地址进行同网段的数据访问。

2.3　以太网交换机简介

典型的园区数据网络由路由器、交换机和防火墙等设备组成。园区数据网络通常会采用多层架构，包括接入层、汇聚层、核心层和出口层这四部分，如图 2-14 所示。

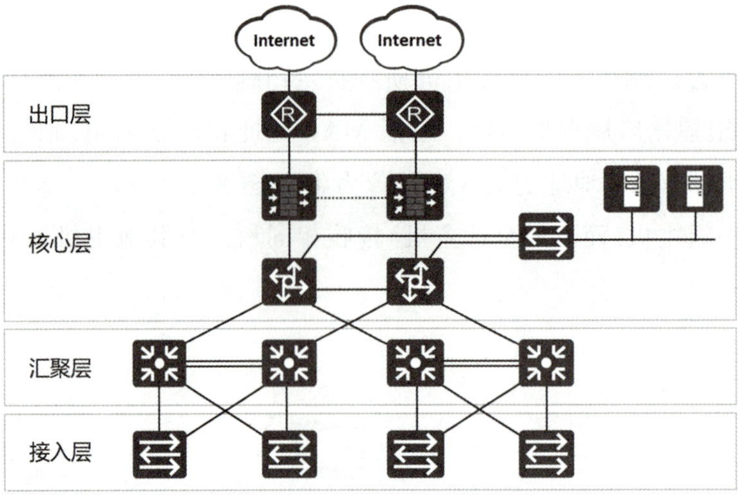

图 2-14　园区网典型的网络架构

在园区网络中，处于接入层的交换机一般来说是距离终端用户最近的设备，用于将终端用户接入园区网络。接入层的交换机一般为二层交换机。

二层交换设备工作在 TCP/IP 对等模型的第二层，即数据链路层，它对数据包的转发是建立在 MAC 地址基础之上的。

以太网二层交换机转发数据的端口都是以太网端口，并且只能够针对数据的二层头部（以太网数据帧头）中的 MAC 地址进行寻址并转发数据。

不同局域网之间的网络互通需要由路由器来完成。随着数据通信网络范围的不断扩大，网络业务的不断丰富，网络间互访的需求也越来越大，而路由器由于自身成本高、转发性能低及端口数量少等特点，导致其无法很好的满足网络发展的需求。因此，出现了三层交换机这样一种能实现高速三层转发的设备。

2.3.1　交换机工作原理

二层交换设备通过学习以太网数据帧的源 MAC 地址来维护 MAC 地址与端口的对应关系（保存 MAC 与端口对应关系的表称为 MAC 地址表）；并通过其目的 MAC 地址查找 MAC 地址表决定向哪个端口转发，如图 2-15 所示。

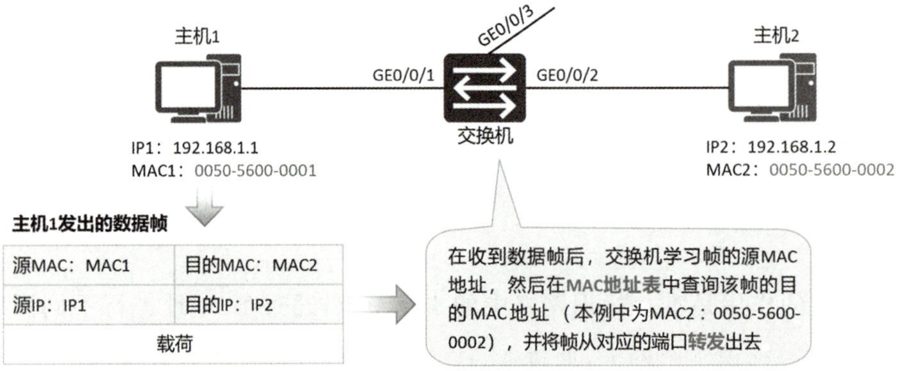

图 2-15　交换机工作原理

MAC 地址表记录了交换机学习到的其他设备的 MAC 地址与端口的对应关系，如图 2-16 所示。交换机在转发数据帧时，根据数据帧的目的 MAC 地址查询 MAC 地址表。如果 MAC 地址表中包含与该帧的目的 MAC 地址对应的表项，则交换机直接通过该表项中的出端口转发该报文；如果 MAC 地址表中没有包含该帧的目的 MAC 地址对应的表项，交换机将通过除接收端口外的所有端口发送该报文。

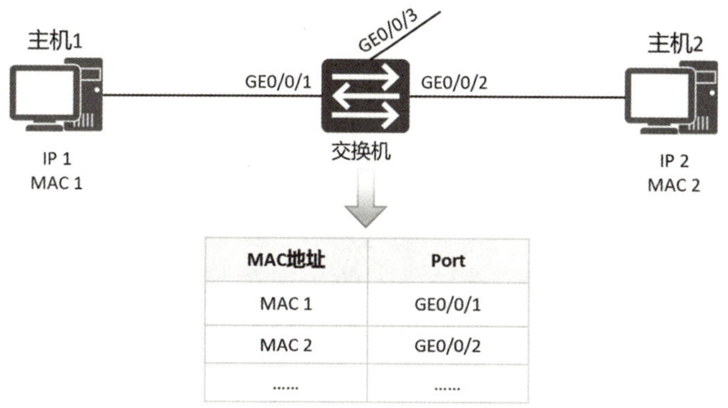

图 2-16 MAC 地址表

2.3.2 交换机对数据帧的处理行为

交换机对从传输介质进入某一端口的帧的处理行为有 3 种:泛洪、转发和丢弃,如图 2-17 所示。

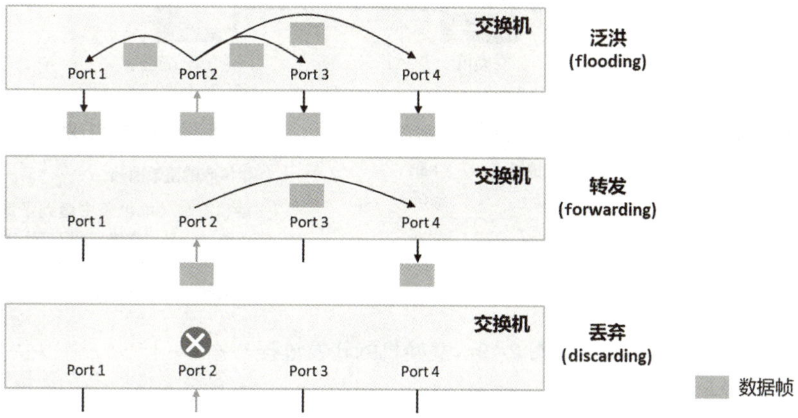

图 2-17 交换机对数据帧的处理行为

1. 泛洪

泛洪(flooding)指交换机把从某一端口进入的帧从其他所有端口(除该帧进入的那个端口外)转发出去。

如果从传输介质进入交换机的某个端口的帧是 1 个单播帧,交换机会去 MAC 地址表查该帧的目的 MAC 地址。在 MAC 地址表中查不到对应表项,则交换机将对该单播帧执行泛洪操作。

如果从传输介质进入交换机的某个端口的帧是 1 个广播帧,交换机不会去查 MAC 地址表,而是直接对该广播帧执行泛洪操作,交换机的泛洪过程如图 2-18 所示。

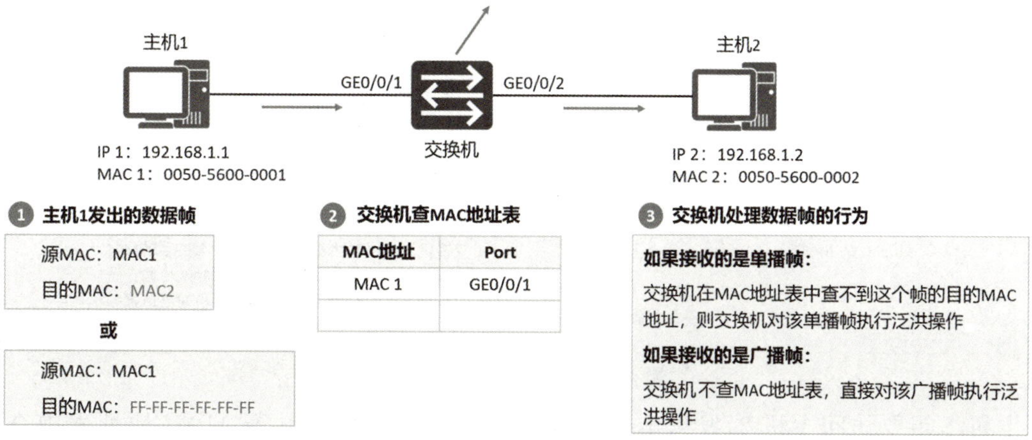

图 2-18 交换机的泛洪过程

场景一：主机 1 想要访问主机 2，发送单播数据帧，交换机收到后，若在 MAC 地址表中查不到对应的表项，则会泛洪该数据帧。

场景二：主机 1 想要访问主机 2，但不知道对应的 MAC 地址，则会发送 ARP 请求报文，该报文为广播数据帧，交换机收到后，则会泛洪该数据帧。

2. 转发

转发(forwarding)指交换机把从某一端口进入的帧通过另一个端口转发出去。如果从传输介质进入交换机某个端口的帧是一个单播帧，则交换机会去 MAC 地址表查这个帧的目的 MAC 地址。如果查到了对应表项，则比较这个 MAC 地址在 MAC 地址表中对应的端口号是否为这个帧从传输介质进入交换机的端口号。如果不是，则交换机执行转发操作(将该帧送至该帧目的 MAC 地址在 MAC 地址表中对应的那个端口，并发送出去)。交换机的转发过程如图 2-19 所示。

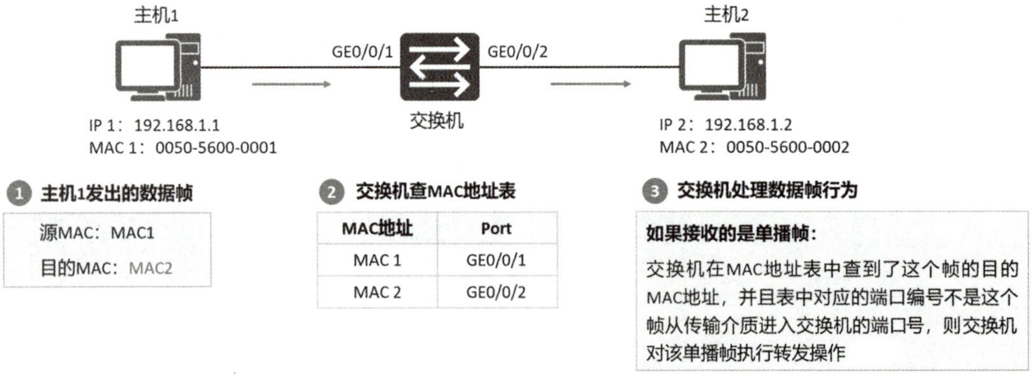

图 2-19　交换机的转发过程

场景：主机 1 想要访问主机 2，发送单播数据帧，交换机收到后，在 MAC 地址表中查到了对应的表项，则会点对点转发该数据帧。

3. 丢弃

丢弃(discarding)指交换机把从某一端口进入的帧直接丢弃。如果从传输介质进入交换机某个端口的帧是 1 个单播帧，则交换机会去 MAC 地址表查该帧的目的 MAC 地址。如果查到了对应表项，则比较这个 MAC 地址在 MAC 地址表中对应的端口号是不是该帧从传输介质进入交换机的端口号。如果是，则交换机将对该帧执行丢弃操作。交换机的丢弃过程如图 2-20 所示。

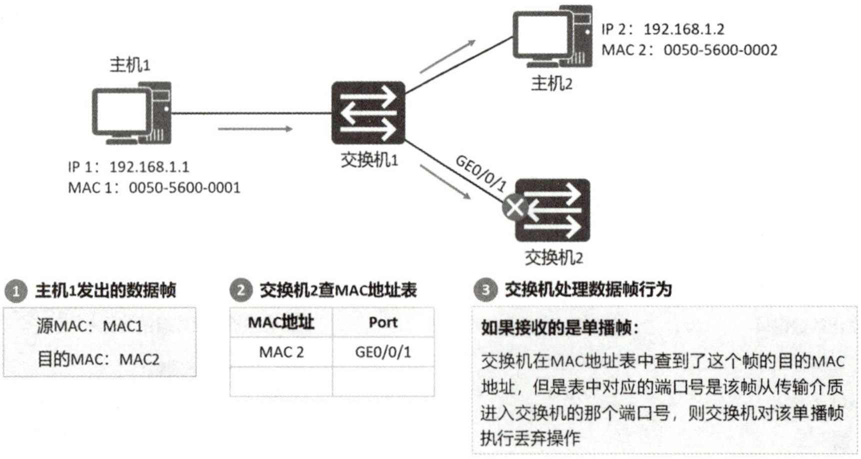

图 2-20　交换机的丢弃过程

场景：主机 1 想要访问主机 2，发送单播数据帧，交换机 1 收到后，若 MAC 地址表中查不到对应的表项，则会泛洪该数据帧。

若交换机 2 收到该数据帧后，发现目的 MAC 地址对应的端口就是接收数据帧的端口，则会丢弃该数据帧。

2.3.3　交换机 MAC 地址表的形成过程

初始状态下，交换机并不知道其所连接主机的 MAC 地址，此时 MAC 地址表为空，如图 2-21 所示。

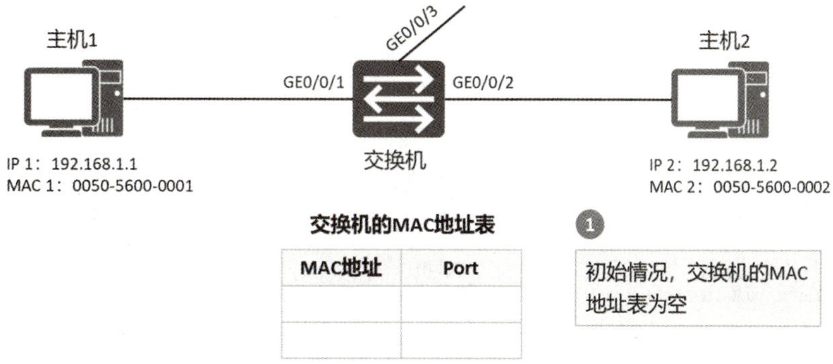

图 2-21　交换机 MAC 地址表的形成过程 1(初始状态)

当主机 1 发送数据给主机 2(假设已知对端的 IP 地址和 MAC 地址)时，主机 1 会封装数据帧，该数据帧包含主机 1 的源 IP 地址和源 MAC 地址。交换机收到该数据帧后会查找自身的 MAC 地址表，发现没有对应表项，则表明收到的数据帧是“未知单播帧”，如图 2-22 所示。

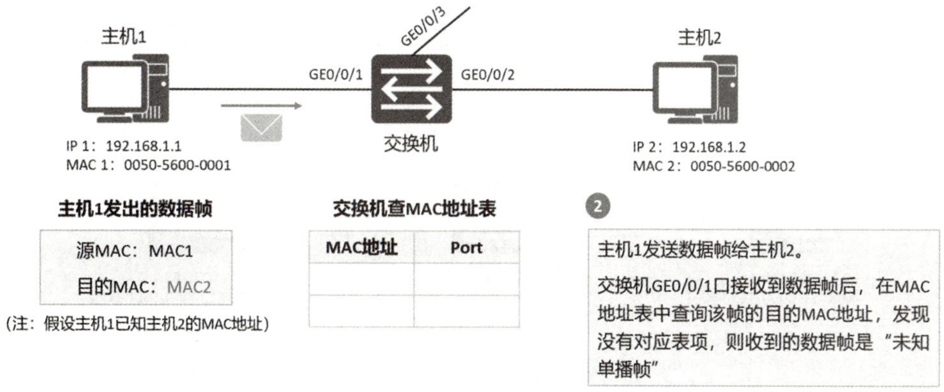

图 2-22　交换机 MAC 地址表的形成过程 2

由于收到的数据帧是“未知单播帧”，因此交换机会泛洪该数据帧。同时，交换机将收到的数据帧的源 MAC 地址和对应端口号记录到 MAC 地址表中，如图 2-23 所示。

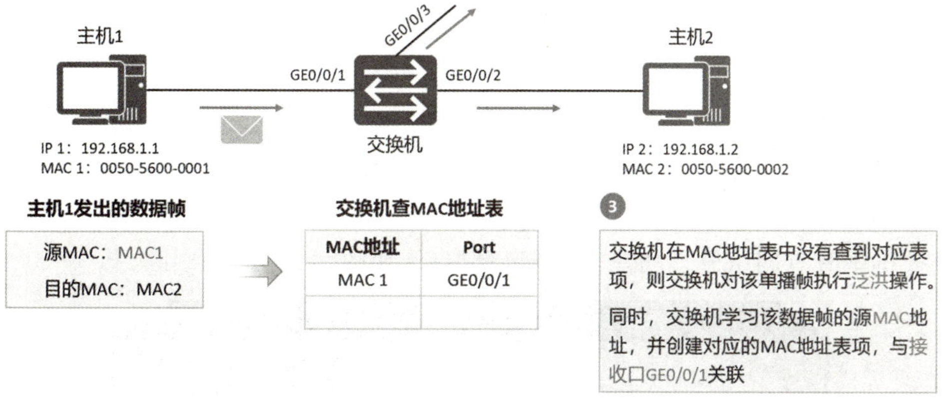

图 2-23　交换机 MAC 地址表的形成过程 3

注意

MAC 地址表中动态学习的表项并非永远有效，每条表项都有生存周期限制，到达生存周期仍得不到更新的表项将被删除，这个生存周期称为老化时间。例如，华为 S 系列交换机的老化时间默认值为 300 秒。

广播网络中的所有主机均会收到该数据帧，但是只有主机 2 会处理(因为目的 MAC 地址是主机 2)。主机 2 会回复数据帧给主机 1，该数据帧也是单播数据帧，如图 2-24 所示。

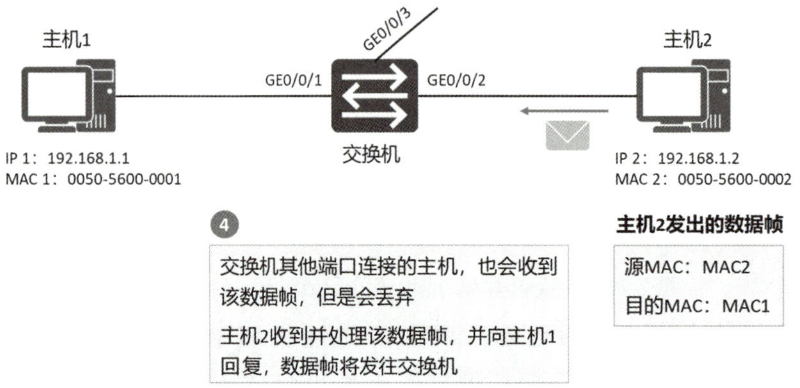

图 2-24　交换机 MAC 地址表的形成过程 4

交换机收到该单播数据帧后，会查看自己的 MAC 地址表，发现有对应的表项，则将数据从对应的端口转发出去。同时，交换机将收到的数据帧的源 MAC 地址和对应端口号记录到 MAC 地址表中，如图 2-25 所示。

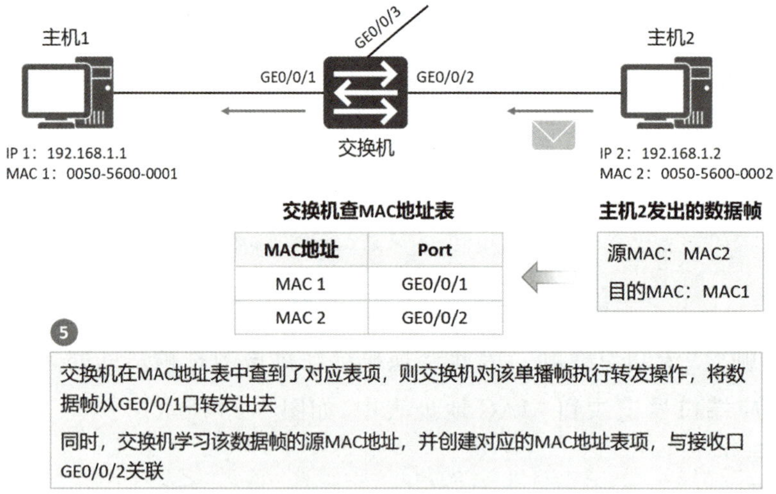

图 2-25　交换机 MAC 地址表的形成过程 5

2.3.4　交换机的分类

按照是否可以配置与管理，可以将交换机分为非网管交换机和网管交换机。

1. 非网管交换机

非网管交换机不具有网络管理功能，没有配置端口，如图 2-26 所示。

图 2-26　非网管交换机

2. 网管交换机

网管交换机具有网络管理、网络监控、端口监控和 VLAN 划分等功能，它具有专门的配置端口(Console 端口)，如图 2-27 所示。

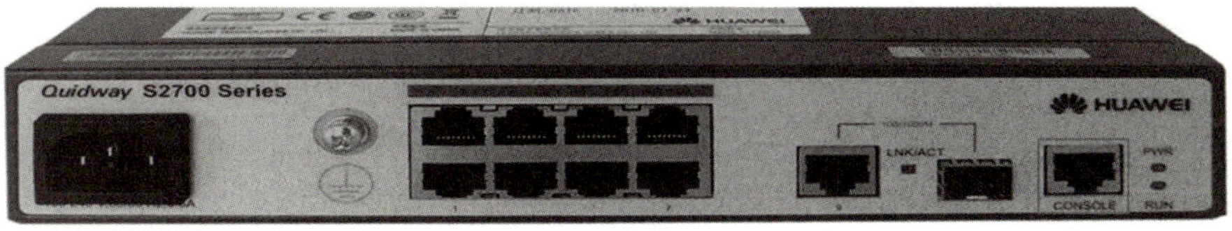

图 2-27　网管交换机

2.3.5　端口的速率与双工模式

客户端接入到交换机后，其转发速率很大程度上取决于交换机端口的速率和双工模式。

交换机端口的速率是指这个端口每秒能够转发的比特数，单位为 bit/s。交换机端口的最大速率取决于该交换机端口的物理带宽。例如，1 Gbit 交换机的端口能够设置的速率上限就是 1 Gbit/s，那么管理员可以设置该端口的速率最大值不能超过 1 Gbit/s。

双工模式是指端口传输数据的方向性，常见的有半双工和全双工模式。

(1)半双工(half-duplex)模式。半双工模式只有 1 个信道，这意味着在同一时刻，这种模式下交换机端口只能单向传输数据，即数据的接收和发送不能同时进行。

(2)全双工(full-duplex)模式。全双工模式为双信道，这种模式下的交换机端口可以同时在收发两个方向上传输和处理数据。

在交换型以太网中，只通过线缆连接了 1 台设备的交换机端口将默认工作在全双工模式下，工作在这种模式下的端口是没有冲突域的，它们可以与对端适配器同时发送数据而不用担心线缆上因信号叠加而产生冲突，此时端口的 CSMA/CD 协议也不会启用。

如果 1 个交换机端口连接的是共享型介质，那么这个端口就只能工作在半双工模式下，这个共享型介质所连接的所有网络适配器共同构成了 1 个冲突域，此时这个交换机端口的 CSMA/CD 协议就会启用。

除双工模式外，传输介质两侧端口的工作速率也要一致，否则无法实现通信。

2.4　交换机基本管理命令

(1)进入系统视图模式：交换机启动后的模式是用户视图模式〈Huawei〉。

```
〈Huawei〉system-view
```

(2)查看历史命令。

```
[Huawei] display history-command
```

(3)配置交换机的名称。

```
[Huawei] sysname SW1
```

(4)查看状态信息(VRP 版本和用户终端信息)。

```
[SW1] display version
[SW1] display users
```

(5)进入端口模式并查看端口配置信息。

```
[SW1] interface GigabitEthernet0/0/1
[SW1-GigabitEthernet0/0/1] display this
```

(6)查看配置文件信息:设备保存信息、设备当前配置信息。

```
[SW1] display saved-configuration
[SW1] display current-configuration
```

(7)保存配置信息(一定要在用户模式下进行)。

```
<SW1> save
```

(8)关闭信息提示中心:用户视图模式下或系统视图模式下。

```
<SW1> undo terminal monitor
[SW1] undo info-center enable
```

(9)关闭超时连接功能。

```
[SW1] user-interface console 0
[SW1-ui-console0] idle-timeout 0 0
```

(10)配置远程登录密码。

```
[SW1] user-interface vty 0 4
[SW1-ui-vty0-4] authentication-mode password
[SW1-ui-vty0-4] set authentication password simple Huawei@123
[SW1-ui-vty0-4] user privilege level 3
```

(11)关闭端口协商功能(默认开启)。

```
[Huawei-GigabitEthernet0/0/1] undo negotiation auto
```

(12)配置端口双工模式。

```
[Huawei-GigabitEthernet0/0/1] duplex {full/half}
```

(13)配置端口的速率。

```
[Huawei-GigabitEthernet0/0/1] speed {10/100/1000/auto-negotiation}
```

(14)配置静态 MAC 地址条目。

```
[Huawei] mac-address static 5489-98B3-071A GigabitEthernet0/0/1 vlan 1
```

(15)配置 MAC 地址动态条目的老化时间(默认 300 s)。

```
[Huawei] mac-address aging-time 300
```

拓展阅读

我国的交换机市场

经过多年发展,在我国的交换机市场上,惠普、华为和思科占据了 75%的市场份额。整体来看,交换机锐捷、中兴和其它厂商占据了另外 25%的市场份额。整体来看,交换机市场份额高度集中,3/

4 的市场被惠普、华为和思科基本平分，这也是在全球所有国家中，较为多元的一个网络市场。在其他国家的交换机市场，思科基本占据了超过 50%的市场份额，紧接着是惠普，之后就是华为和其它厂商，所有厂商份额加起来也没有思科多，思科在交换机领域的品牌认知度遥遥领先于其他对手，唯有在中国市场，对于思科是个例外。造成这种情况的原因有很多，而其中一个很重要的因素就是我国的国产企业在研发和竞争中都有一股冲劲，比如我们所熟知的华为。

创立初期，在交换机市场，华为还是名不见经传的厂商，没想到现在却稳做市场第二把交椅。因为受华三竞争协议的限制，华为以前无法直接进入企业网市场，导致华为在交换机市场所占份额并不高。不再受华三竞争协议的限制后，华为进入企业网市场并在交换机市场全面开花。因为不计成本、不计利润地投入，所以华为迅速成长为交换机市场里不可小觑的新兴力量。

项目实战

项目 2-1　交换机的基本配置

项目 2-1　交换机的基本配置

某公司园区网的二层交换网络如图 2-28 所示，为提高网络性能，需要对交换机进行优化配置，需求为：

（1）可远程登录，登录密码为 Huawei@123，权限级别为 5。

（2）关闭交换机端口的自动协商功能，并将其设置为全双工模式，速率为 1 000 Mb/s。

（3）修改交换机的 MAC 地址动态条目的老化时间为 600 s，手动配置绑定 PC1 与 GE0/0/1 端口的 MAC 地址条目。

图 2-28　项目 2-1 网络拓扑结构

项目规划

具体配置思路如下：

（1）配置主机名称，关闭信息中心和连接超时，开启远程登录功能。

（2）关闭交换机端口的自动协商功能，设置端口为全双工模式，速率为 1 000 Mb/s。

（3）手动配置绑定 PC1 与 GE0/0/1 端口的 MAC 地址条目。

（4）修改交换机的 MAC 地址动态条目的老化时间。

项目实施

步骤 1：配置主机名称，关闭信息中心和连接超时，开启远程登录功能。

```
<Huawei> system-view
[Huawei] sysname SW1
```

```
[SW1] undo info-center enable
[SW1] user-interface console 0
[SW1-ui-console0] idle-timeout 0 0
[SW1-ui-console0] quit
[SW1] user-interface vty 0 4
[SW1-ui-vty0-4] authentication-mode password
[SW1-ui-vty0-4] set authentication password simple Huawei@123
[SW1-ui-vty0-4] user privilege level5
[SW1-ui-vty0-4]quit
```

步骤 2:关闭交换机端口的自动协商功能。

```
[SW1] interface GigabitEthernet 0/0/1
[SW1-GigabitEthernet0/0/1] undo negotiation auto
[SW1-GigabitEthernet0/0/1] quit
[SW1] interface GigabitEthernet 0/0/2
[SW1-GigabitEthernet0/0/2] undo negotiation auto
[SW1-GigabitEthernet0/0/2] quit
```

步骤 3:设置交换机端口的速率和双工模式。

```
[SW1] interface GigabitEthernet 0/0/1
[SW1-GigabitEthernet0/0/1] speed 1000
[SW1-GigabitEthernet0/0/1] duplex full
[SW1-GigabitEthernet0/0/1] quit
[SW1] interface GigabitEthernet 0/0/2
[SW1-GigabitEthernet0/0/2] speed 1000
[SW1-GigabitEthernet0/0/2] duplex full
[SW1-GigabitEthernet0/0/2] quit
```

步骤 4:手动配置绑定 PC1 与 GE0/0/1 端口的 MAC 地址条目。

```
[SW1] mac-address static 5489-98B3-071A GigabitEthernet 0/0/1 vlan 1
```

步骤 5:修改 MAC 地址动态条目的老化时间为 600 s。

```
[SW1] mac-address aging-time 600
```

项目验证

(1)查看交换机 SW1 端口的速率和双工模式(只有物理机可以查看速率和双工模式信息,eNSP 仿真工具无法查看)。

```
[SW1] display interface GigabitEthernet 0/0/1
GigabitEthernet0/0/1 current state : UP
Line protocol current state : UP
……
Speed : 1000,    Loopback: NONE
Duplex: FULL,    Negotiation: ENABLE
……
```

(2)查看交换机的 MAC 地址表。

①刚启动时,查看交换机的 MAC 地址表,如图 2-29 所示。

```
[SW1]display mac-address
[SW1]
```

图 2-29　通信前查看交换机 MAC 地址表的信息

②通过 PC1 ping PC2,手动发起 PC1、PC2 与交换机之间的通信,如图 2-30 所示。

```
PC>ipconfig

Link local IPv6 address..........: fe80::5689:98ff:feb3:71a
IPv6 address.....................: :: / 128
IPv6 gateway.....................: ::
IPv4 address.....................: 192.168.1.1
Subnet mask......................: 255.255.255.0
Gateway..........................: 0.0.0.0
Physical address.................: 54-89-98-B3-07-1A
DNS server.......................:

PC>ping 192.168.1.2 -c 2

Ping 192.168.1.2: 32 data bytes, Press Ctrl_C to break
From 192.168.1.2: bytes=32 seq=1 ttl=128 time=47 ms
From 192.168.1.2: bytes=32 seq=2 ttl=128 time=46 ms
```

图 2-30　验证 PC1、PC2 与交换机之间的通信

③通信后,再次查看交换机的 MAC 地址表,如图 2-31 所示。

```
[SW1]display mac-address
MAC address table of slot 0:
-------------------------------------------------------------------------------
MAC Address    VLAN/       PEVLAN CEVLAN Port            Type      LSP/LSR-ID
               VSI/SI                                              MAC-Tunnel
-------------------------------------------------------------------------------
5489-983a-6a36 1           -      -      GE0/0/2         dynamic   0/-
5489-98b3-071a 1           -      -      GE0/0/1         dynamic   0/-
-------------------------------------------------------------------------------
Total matching items on slot 0 displayed = 2
```

图 2-31　再次验证交换机 MAC 地址表的信息

(3)验证配置静态 MAC 地址条目后的 MAC 地址表,如图 2-32 所示。

```
[SW1]display mac-address
MAC address table of slot 0:
-------------------------------------------------------------------------------
MAC Address    VLAN/       PEVLAN CEVLAN Port            Type      LSP/LSR-ID
               VSI/SI                                              MAC-Tunnel
-------------------------------------------------------------------------------
5489-98b3-071a 1           -      -      GE0/0/1         static    -
-------------------------------------------------------------------------------
Total matching items on slot 0 displayed = 1

MAC address table of slot 0:
-------------------------------------------------------------------------------
MAC Address    VLAN/       PEVLAN CEVLAN Port            Type      LSP/LSR-ID
               VSI/SI                                              MAC-Tunnel
-------------------------------------------------------------------------------
5489-983a-6a36 1           -      -      GE0/0/2         dynamic   0/-
-------------------------------------------------------------------------------
Total matching items on slot 0 displayed = 1
```

图 2-32　验证配置静态 MAC 地址条目后的 MAC 地址表

(4)查看 MAC 地址表修改前的老化时间,如图 2-33 所示。

```
[SW1]dis mac-add aging-time

 Aging time: 300 seconds
```

图 2-33　查看修改前的 MAC 地址表老化时间

(5)查看 MAC 地址表修改后的老化时间,如图 2-34 所示。

```
[SW1]display mac-address aging-time

 Aging time: 600 seconds
```

图 2-34　验证修改后的 MAC 地址表老化时间

单元总结

本单元详细介绍了以太网交换机的工作原理及应用，主要学习了以下知识内容：

(1)以太网协议的基本概述，CSMA/CD 协议的工作原理。

(2)以太网帧格式分为 Ethernet_Ⅱ格式和 IEEE 802.3 格式两种。

(3) MAC 地址与 IP 地址的区别，MAC 地址的构成及分类。

(4)二层交换机的工作原理，交换机 MAC 地址表的形成过程。

(5)交换机可分为非网管交换机与网管交换机两种。

(6)交换机的基本配置命令。

巩固练习

一、单选题

1. 二层以太网交换机根据端口所接收到报文的(　　)生成 MAC 地址表选项。

A. 源 MAC 地址　　B. 目的 MAC 地址　　C. 源 IP 地址　　D. 目的 IP 地址

2. 一台交换机有 8 个端口，一个单播帧从某一端口进入了该交换机，但交换机在 MAC 地址表中查不到关于该帧的目的 MAC 地址表项，那么交换机对该帧进行的转发操作是(　　)。

A. 丢弃　　B. 泛洪

C. 点对点转发　　D. 可能点对点转发，也可能丢弃

3. 在以太网中，工作站在发送数据之前，要检查网络是否空闲，只有在网络不阻塞时，工作站才能发送数据，这是采用了(　　)协议。

A. IP　　B. TCP

C. ICMP　　D. CSMA/CD

4. 以下关于 MAC 地址的说法中，不正确的是(　　)。

A. MAC 地址的前 3 byte 是各个厂家从 IEEE 得来的

B. MAC 地址一共有 6 byte，它们从出厂时就被固化在网卡中

C. MAC 地址也称做物理地址，或通常所说的计算机硬件地址

D. MAC 地址的后 3 byte 是厂家名称的代号

5. 以太网交换机的一个端口在接收到数据帧时，如果没有在 MAC 地址表中查找到目的 MAC 地址，通常会(　　)。

A. 把以太网帧复制到所有端口

B. 把以太网帧单点传送到特定端口

C. 把以太网帧发送到除本端口以外的所有端口

D. 丢弃该帧

二、多选题

1. 下列描述中正确的有(　　)。

A. 计算机的端口在收到一个广播帧后，一定会将帧中的载荷数据送给上层协议去处理

B. 计算机的端口在收到一个广播帧后，会对该帧执行泛洪操作

C. 交换机的某个端口在收到一个广播帧后，一定会将帧中的载荷数据送给上层协议去处理

D. 交换机的某个端口在收到一个广播帧后，会对该帧执行泛洪操作

2. 下列描述中正确的有(　　)。

A. 计算机中的 MAC 地址表也具有老化机制

B. 从统计的角度来看,如果交换机 MAC 地址表中的地址表项越少,则交换机执行泛洪操作的可能性就越大

C. 从统计的角度看,如果交换机 MAC 地址表中的地址表项越少,则网络中出现垃圾流量的可能性就越大

三、简答题

1. 简述 CSMA/CD 协议的工作过程。

2. 网管交换机和非网管交换机的区别是什么?

单元3 虚拟局域网

单元导航

当面临传染性较强的流行性传染病时，一般采用防控隔离的措施进行分区域管理，把问题控制在一个区域之内。VLAN 隔离机制与流行性传染病采用防控隔离的目的一样，主要用于进行局域网内部网络广播域的隔离。VLAN 隔离机制可以增强网络安全，抑制网络广播风暴的出现，主要应用在提高企业内部的网络安全上。本单元主要讲述 VLAN 的工作原理、应用场景和基本配置方法。

学习目标

知识目标

(1)了解 VLAN 技术的产生背景。

(2)理解 VLAN 的工作原理、标识及划分。

(3)了解交换机 VLAN3 种端口的异同。

(4)熟知 VLAN 的应用场景。

技能目标

(1)能熟练对基于端口的 VLAN 进行配置管理。

(2)掌握园区网 VLAN 的基本配置。

(3)掌握对 VLAN 的 Trunk 口的 2 个属性进行配置。

(4)掌握对 VLAN 进行故障分析和排除故障。

素养目标

(1)养成认真负责、严谨细致的工作态度和工作作风。

(2)增强创新意识，培养创新思维。

学习准备

初期的 LAN 是 1 种基于 CSMA/CD 协议的数据网络通信技术，其特征是共享通信介质，且这种网络的结构基本上都是总线型的，这种结构主要存在以下问题。

(1)若某时刻有多个节点同时试图发送消息，那么它们将产生冲突。

(2)从任意节点发出的消息都会被发送到其他节点，形成广播。

(3)所有主机共享同一条传输通道，无法控制网络中的信息安全。

这种网络构成了 1 个冲突域，网络中设备数量越多，则冲突越严重，网络效率越低。同时，该网络也是一个广播域，当网络中广播信息越多时，网络带宽将会被大量耗费。因此，初期 LAN 不仅面临冲突域和广播域太大的难题，而且无法保障传输信息的安全。

为了扩展传统 LAN 的范围，以接入更多设备；同时避免冲突的恶化，出现了网桥和二层交换机。网桥和二层交换机能有效隔离冲突域。网桥和交换机采用交换方式将来自入端口的信息转发到出端口上，克服了共享 LAN 中的冲突问题。但是，采用交换机进行组网时，广播域和信息安全问题依旧存在。

交换机的工作原理是根据历史的通信记录，将终端的 MAC 地址与交换机的物理端口进行一一映射并保存在 MAC 地址表里，当终端的目的 MAC 地址不在 MAC 地址表里的时候，交换机会发送一个广播数据包进行广播寻找。所以，交换机的工作过程中会出现大量的广播数据包，这些广播数据包对大部分终端来说都是无效数据，会降低网络的效率。

默认情况下，一个交换机或者多个直接互联的交换机之间都属于一个相同的广播域。当交换机不了解目的 MAC 地址所对应的物理端口的时候，会发送一个广播数据包到整个广播域内的所有终端；若该终端的 MAC 地址与目的 MAC 地址不符，该终端会丢弃这个广播数据包；若终端的 MAC 地址与目的 MAC 地址相符，该终端则会回应这个广播数据包。以上所述过程有利于交换机寻找到目的 MAC 地址对应的端口，让网络保持正常的通信，但是也会导致网络中存在大量无效的垃圾数据，如图 3-1 所示。

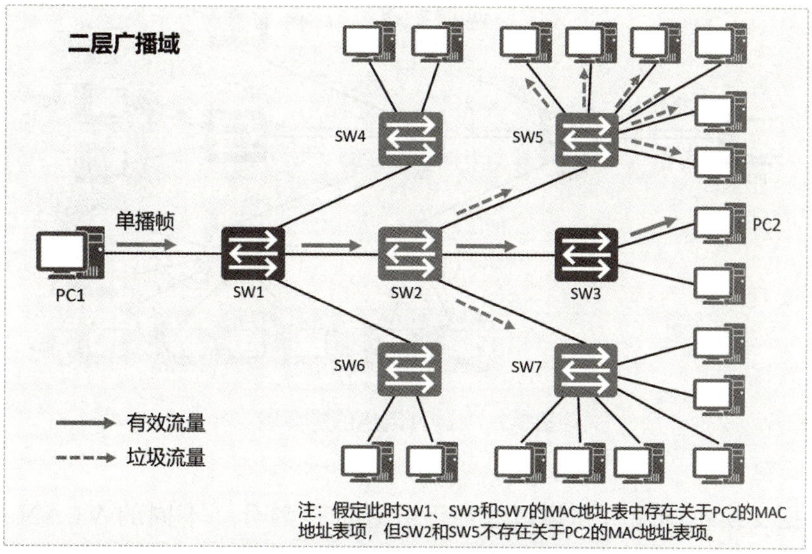

图 3-1　交换网络的广播域问题

为解决广播范围过于庞大而导致网络效率下降的问题，虚拟局域网（virtual local area network，VLAN）技术应需而生。VLAN 能够根据网络管理的需求，自定义广播域的范围，每个 VLAN 为一个广播域。VLAN 的定义不受制于网络终端的物理位置和数量等基础信息，是非常有效地提高 LAN 通信效率的技术。

接下来，我们将通过学习 VLAN 的工作原理、划分方法及相关配置命令等知识，进而完成在园区网二层交换网络场景下 VLAN 的应用部署与实现。

3.1　VLAN 概述

VLAN 是一组逻辑上的设备和用户，这些逻辑上的设备和用户不受物理位置的限制。它们可以处在不同的物理位置，根据功能、部门及应用等因素将它们组织起来，相互之间可以正常的通信就好像它们在同一个网段中一样，因此被称为虚拟局域网。

通过划分 VLAN，网络管理人员可以更好地强化网络安全，例如，通常各个公司会将财务部与许其他部门划分到不同的 VLAN 中。通过这样设置，财务部门内部可以共享一些数据，但是这些数据不会被其他部门的终端侦听截获到，从而提高网络的安全性。

在相同的 VLAN 下，即使终端处于不同的交换机中，它们之间的通信仍旧类似处于相同的交换机中。所以,当某一个终端发送广播帧的时候,这个广播帧只会在相同的 VLAN 中进行传播。在这种模式下,网络的管理小组也不会受物理位置的限制,对于网络管理人员来说,减少了相当大的工作量,也提高了网络管理能力。总的来说,VLAN 具有以下优点:

1. 控制广播风暴

当使用交换机构建一个较大的 LAN 的时候,LAN 内会出现大量的广播数据包,甚至会出现广播风暴现象(广播数据充斥网络无法处理,并占用大量网络带宽,导致正常业务无法进行)。一旦出现这类情况,网络的质量和转发效率会快速地下降。VLAN 将大范围的广播域划为多个小范围的独立广播域,这样可以将广播数据包控制在本 VLAN 之内,从而有效地减少广播数据包对网络的影响,如图 3-2 所示。

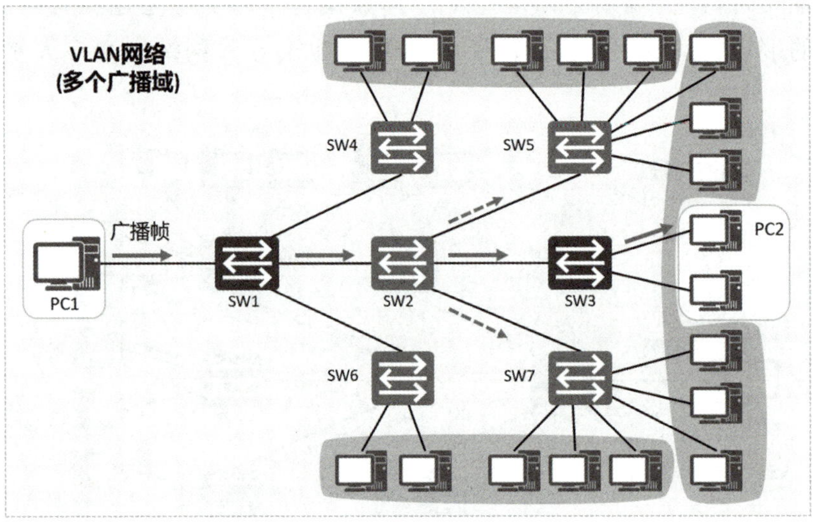

图 3-2　VLAN 网络的广播域

2. 提高网络的安全

VLAN 可以根据交换机的端口和物理地址等方式进行划分。不同的 VLAN 之间的主机无法直接通信,计算机网络中某些数据链路层的信息也无法直接互通。这样会杜绝 VLAN 内的设备因为某些漏洞被其他 VLAN 的主机控制等情况的发生。例如,某些主机的一些默认文件共享或者打印机等外设共享被其他 VLAN 的终端所利用。

3. 提高网络管理效能

VLAN 的划分与终端以及其所连接的交换机的物理位置无关,一旦终端所属工作小组出现调整,只需要在相关交换机上进行重新配置即可,无需调整主机位置或者修改终端的系统参数等。

3.2　VLAN 的划分方法

VLAN 的划分主要有以下 3 种方法。

1. 基于交换机端口的 VLAN 划分

基于交换机端口的 VLAN 划分是简易高效且常用的一种划分方法。这种划分方法就是网络管理员根据实际情况将局域网内一个或者多个交换机的某些端口当作某个 VLAN 的集合,这些端口所连接的设备自然就遵从相关 VLAN 网络管理。这种划分方法的缺点是,如果出现终端的位置发生改变导致所连接的链路发生变化,而终端所属的 VLAN 不想变更的情况,就需要手动重新修改设备新链路所连接的交换机端口的配置。因为基于交换机端口的 VLAN 相关配置比较简单,所以整体来说基于交换机端口的 VLAN 划分还是方便有效的。

2. 基于 MAC 地址的 VLAN 划分

基于 MAC 地址的 VLAN 划分是根据每个终端设备的 MAC 地址来划分 VLAN 的。用 MAC 地址定义某个所属的 VLAN，不在乎终端的位置和所连接的交换机端口号。这种划分方法的优点是，无论终端如何移动，即使物理链路发生变化也不会对 VLAN 有影响。

这种划分方法的缺点是，需提前收集所有连接上 VLAN 的终端设备的 MAC 地址，前期工作量相对比较大。

3. 基于 IP 子网的 VLAN 划分

基于 IP 子网的 VLAN 划分是根据每个终端的 IP 地址或者协议类型来划分 VLAN 的。这种形式划分的 VLAN 虽然会检查数据包的 IP 地址，但是由于交换机不是路由，所以并不支持路由相关的协议。这种划分方法的优点和基于 MAC 地址的划分方法的优点相似，也是不受终端的物理位置和链路所影响。

这种划分方法的缺点是效率相对低下，因为在交换机中检查数据包的 IP 地址是消耗资源的，也需要相对较多的时间。

3.3 802.1Q 协议

IEEE 的 802.1Q 协议是 VLAN 的开发标准，只要交换机支持相同的开发标准，就能保证网络的互通。

支持 802.1Q 的交换机可以用来传输无标签帧(untagge)和标签帧(tagged)。当支持 802.1Q 的交换机某端口连接的是支持 802.1Q 的其他交换机时，那么这些带有 802.1Q 的帧可以在不同交换机之间传送带有 VLAN 成员信息的帧，从而解决了 VLAN 技术在跨交换机中的传输。

802.1Q 的 Tag 字段共占 4 byte，直接添加在以太网帧头 SMAC 字段和 Type 字段中间，IEEE 802.1Q 文档对 VLAN 标签作出了说明，如图 3-3 所示。

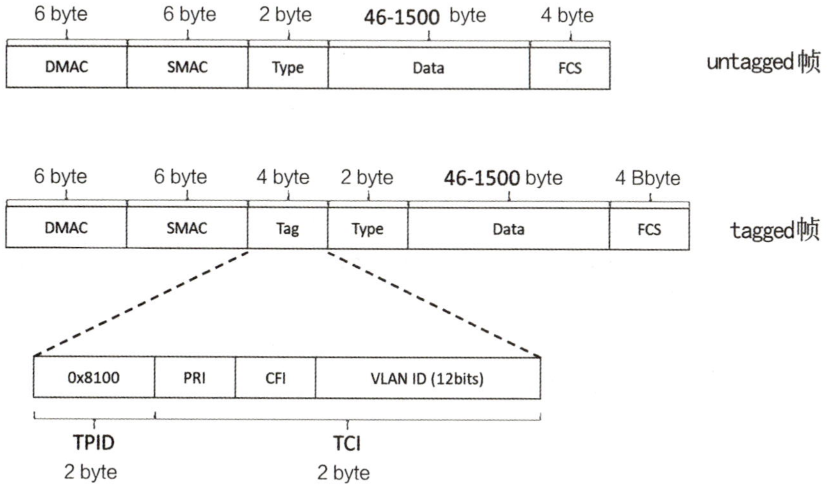

图 3-3 不带 tag 帧格式和携带 tag 帧格式

标签协议识(tag protocol identifier，TPID)，2 byte，固定取值 0x8100，表明这是一个携带 802.1Q 标签的帧。如果不支持 802.1Q 的设备收到这样的帧，会直接将其丢弃。

标签控制信息(tag control information，TCI)，2 byte。帧的控制信息，详细说明如下：

(1)PRI(priority)，3 bit，表示帧的优先级，取值范围为 0～7，值越大优先级越高。当交换机阻塞时，优先发送优先级高的数据帧。

(2)CFI(canonical format indicator)，1 bit，表示 MAC 地址是否是经典格式。CFI 为 0 说明是经

典格式,CFI 为 1 表示为非经典格式。CFI 通常用于区分以太网帧、光纤分布式数据接口(fiber distributed digital interface,FDDI)帧和令牌环网帧。在以太网中,CFI 的值为 0。

(3) VLAN ID(VLAN identifier),12 bit,表示数据帧所在的 VLAN 编号。VLAN 的编号共有 4 096 个,范围为 0~4 095,但是由于 0 和 4 095 在协议中规定为保留的 VLAN ID,不能给用户使用,因此可用的编号共有 4 094 个,其中 VLAN 1 是交换机的默认 VLAN。

PVID(poit base VLAN ID),指端口的虚拟局域网 ID 号。

交换机在初始状态下,只有 1 个 VLAN,就是 VLAN 1,交换机的所有端口默认情况下都属于该 VLAN。交换机不为默认 VLAN 的以太网帧添加 802.1Q 标识,所以,一些不支持 VLAN 标识的交换机也可以与支持 802.1Q 的交换机互相通信。

3.4 交换机端口分类

基于端口的 VLAN 划分依赖于交换机的端口类型。交换机端口分为三种类型,分别是 Access 端口、Trunk 端口和 Hybrid 端口。

1. Access 端口

Access 端口通常只用于连接计算机终端设备,只能支持特定的某一个 VLAN。

因为终端设备默认是无法识别 VLAN 标识的,所以交换机的 Access 端口向终端设备转发数据的时候也是不带 802.1Q 信息的帧。

Access 端口接收的数据帧中,只能接收无标记(untagged)的帧或者带有和该端口相同 VLAN 标识的标记(tagged)帧。Access 端口接收和发送帧的过程如图 3-4 所示。

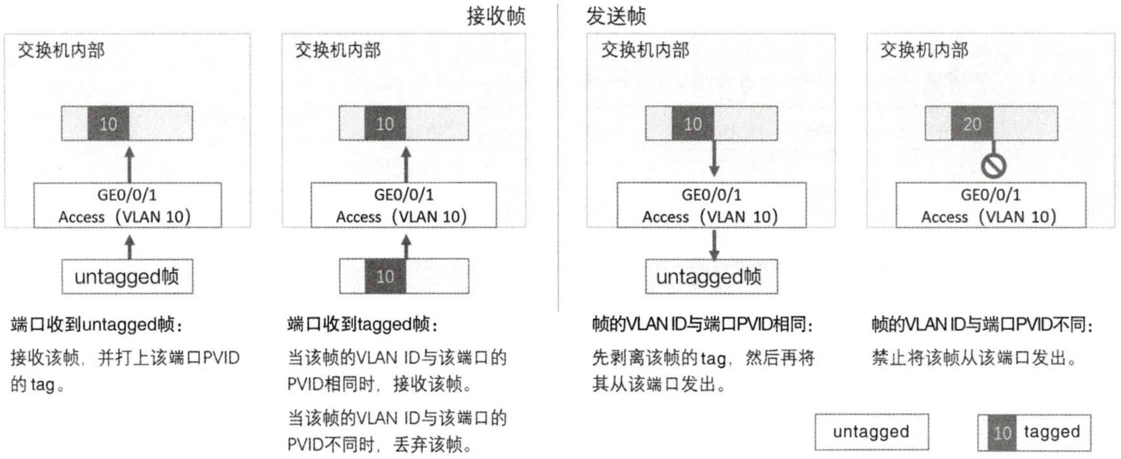

图 3-4 Access 端口接收和发送帧的过程

2. Trunk 端口

Trunk 端口用于连接交换机等网络设备,可以支持多个 VLAN 的以太网数据帧,它可接收 untagged 帧和在端口允许的 VLAN 范围内的 tagged 帧。

Trunk 端口转发数据帧的时候,如果该数据帧非默认 VLAN,转发该数据帧就会带着该 VLAN 的 tag 标记;如果该数据帧是默认 VLAN 的帧或者与该 Trunk 端口所属的 VLAN 相同时候,那么转发该数据帧将不带 tag 标记。Trunk 端口接收和发送帧的过程如图 3-5 所示。

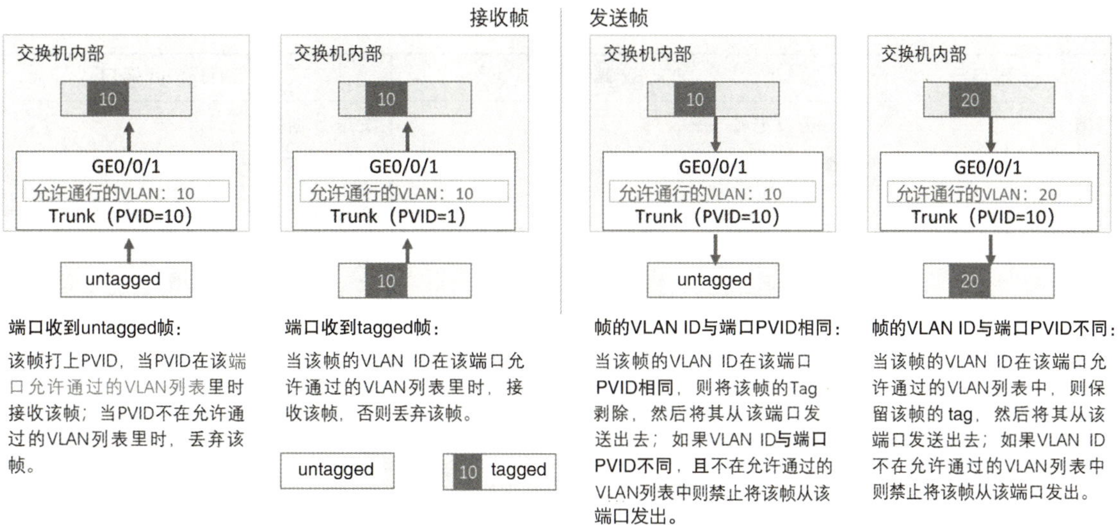

图 3-5　Trunk 端口接收和发送帧的过程

3. Hybird 端口

Hybrid 端口是华为系列交换机端口的默认工作模式，它能够接收和发送多个 VLAN 的数据帧，可以用于连接交换机之间的链路，也可以用于连接终端设备。

Hybird 端口同时具备有 Access 端口和 Trunk 端口的特点，根据网络的需求给予合适的配置即可。Hybird 端口接收和发送帧的过程，如图 3-6 所示。

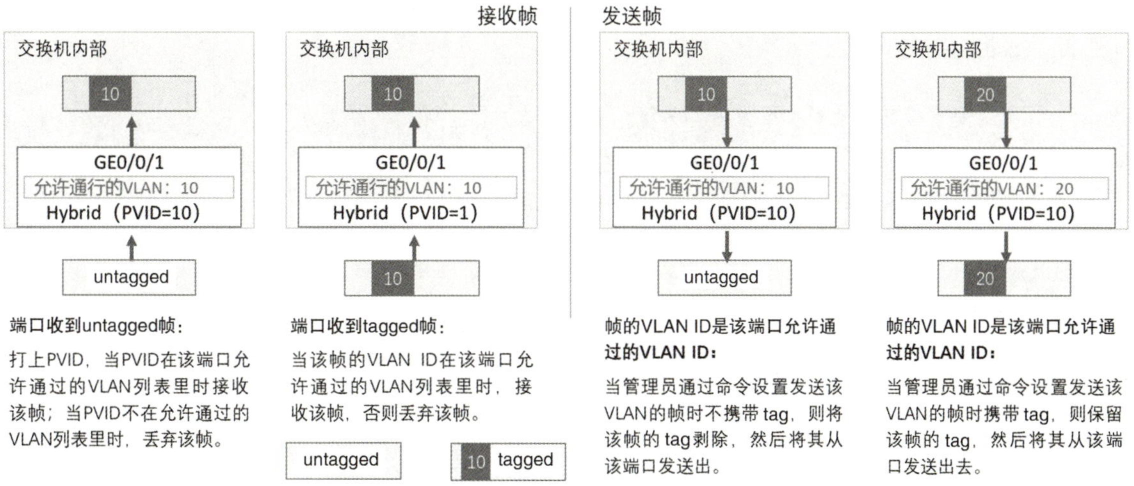

图 3-6　Hybird 端口接收和发送帧的过程

不同类型端口接收和发送帧的过程总结如表 3-1 所示。

表 3-1　不同类型端口接收和发送帧的过程总结

Access 端口	Trunk 端口	Hybrid 端口
接收数据帧 ◆untagged 帧，打上 PVID，接收 ◆tagged 数据帧，与 PVID 比较，相同则接收；不同则丢弃	接收数据帧 ◆untagged 帧，打上 PVID。VID 在允许列表中，则接收；VID 不在允许列表，则丢弃 ◆tagged 数据帧，查看 VID 是否在允许列表中：在允许列表中，则接收；VID 不在允许列表，则丢弃	接收数据帧 ◆untagged 帧，打上 PVID，且 VID 在允许列表中，则接收；VID 不在允许列表中，则丢弃 ◆tagged 数据帧，查看 VID 是否在允许列表中，在允许列表中，则接收；VID 不在允许列表，则丢弃

续表

Access 端口	Trunk 端口	Hybrid 端口
发送数据帧 ◆VID 与 PVID 比较。相同则剥离 tag 发送;不同则丢弃	发送数据帧 ◆VID 在允许列表中,且 VID 与 PVID 一致,则剥离 tag 发送 ◆VID 在允许列表,但 VID 与 PVID 不一致,则直接带 tag 发送 ◆VID 不在允许列表中,直接丢弃	发送数据帧 ◆VID 不在允许列表中,直接丢弃 ◆VID 在 untagged 列表中,剥离 tag 发送 ◆VID 在 tagged 列表中,带 tag 直接发送

3.5 VLAN 配置命令

(1)创建 VLAN。

```
# 创建 VLAN 并进入 VLAN 视图,如果 VLAN 已存在,直接进入该 VLAN 的视图。vlan-id 参数是整数形式,取值范围是1~4094
[Huawei] vlan vlan-id
# 批量创建 VLAN。其中:batch,指定批量创建的 VLAN ID;vlan-id1,表示第一个 VLAN 的编号;vlan-id 2,表示最后一个 VLAN 的编号
[Huawei] vlan batch { vlan-id1 [ to vlan-id 2 ] }
```

(2)配置 Access 端口命令。

```
# 在端口视图下配置端口的链路类型为 Access
[Huawei-GigabitEthernet0/0/1] port link-type access
# 在端口视图下配置端口的默认 VLAN 并同时加入这个 VLAN
[Huawei-GigabitEthernet0/0/1] port default vlan vlan-id
```

(3)配置 Trunk 端口命令。

```
# 在端口视图下,配置端口的链路类型为 Trunk
[Huawei-GigabitEthernet0/0/1] port link-type trunk
# 在端口视图下,配置 Trunk 类型端口加入的 VLAN
[Huawei-GigabitEthernet0/0/1] port trunk allow-pass vlan { { vlan-id1 [ to vlan-id 2 ] } | all }
#(可选)在端口视图下,配置 Trunk 类型端口的默认 VLAN
[Huawei-GigabitEthernet0/0/1] port trunk pvid vlan vlan-id
```

(4)配置 Hybrid 端口命令。

```
# 在端口视图下配置端口的链路类型为 Hybrid
[Huawei-GigabitEthernet0/0/1] port link-type hybrid
#在端口视图下配置 Hybrid 端口加入 VLAN,这些 VLAN 的帧以 untagged 方式通过端口
[Huawei-GigabitEthernet0/0/1] port hybrid untagged vlan { { vlan-id1 [ to vlan-id 2 ] } | all }
# 在端口视图下配置 Hybrid 端口加入 VLAN,这些 VLAN 的帧以 tagged 方式通过端口
[Huawei-GigabitEthernet0/0/1] port hybrid tagged vlan { { vlan-id1 [ to vlan-id 2 ] } | all }
#(可选)在端口视图下配置 Hybrid 类型端口的默认 VLAN
[Huawei-GigabitEthernet0/0/1] port hybrid pvid vlan vlan-id
```

3.6 VLAN 配置案例

VLAN 的配置过程如图 3-7 所示。由于两个交换机配置过程类似，下面只介绍交换机 SW1 的配置。

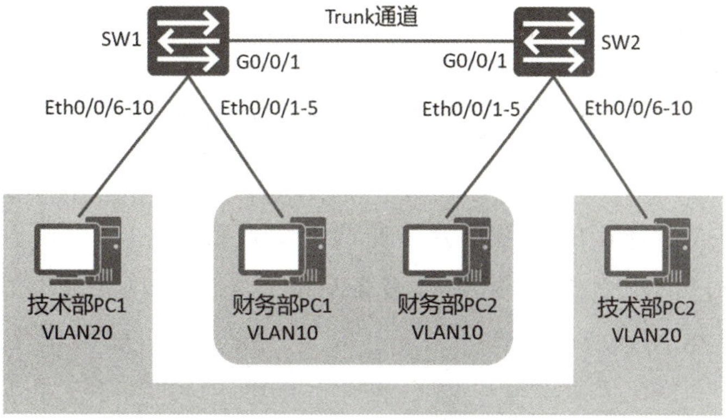

图 3-7 VLAN 配置案例拓扑图

（1）根据需求新建 VLAN。

```
[SW1] vlan batch 10 20
```

（2）根据网络拓扑设置终端连接的端口属性，设置端口的 PVID 值。

```
[SW1] interface GigabitEthernet 0/0/1
[SW1-GigabitEthernet0/0/1] port link-type access
[SW1-GigabitEthernet0/0/1] port default vlan 10
[SW1-GigabitEthernet0/0/1] quit
[SW1] interface GigabitEthernet 0/0/2
[SW1-GigabitEthernet0/0/2] port link-type access
[SW1-GigabitEthernet0/0/2] port default vlan 20
```

（3）根据网络拓扑设置交换机之间级联端口属性，并设置允许通过的 VLAN ID。

```
[SW1] interface GigabitEthernet 0/0/24
[SW1-GigabitEthernet0/0/24] port link-type trunk
[SW1-GigabitEthernet0/0/24] port trunk allow-pass vlan 10 20
```

（4）SW2 的配置与 SW1 相似，只需要根据拓扑结构图的内容修改命令参数即可。

拓展阅读

VLAN 的管理与维护

在实际的 VLAN 技术应用中，我们需要格外重视对 VLAN 的管理与维护，这样才能始终保证其良好的运行效率与状态，满足用户对于性能及安全性的需求。由于 VLAN 的应用需要依靠交换机，因此交换机就成为决定 VLAN 运行效率和安全性的重要一环，作为技术人员必须要对交换机进行合理的管理与维护。例如，对网络资源进行科学分配均衡网络负载；在选择 VLAN 交换机时最好具备一定监视功能，并通过监视功能来提升 VLAN 的实用性和隐私性。再者，是需要在 VLAN 管理和维护过程当中，做到及时备份网络配置参数，这一个工作细节是非常重要的，对于后期突发情况的处理，具有保障作用。例如，在 VLAN 的运行过程当中，发生了硬件方面的故障，原本的配置参数被清除，这时就可以通过备份来快速的恢复，减少受到的影响和延误的时间。

项目实战

项目 3-1　跨交换机 VLAN 配置

某公司有财务部和项目部，需将这两个部门的网络划分到不同的 VLAN 中，功能需满足：

(1)财务部和项目的成员连接的链路都分布在两个交换机上；

(2)使各个部门有自己的独立广播域，外接设备只能在本部门内资源共享。

网络拓扑结构如图 3-8 所示。

项目 3-1　跨交换机 VLAN 配置

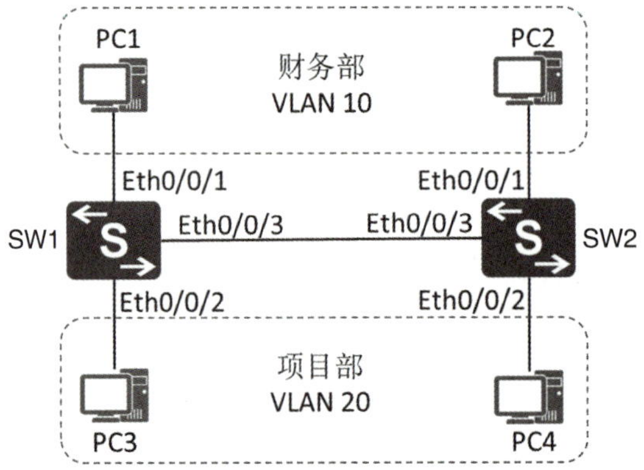

图 3-8　项目 3-1 的网络拓扑结构

项目规划

(1)交换机新建财务部 VLAN 10 和项目部 VLAN 20。

(2)把交换机连接的 PC 所属端口配置为 Access 属性，并加入合适的 VLAN。

(3)交换机的级联端口设置为 Trunk 属性，并允许 VLAN 10 和 VLAN 20 通过。

(4)各个 PC 之间使用 ICMP 协议进行测试验证。

项目实施

步骤 1：在交换机 SW1 和 SW2 上分别新建 VLAN 10 与 VLAN 20。

```
# SW1
<Huawei> sys
[Huawei] undo info-center enable
[Huawei] sysname SW1
[SW1] vlan batch 10 20
# SW2
<Huawei> sys
[Huawei] undo info-center enable
[Huawei] sysname SW2
[SW2] vlan batch 10 20
```

步骤 2：为各个终端所连接的端口设置为 Access 属性，并设置其 PVID 值。

```
# SW1
[SW1] interface Ethernet0/0/1
[SW1-Ethernet0/0/1] port link-type access
[SW1-Ethernet0/0/1] port default vlan 10
[SW1-Ethernet0/0/1] quit
[SW1] interface Ethernet0/0/2
[SW1-Ethernet0/0/2] port link-type access
[SW1-Ethernet0/0/2] port default vlan 20
# SW2
[SW2] interface Ethernet0/0/1
[SW2-Ethernet0/0/1] port link-type access
[SW2-Ethernet0/0/1] port default vlan 10
[SW2-Ethernet0/0/1] quit
[SW2] interface Ethernet0/0/2
[SW2-Ethernet0/0/2] port link-type access
[SW2-Ethernet0/0/2] port default vlan 20
```

步骤 3：交换机 SW1 和 SW2 的级联线所属端口配置为 Trunk 属性，并允许 VLAN 10、VLAN 20 的数据通过该端口。

```
# SW1
[SW1] interface Ethernet0/0/3
[SW1-Ethernet0/0/3] port link-type trunk
[SW1-Ethernet0/0/3] port trunk allow-pass vlan 10 20
# SW2
[SW2] interface Ethernet0/0/3
[SW2-Ethernet0/0/3] port link-type trunk
[SW2-Ethernet0/0/3] port trunk allow-pass vlan 10 20
```

项目验证

（1）检查交换机 SW1 的 VLAN 配置信息，如图 3-9 所示。

```
[SW1]display port vlan
Port                    Link Type    PVID  Trunk VLAN List
-------------------------------------------------------------------------------
Ethernet0/0/1           access       10    -
Ethernet0/0/2           access       20    -
Ethernet0/0/3           trunk        1     1 10 20
Ethernet0/0/4           hybrid       1     -
Ethernet0/0/5           hybrid       1     -
Ethernet0/0/6           hybrid       1     -
Ethernet0/0/7           hybrid       1     -
```

图 3-9 交换机 SW1 的 VLAN 信息

（2）检查交换机 SW2 的 VLAN 配置信息，如图 3-10 所示。

```
[SW2]display port vlan
Port                    Link Type    PVID  Trunk VLAN List
-------------------------------------------------------------------------------
Ethernet0/0/1           access       10    -
Ethernet0/0/2           access       20    -
Ethernet0/0/3           trunk        1     1 10 20
Ethernet0/0/4           hybrid       1     -
Ethernet0/0/5           hybrid       1     -
Ethernet0/0/6           hybrid       1     -
Ethernet0/0/7           hybrid       1     -
```

图 3-10 交换机 SW2 的 VLAN 信息

(3)VLAN 10 的 PC1 和 PC2 的 IP 地址分别设置为 192.168.1.1 和 192.168.1.2;VLAN 20 的 PC3 和 PC4 的 IP 分别设置为 192.168.1.3 和 192.168.1.4。PC1 和 PC3 分别 ping 其他 PC。结果显示相同 VLAN 的主机可以互通,不同 VLAN 的主机无法直接访问。PC1 ping 其他主机的结果如图 3-11 所示,PC3 的结果与 PC1 类似。

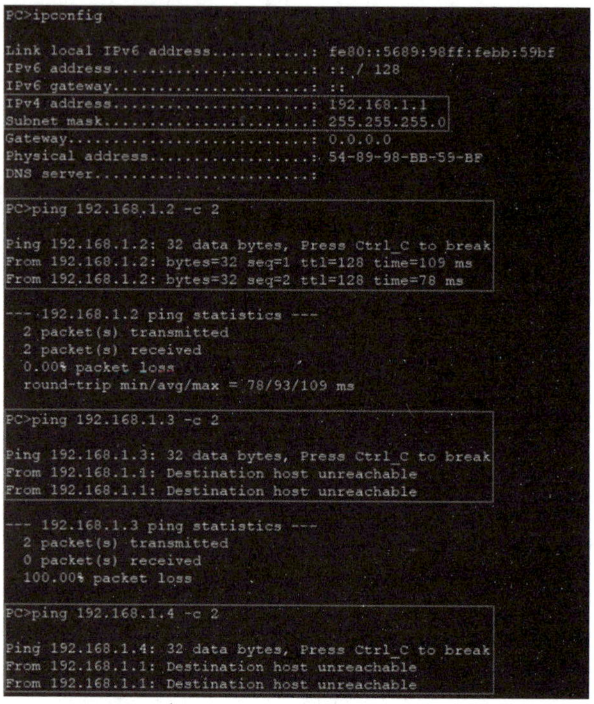

```
PC>ipconfig

Link local IPv6 address...........: fe80::5689:98ff:febb:59bf
IPv6 address......................: :: / 128
IPv6 gateway......................: ::
IPv4 address......................: 192.168.1.1
Subnet mask.......................: 255.255.255.0
Gateway...........................: 0.0.0.0
Physical address..................: 54-89-98-BB-59-BF
DNS server........................:

PC>ping 192.168.1.2 -c 2

Ping 192.168.1.2: 32 data bytes, Press Ctrl_C to break
From 192.168.1.2: bytes=32 seq=1 ttl=128 time=109 ms
From 192.168.1.2: bytes=32 seq=2 ttl=128 time=78 ms

--- 192.168.1.2 ping statistics ---
  2 packet(s) transmitted
  2 packet(s) received
  0.00% packet loss
  round-trip min/avg/max = 78/93/109 ms

PC>ping 192.168.1.3 -c 2

Ping 192.168.1.3: 32 data bytes, Press Ctrl_C to break
From 192.168.1.1: Destination host unreachable
From 192.168.1.1: Destination host unreachable

--- 192.168.1.3 ping statistics ---
  2 packet(s) transmitted
  0 packet(s) received
  100.00% packet loss

PC>ping 192.168.1.4 -c 2

Ping 192.168.1.4: 32 data bytes, Press Ctrl_C to break
From 192.168.1.1: Destination host unreachable
From 192.168.1.1: Destination host unreachable
```

图 3-11　PC1 ping 其他主机的结果

单元总结

本单元详细介绍了 VLAN 的相关知识及应用,主要学习了以下知识内容。

(1)VLAN 的主要功能、标识及划分。

(2)VLAN 的数据交互过程及 VLAN 的应用。

(3)VLAN 的相关配置命令。

巩固练习

一、单选题

1. 下列选项中,(　　)设备可以隔离冲突域。

A. 二层交换机　　B. 集线器　　C. 信号放大器　　D. 对讲机

2. 802.1Q 数据帧工作在 OSI 标准的(　　)。

A. 数据链路层　　B. 物理层　　C. 传输层　　D. 网络层

3. 下列选项中,(　　)新建 VLAN 的配置语法是错误的。

A. VLAN 100　　B. VLAN batch 10 20

C. VLAN 5 024　　D. VLAN batch 10 to 20

4. 一个 Access 端口可以属于的 VLAN 有(　　)。

A. 1 个　　B. 10 个　　C. 4096 个　　D. 任意个,依据网管决定

5. 交换机的默认 VLAN ID 是(　　)。

A. VLAN 10　　B. VLAN 100　　C. VLAN 1　　D. VLAN 20

二、多选题

1. VLAN 引入以太网之后，交换机的以太网端口被分为(　　)端口。

A. Access　　B. Hybrid　　C. Trunk　　D. none

2. 下面的命令中(　　)可以查看交换机 VLAN 的相关信息。

A. display current-configuration　　B. display vlan

C. display vlan port　　D. display port vlan

3. 在以太网中，帧的格式有(　　)。

A. untagged frame　　B. tagged frame　　C. 令牌帧　　D. FDDI 帧

4. 以下(　　)端口类型可以用来连接终端设备。

A. Access　　B. Hybrid　　C. Trunk　　D. none

5. 以下(　　)端口类型可以用来连接交换机设备。

A. Access　　B. Hybrid　　C. Trunk　　D. none

三、简答题

1. 交换机发送和接收带有 VLAN 标志的以太网帧过程中，不同端口属性如何处理 tag?

2. 交换机可以划分的 VLAN 个数是多少，为什么?

3. VLAN 技术的主要功能是什么?

单元4 生成树技术

单元导航

人生有很多种选择，做好规划不走环路，快速稳定地达到自己的目标很重要。生成树协议(spanning-tree protocol，STP)就是一种用于存在冗余路径的以太网中，为终端之间构建没有环路的交换路径，防范广播风暴的重要技术。本单元主要介绍 STP 的工作原理及分类、STP 生成过程的配置和 STP 的常见应用。

学习目标

知识目标

(1)了解园区交换网络中二层环路产生的原因及引发的问题。

(2)理解 STP 的基本概念、工作原理及 STP 的生成过程。

(3)熟识 STP 端口的 5 种状态及状态的迁移过程。

(4)了解 STP 与 RSTP 的差异，熟识 RSTP 对 STP 的改进内容。

技能目标

(1)能够修改交换机的 STP 模式。

(2)能够修改桥优先级，控制根桥选举。

(3)能够修改端口优先级，控制根端口和指定端口选举。

(4)能够修改端口开销，控制根端口和指定端口选举。

(5)能够配置 RSTP 的保护功能及边缘端口。

素养目标

(1)形成团队意识和协作意识，具备一定的表达能力。

(2)增强网络安全意识。

学习准备

随着局域网规模的不断扩大，越来越多的交换机被用来实现主机之间的互联。如图 4-1 所示，接入层交换机单链路上联，如发生单链路故障，也就是如果这根上联链路发生故障，交换机下联用户就会断网。另一个问题是存在单点故障的风险，交换机如果宕机，交换机下联用户也就断网了。

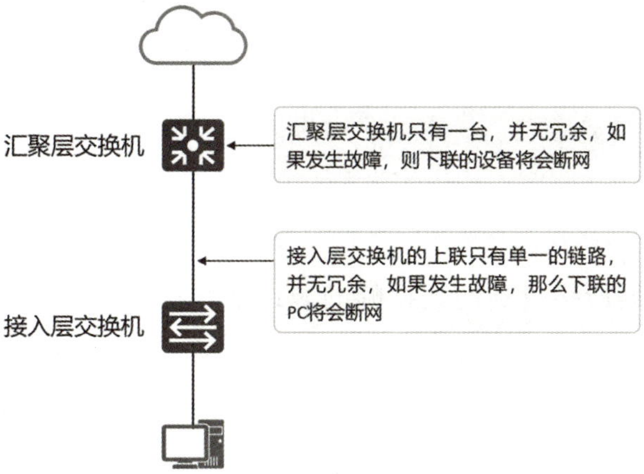

图 4-1　缺乏冗余性设计的网络

为了解决此类问题，交换机在互联时一般都会使用冗余链路来实现备份。冗余链路虽然增强了网络的可靠性，但会产生环路，如图 4-2 所示。

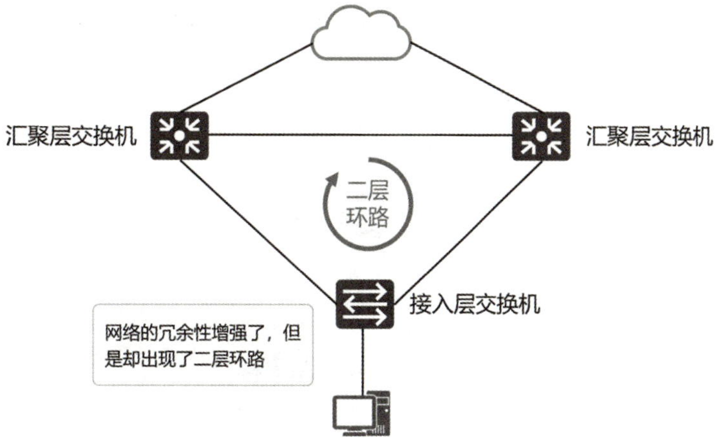

图 4-2　引入冗余性的同时也引入了二层环路

二层环路会导致下列问题。

1. 广播风暴

根据交换机的转发原则，如果交换机从一个端口接收到的是一个广播帧，或者是一个目的 MAC 地址未知的单播帧，则会将这个帧进行泛洪处理。如果交换网络中有环路，则这个帧会被无限次转发，此时便会形成广播风暴，网络中会充斥着重复的数据帧。

如图 4-3 所示，SW3 收到了一个广播帧并将其进行泛洪处理，SW1 和 SW2 收到此帧后也会将此帧进行泛其处理，结果此帧会被再次转发给 SW3。因为这种循环会一直持续，所以便产生了广播风暴，最终导致整个网络资源被耗尽，使得网络瘫痪不可用。

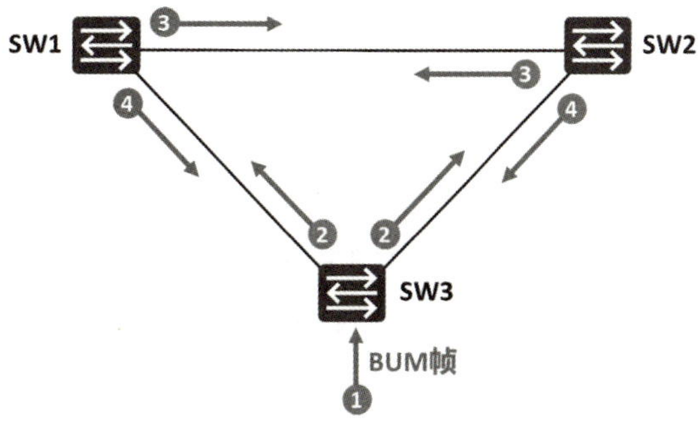

图 4-3　广播风暴

提示

图中的 BUM 帧是指广播(broadcast)帧、未知单播(unknown unicast)帧及组播(multicast)帧。

2. MAC 地址表漂移

我们知道,交换机是根据所接收到的数据帧的源地址和接收端口生成 MAC 地址运行的。

如图 4-4 所示,SW3 收到一个 BUM 帧且泛洪,SW1 从 GE0/0/1 端口接收到 BUM 帧后学习且泛洪,形成 MAC 地址 5489-98EE-788A 与 GE0/0/1 端口的映射;SW2 收到 BUM 帧后学习且泛洪,于是 SW1 再次从 GE0/0/2 端口收到源 MAC 地址为 5489-98EE-788A 的广播帧并进行学习。源 MAC 地址 5489-98EE-788A 会不断地在 GE0/0/1 端口与 GE0/0/2 端口之间来回切换,这种现象称为 MAC 地址漂移。

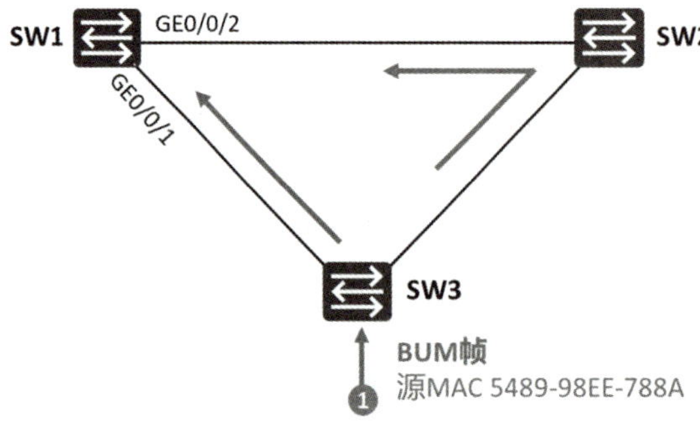

图 4-4 MAC 地址漂移

在以太网中,二层网络的环路会带来广播风暴和 MAC 地址表漂移等问题,为解决二层网络中的环路问题,STP 技术应需而生。

STP 通过构造一棵树来消除交换网络中的环路,如图 4-5 所示。

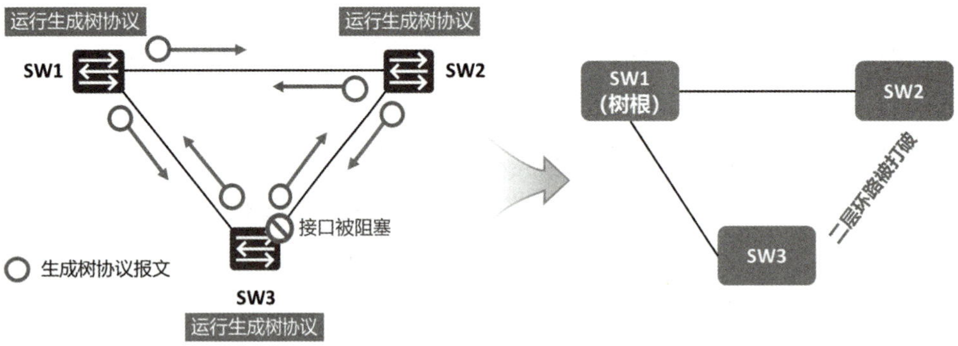

图 4-5 生成树协议

在网络中部署生成树协议后,交换机之间会进行生成树协议报文的交互并进行无环拓扑计算,最终将网络中的某个(或某些)端口进行阻塞(block),从而打破环路。

此外,STP 会持续监控网络的拓扑结构。当网络拓扑结构发生变化时,STP 能感知到这些变化,并且自动做出调整。

交换机上运行了 STP,STP 通过报文监控网络的拓扑结构,如图 4-6 所示。通常情况下,STP 会将 SW3 上的一个端口进行阻塞,从而打破环路。当监控到 SW1 与 SW3 之间出现链路故障时,则恢复阻塞端口使其进入转发状态。

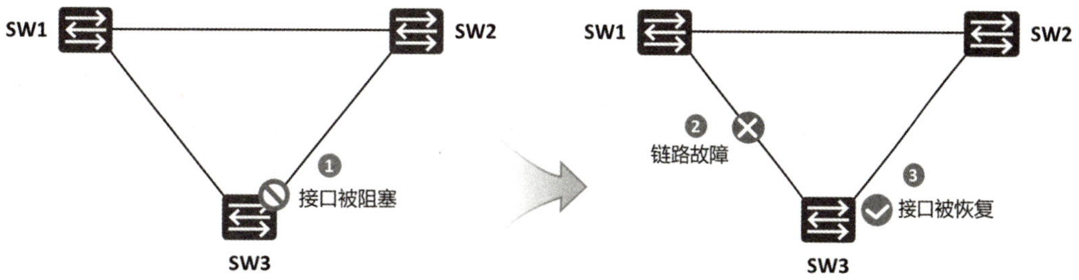

图 4-6 生成树动态响应网络拓扑变化

STP 常应用于园区网的二层网络中进行链路备份和消除环路，其典型应用场景如图 4-7 所示。

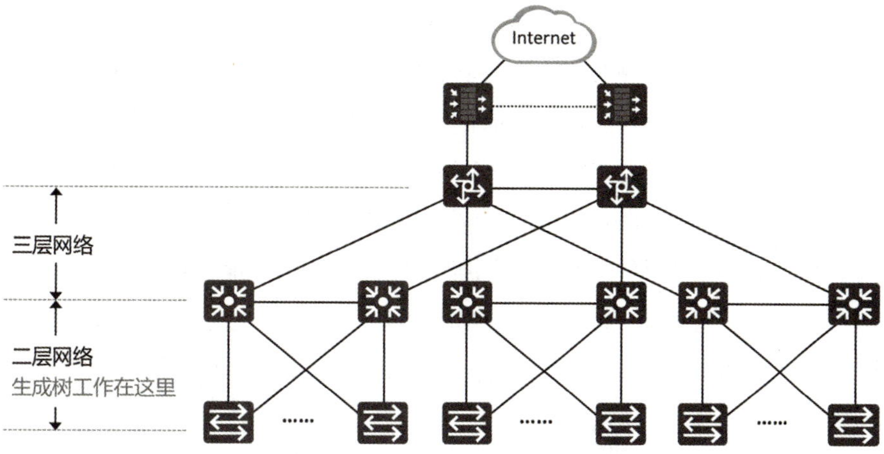

图 4-7 生成树典型应用场景

接下来，我们将通过学习 STP 的原理和相关配置命令等知识内容，完成在不同场景下生成树技术的应用部署。

STP 是用于局域网中消除环路的协议。运行该协议的设备通过彼此交互信息而发现网络中的环路，并对某些端口进行阻塞以消除环路。在网络中运行 STP 后会持续监控网络的状态，当网络出现拓扑变更时，STP 能够感知并且自动进行响应，从而使网络状态适应新的网络拓扑结构，保证网络可靠性。

由于局域网规模的不断增长，STP 已经成为了当前最重要的局域网协议之一。

4.1 STP 的基本概念

1. 桥

因为性能限制等因素，早期的交换机一般只有 2 个转发端口，所以那时的交换机常常被称为“网桥”(bridge)，简称“桥”。在 IEEE 的术语中，“桥”这个术语一直沿用至今，但不再是指只有 2 个转发端口的交换机了，而是泛指具有多个端口的交换机。

2. 桥 MAC 地址

一个桥有多个转发端口，每个端口对应 1 个 MAC 地址。通常，交换机会把端口编号最小的端口的 MAC 地址作为整个桥的 MAC 地址。

3. 桥 ID

在 STP 中，每台交换机都有 1 个标识符，叫做桥 ID(bridge ID)，简称 BID。IEEE 802.1D 标准中规定，BID 由 16 位的桥优先级(bridge priority)与 48 位的桥 MAC 地址构成。每台运行 STP 的交换机都拥有 1 个唯一的 BID。BID 桥优先级占据高 16 bit，其余的低 48 bit 是桥 MAC 地址。其组成结构如图 4-8 所示。

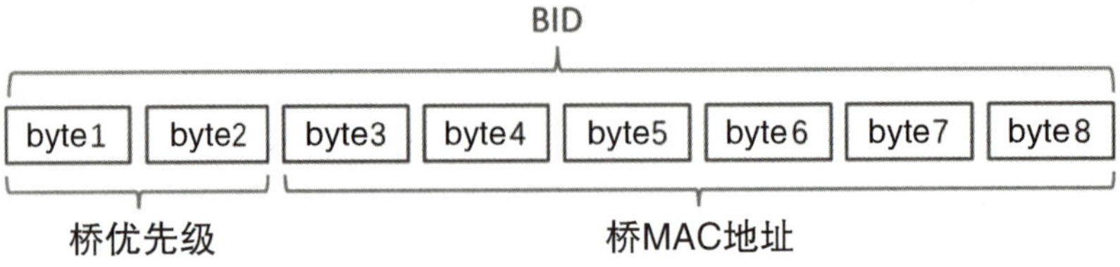

图 4-8　桥 ID 的结构

在 STP 网络中，桥优先级是可以配置的，取值范围是 0～65 535，默认值为 32 768(0x8000)。桥优先级的值可以修改，但是修改后的值必须是 4 096 的倍数。

4. 根桥

树形的网络结构必须有树根，因此 STP 引入了根桥(root bridge)概念。

根桥是 STP 交换网络中的“树根”。对于 1 个 STP 网络，根桥在全网中只有 1 个，它是整个网络的逻辑中心，但不一定是物理中心。根桥会根据网络拓扑的变化而动态变化。

STP 开始工作后，会在交换网络中选举 1 个根桥，BID 最小的设备会被选举为根桥。在 BID 的比较过程中：首先比较桥优先级，优先级的值越小，则越优先，拥有 BID 最小优先级值的交换机将会成为根桥；如果桥优先级相等，那么再比较桥 MAC 地址，拥有最小桥 MAC 地址的交换机将会成为根桥。

如图 4-9 所示，需要在该网络中选举根桥，首先比较 3 台交换机的桥优先级，发现桥优先级都为 4 096。再比较 3 台交换机的 MAC 地址，谁小谁优先，最终选举 SW1 为根桥。

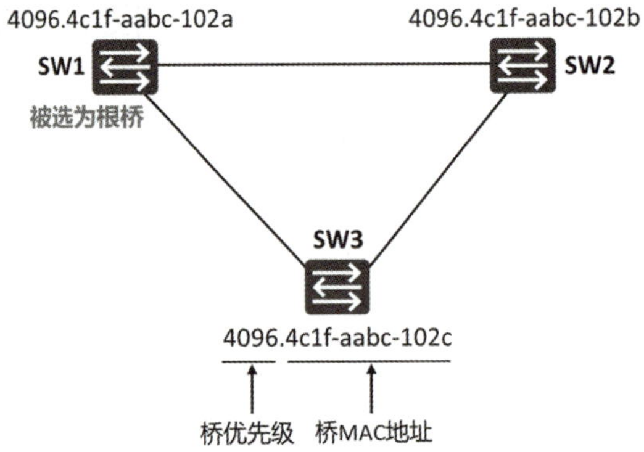

图 4-9　STP 根桥选举

网络收敛后，根桥会按照一定的时间间隔产生并向外发送配置网桥协议数据单元(bridge protocal date unit，BPDU)，其他设备仅对该报文进行处理，传达网络拓扑变化记录，从而保证网络拓扑的稳定。

5. 开销

开销称为 cost。交换机每个激活了 STP 的端口都有 1 个端口开销(port cost)参数，此参数表示该端口在 STP 中的开销值，主要用于计算根路径开销，即到达根的开销。

端口的默认 cost 除了与其速率和工作模式有关，还与交换机使用的 STP cost 计算方法有关。端口带宽越大，则 cost 值越小。用户也可以根据需要，通过命令调整端口的 cost。

华为交换机支持多种 STP 的路径开销(path cost)计算标准。默认情况下，华为交换机使用 IEEE 802.1t 标准来计算路径开销，如表 4-1 及图 4-10 所示。

表 4-1 cost 计算方法

端口速率	端口模式	STP 开销(推荐值)		
		IEEE 802.1d-1998 标准	IEEE 802.1t 标准	华为计算方法
100 Mbps	半双工	19	200 000	200
	全双工	18	199 999	199
1 000 Mbps	全双工	4	20 000	20
10 Gbps	全双工	2	2000	2
40 Gbps	全双工	1	500	1
100 Gbps	全双工	1	200	1

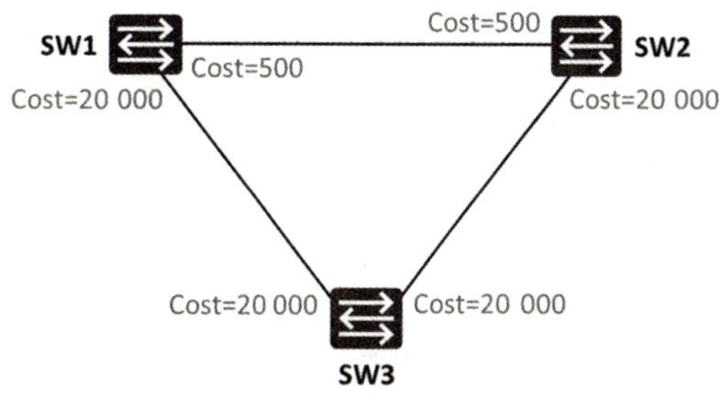

图 4-10 STP 的端口 Cost

6. 根路径开销

从一个非根桥到达根桥的路径可能有多条，每一条路径都有一个总的开销值，此开销值是该路径上所有接收 BPDU 端口（BPDU 的入方向端口）的端口开销总和，称为根路径开销（root path cost，RPC）。

非根桥通过比较多条路径的路径开销，选出到达根桥的最短路径，并生成无环树状网络。需要注意的是，根桥的根路径开销为 0。

如图 4-11 所示，SW3 从 GE0/0/1 端口到达根桥的 RPC 等于 SW2 端口 1 的 cost 加上 SW3 端口 2 的 cost，即 RPC 为 20 500。

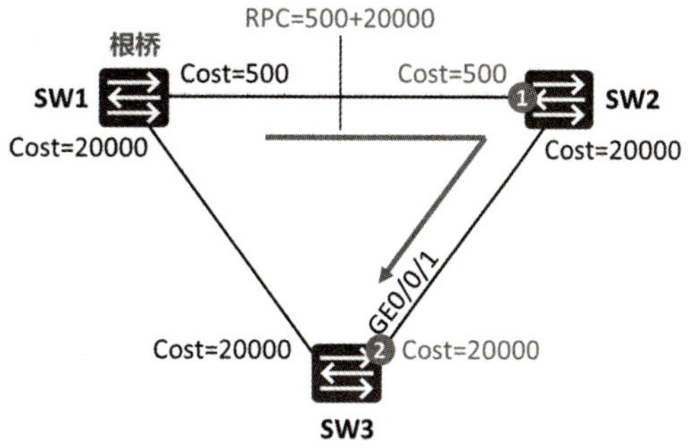

图 4-11 RPC 的计算

7. 端口 ID

运行 STP 交换机的每个端口都有一个端口 ID(port ID)，简称为 PID。PID 由高 8 位的端口优先级和低 8 位的端口号构成，如图 4-12 所示。

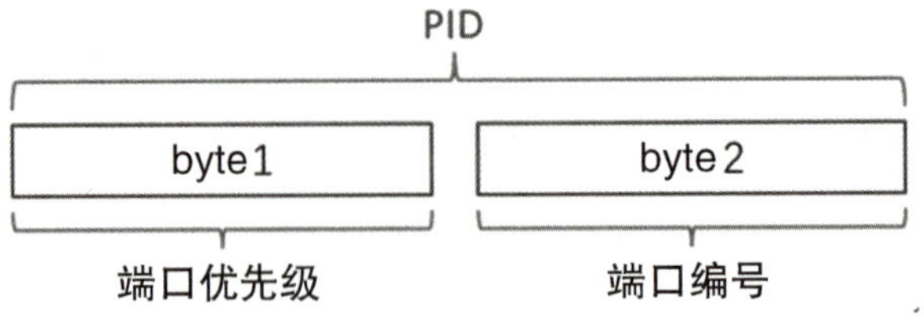

图 4-12　PID 的结构

PID 可以用来确定端口角色，并在特定场景下选举指定端口。端口优先级取值范围是 0～240，步长为 16，即取值必须为 16 的整数倍。默认情况下，端口优先级是 128，用户可以根据实际需要，通过命令修改该优先级。PID 的表示方法如图 4-13 所示。

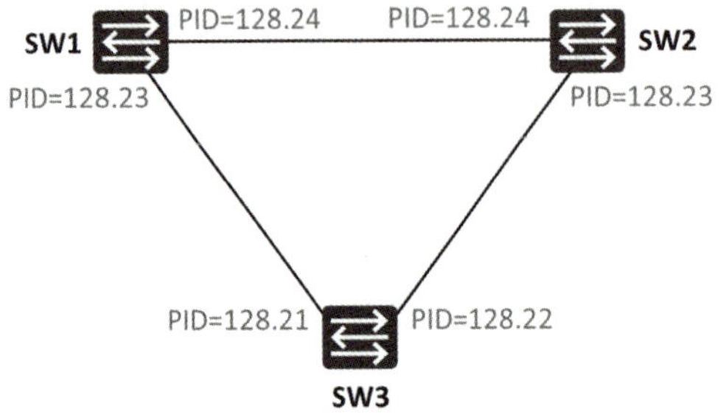

图 4-13　PID 的表示方法

8. BPDU

为了计算 STP，交换机之间需要交换相关的信息和参数，这些信息和参数被封装在 BPDU。

BPDU 是 STP 的协议报文，是 STP 能够正常工作的根本。BPDU 分为 2 种类型：配置 BPDU（configuration BPDU）和拓扑变化通知 BPDU（topology change notification BPDU，TCN BPDU）。

（1）配置 BPDU 包含 BID、RPC 和 PID 等参数。STP 协议通过在交换机之间传递配置 BPDU 来选举根交换机，以及确定每个交换机端口的角色和状态。在初始化过程中，每个桥都主动发送配置 BPDU。在网络拓扑稳定后，只有根桥主动发送配置 BPDU，其他交换机在收到上游传来的配置 BPDU 后，才会发送自己的配置 BPDU。BPDU 的报文格式如图 4-1 所示。

PID	PVI	BPDU Type	Flags	Root ID	RPC	Bridge ID	Port ID	Message Age	Max Age	Hello Time	Forward Delay

图 4-14　配置 BPDU 报文格式

BPDU 报文的字段描述如表 4-2 所示。

表 4-2　BPDU 报文的字段描述

字节	字段	描述
2	PID	协议 ID，对于 STP 而言，该字段的值总为 0
1	PVI	协议版本 ID，对于 STP 而言，该字段的值总为 0
1	BPDU Type	指示本 BPDU 的类型，若值为 0x00，则表示本报文为配置 BPDU；若值为 0x80，则为 TCN BPDU
1	Flags	标志，STP 只使用了该字段最高及最低的 2 个比特位，最低位是拓扑变更（topology change，TC）标志，最高位是拓扑变更确认（topology change acknowledgment，TCA）标志
8	Root ID	根桥的桥 ID

续表

字节	字段	描述
4	RPC	根路径开销，到达根桥的 STP cost
8	Bridge ID	BPDU 发送网桥的 ID
2	Port ID	BPDU 发送网桥的端口 ID(优先级＋端口号)
2	Message Age	消息寿命，从根桥发出 BPDU 之后的秒数，每经过 1 个网桥都加 1，所以它本质上是到达根桥的跳数
2	Max Age	最大寿命，当一段时间未收到任何 BPDU，生存期到达最大寿命时，网桥认为该端口连接的链路发生故障，默认 20 s
2	Hello Time	根桥连续发送的 BPDU 之间的时间间隔，默认 2 s
2	Forward Delay	转发延迟，在监听和学习状态所停留的时间间隔，默认 15 s

在配置 BPDU 中，有四个字段非常关键：root ID、RPC、BID 和 PID，这些字段是交换机进行配置 BPDU 比较时的关键内容。配置 BPDU 的转发过程如图 4-15 所示。

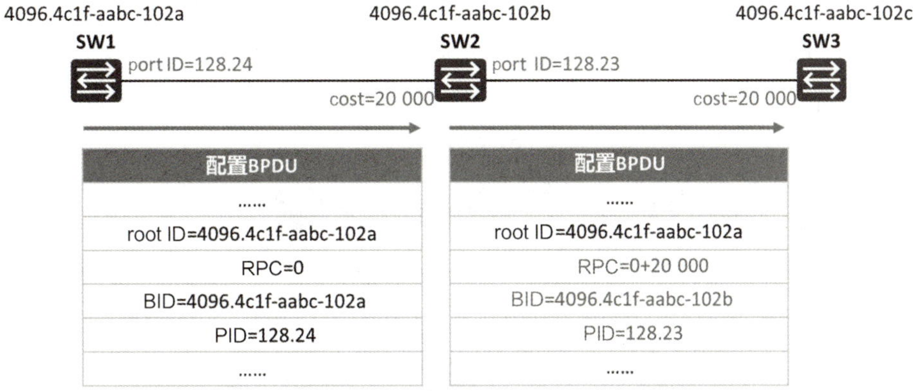

图 4-15　配置 BPDU 的转发

STP 按照最小的 root ID、最小的 RPC、最小的 BID 和最小的 PID 这 4 条原则的先后顺序选择最优的配置 BPDU。其中第一条原则用于在网络中选举根桥，后面的原则用于选举根端口及指定端口。

(2)TCN BPDU 指下游交换机感知到拓扑发生变化时向上游发送的拓扑变化通知。

4.2　STP 的计算过程

交换机在刚启动时都认为自己是根桥，会互相发送配置 BPDU 进行 STP 计算。整个计算过程如下。

(1)选举一个根桥，作为整个网络的根。

(2)每个非根桥选举一个根端口，确定非根桥与根桥连接的最优端口。

(3)每个网段选举一个指定端口，确定每条链路与根桥连接最优的端口。

(4)阻塞非根和非指定端口，形成一个无环网络。

STP 在创建生成树的过程中，定义了如下 3 种端口角色。

(1)指定端口(designated port，DP)。指定端口是交换机向所连网段转发配置 BPDU 的端口，每个网段有且只能有 1 个指定端口。一般情况下，根桥的每个端口总是指定端口。

(2)根端口(root port，RP)。根端口是非根交换机去往根桥路径最优的端口。在 1 个运行 STP 协议的交换机上最多只有 1 个根端口。需要注意的是，根桥上没有根端口。

(3)备用端口(alternate port，AP)。如果其中一个端口既不是指定端口也不是根端口，则此端口为备用端口，运行 STP 后，该端口将被阻塞。

4.2.1 在交换网络中选举一个根桥

根桥是 STP 树的根节点。要运行 STP，首先要选举出一个根桥。根桥是整个交换网络的逻辑中心，当网络拓扑发生变化时，根桥也可能发生变化，其选举过程如下。

(1)STP 交换机初始启动后，都会认为自己是根桥，并在发送给其他交换机的 BPDU 中宣告自己为根桥。此时 BPDU 中的 root ID 为各自设备的 BID。

(2)当交换机收到网络中其他设备发送来的 BPDU 后，会比较 BPDU 中的 root ID 和自己的 BID。

(3)交换机不断交互 BPDU，同时对 BID 进行比较，最终选举一台 BID 最小的交换机作为根桥，其他的则为非根桥。

在 1 个连续的 STP 交换网络中只会存在 1 个根桥。根桥的角色是可抢占的，即当拥有更优 BID 的交换机加入网络时，网络会重新进行 STP 计算，选出新的根桥。

为了确保交换网络的稳定，建议提前规划 STP 组网，并将规划为根桥的交换机的 BID 优先级设置为最小值 0。如图 4-16 所示，根桥的选举先比较优先级，若交换机 SW1、SW2、SW3 的优先级相等，则比较 MAC 地址，优选最小的。由于 SW1 的 MAC 地址最小，则 BID 也最小，因此 SW1 为根桥，SW2 和 SW3 为非根桥。

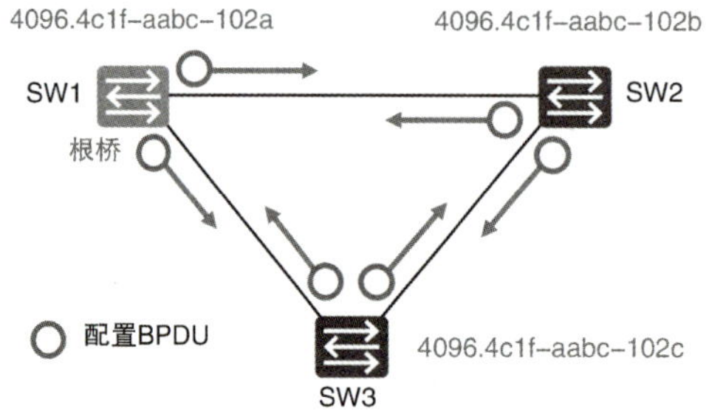

图 4-16 选举根桥

4.2.2 在每台非根桥上选举一个根端口

1 个非根桥设备上会有多个端口与网络相连，为了保证从某台非根桥设备到根桥设备的工作路径是最优且唯一的，就必须从该非根桥设备的端口中确定出 1 个被称为“根端口”的端口，该端口将会作为该非根桥设备与根桥设备之间进行报文交互的端口。在 1 个非根桥设备上，最多只能有 1 个根端口，其选举过程如下：

(1)交换机有多个端口接入网络，各个端口都会收到 BPDU 报文，报文中会携带 root ID、RPC、BID 和 PID 等关键字段，端口会针对这些字段进行比较。

(2)首先比较 RPC，STP 协议把 RPC 作为确定根端口的重要依据。RPC 值越小越优选，因此交换机会选择 RPC 最小的端口作为根端口。

(3)当 RPC 相同时，比较上行交换机的 BID，即比较交换机各端口收到的 BPDU 中的 BID，值越小越优选。因此，当 RPC 相同时交换机会选择上行交换机 BID 最小的端口作为根端口。

(4)当上行交换机 BID 相同时，比较上行交换机的 PID，即比较交换机各端口收到的 BPDU 中的 PID，值越小越优先。因此，当 RPC 和 BID 都相同时交换机会选择上行设备 PID 最小的端口作为根端口。

(5)当上行交换机的 PID 相同时，比较本地交换机的 PID，即比较本地交换机各端口各自的 PID，值越小越优先。因此，当 RPC、BID 和行行交换机端口的 PID 都相同时交换机会选择本地端口 PID 最小的端口作为根端口。

根据选举结果，我们可以形象地理解为根端口就是每台非根桥上“面向”根桥的端口。如图 4-17 所示，SW2 和 SW3 为非根桥，其面向 SW1 的端口就是根端口。

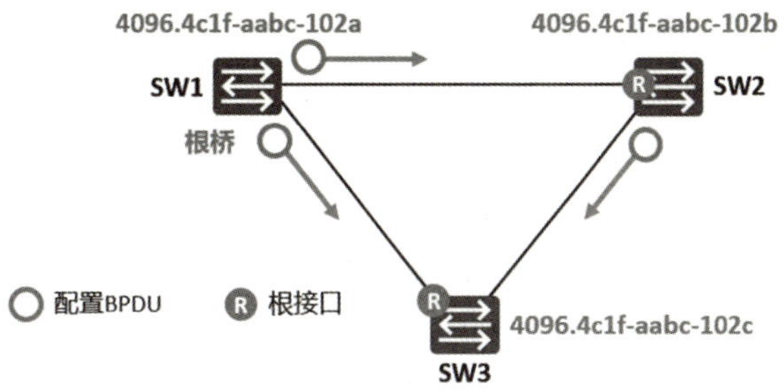

图 4-17　非根桥上选举根端口

4.2.3　在每条链路上选举一个指定端口

网络中的每个链路与根桥之间的工作路径必须是唯一且最优的。当一个链路有两条及以上的路径通往根桥时（该链路连接了不同的交换机，或者该链路连接了同一台交换机的不同端口），与该链路相连的交换机（可能不止一台）就必须确定出一个唯一的指定端口。

因此，每个链路需选举一个指定端口，用于向这个链路发送 BPDU。一般情况下，根桥上不存在任何根端口，根桥的所有端口都是指定端口。指定端口的选举过程如图 4-18 所示。

（1）首先比较 RPC，值越小越优选，因此交换机会选择 RPC 最小的端口作为指定端口。

（2）若 RPC 相等，则比较链路两端交换机的 BID，值越小越优选。因此，当 RPC 相同时交换机会选择 BID 最小的交换机的端口作为指定端口。

（3）若 BID 相等，则比较链路两端端口的 PID，值越小越优选。因此，当 RPC 和 BID 都相等时交换机会选择 PID 最小的交换机的端口作为指定端口。

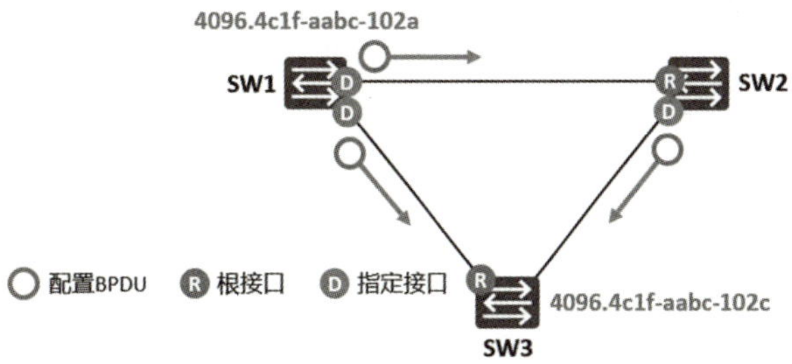

图 4-18　指定端口的选举

4.2.4　阻塞非指定端口

在确定了根端口和指定端口之后，交换机上所有剩余的非根端口和非指定端口（统称为备份端口）将被阻塞，阻塞过程如下（见图 4-19）。

（1）STP 会对这些备份端口进行逻辑阻塞，即这些端口不能转发由终端计算机产生并发送的用户数据帧。

（2）一旦备份端口被逻辑阻塞后，STP 就完成了，网络中的二层环路就此消除。

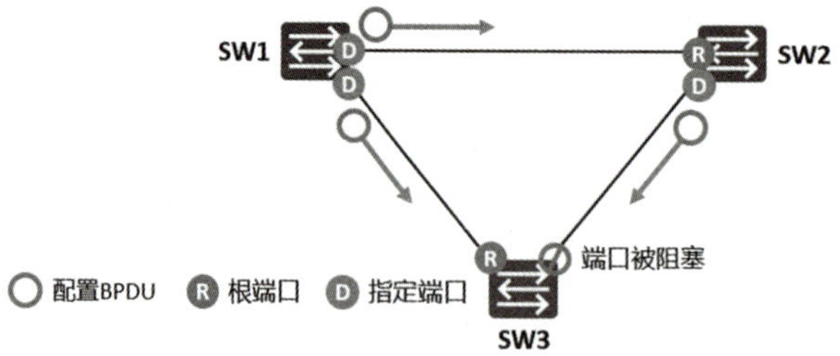

图 4-19 阻塞备份端口

注意

备份端口可以接收并处理 BPDU。根端口和指定端口既可以接收和发送 BPDU，也可以转发用户数据帧。

4.2.5 STP 的端口状态

STP 在创建生成树的过程中，交换机的端口具有 5 种状态形式，如表 4-3 所示。这些状态迁移的主要目的是防止网络 STP 收敛过程中可能存在临时环路。

表 4-3 STP 的端口状态

状态名称	状态描述
禁用(disable)	该端口既不能收发 BPDU 报文，也不能收发业务数据帧，如端口为 down 时就处于 disable 状态
阻塞(blocking)	该端口被 STP 阻塞。处于阻塞状态的端口不能发送 BPDU，但是会持续侦听 BPDU，而且不能收发业务数据帧，也不会进行 MAC 地址学习。此状态是备份端口的最终状态
侦听(listening)	当端口处于该状态时，表明 STP 初步认定该端口为根端口或指定端口，但端口依然处于 STP 计算的过程中，此时端口可以收发 BPDU，但是不能收发业务数据帧，也不会进行 MAC 地址学习
学习(learning)	当端口处于该状态时，会侦听业务数据帧(但不能转发业务数据帧)，并且在收到业务数据帧后进行 MAC 地址学习。增加 learning 状态是为了防止存在临时环路
转发(forwarding)	处于该状态的端口可以正常地收发业务数据帧，也会进行 BPDU 处理。只有根端口或指定端口才能进入 forwarding 状态

STP 各端口状态的迁移流程如图 4-20 所示。

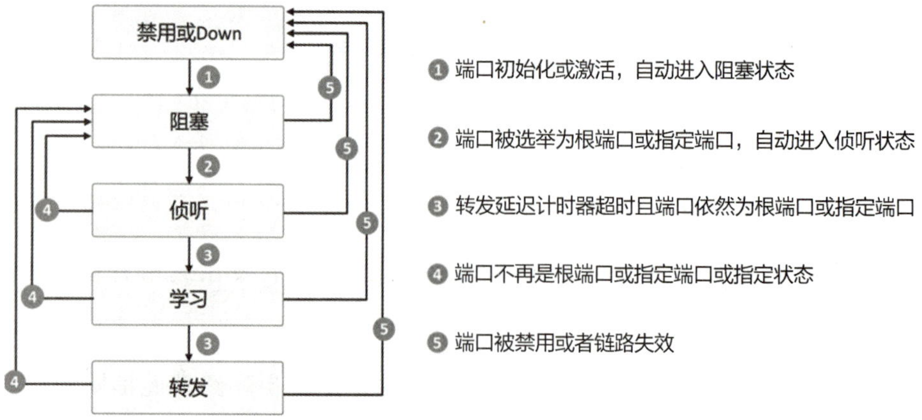

图 4-20 STP 端口状态的迁移

4.3 STP 的配置命令

(1)配置生成树工作模式。

```
[Huawei] stp mode {stp | rstp | mstp}
```

交换机支持 STP、RSTP 和 MSTP(RSTP 为快速生成树协议,在 4.4 中具体介绍,MSTP 为多生成树协议)3 种生成树工作模式,默认工作在 MSTP 模式。

(2)配置根桥(可选)。

```
[Huawei] stp root primary
```

配置当前设备为根桥。默认情况下,交换机不作为任何 STP 的根桥。配置后,该设备优先级数值自动为 0,并且不能更改设备优先级。

(3)配置备份根桥(可选)。

```
[Huawei] stp root secondary
```

配置当前交换机为备份根桥。默认情况下,交换机不作为任何生成树的备份根桥。配置后,该设备优先级数值为 4 096,并且不能更改设备优先级。

(4)配置交换机的 STP 优先级(可选)。

```
[Huawei] stp priority priority
```

配置交换机的优先级,步长值为 4 096。默认情况下,交换机的优先级是 32 768。

(5)配置端口路径开销(可选)。

```
[Huawei] stp pathcost-standard {dot1d-1998 | dot1t | legacy}
```

默认情况下,路径开销值的计算方法为 IEEE 802.1t(dot1t)标准方法。同一网络内所有交换机的端口 RPC 应使用相同的计算方法。

```
[Huawei-GigabitEthernet0/0/1] stp cost cost
```

设置当前端口的路径开销值。

(6)配置端口优先级(可选)。

```
[Huawei-GigabitEthernet0/0/1] stp port priority priority
```

配置端口的优先级,步长值为 16。默认情况下,交换机端口的优先级是 128。

(7)启用 STP/RSTP/MSTP 协议。

```
[Huawei] stp enable
```

使能交换机的 STP/RSTP/MSTP 功能开启。默认情况下,交换机的 STP/RSTP/MSTP 功能处于启用状态。

例 4.1 STP 配置示例,网络拓扑如图 4-21 所示。

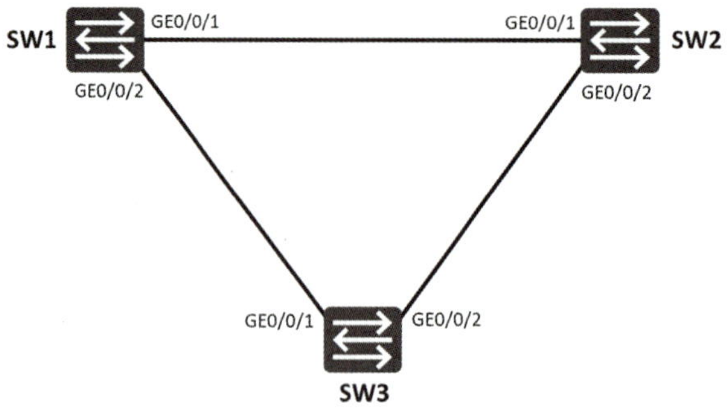

图 4-21　STP 示例网络拓扑结构

1. 需求

(1)在上述 3 台交换机上部署 STP,以便消除网络中的二层环路。

(2)通过配置,将 SW1 指定为根桥,并使 SW3 的 GE0/0/2 端口被 STP 阻塞。

2. 实现

```
# SW1
[SW1] stp mode stp
[SW1] stp enable
[SW1] stp priority 0
# SW2
[SW2] stp mode stp
[SW2] stp enable
[SW2] stp priority 4096
# SW3
[SW3] stp mode stp
[SW3] stp enable
```

3. 验证

在 SW3 上查看 STP 端口状态摘要,如图 4-22 所示。

```
[SW3]display stp brief
 MSTID  Port                     Role  STP State     Protection
   0    GigabitEthernet0/0/1     ROOT  LEARNING       NONE
   0    GigabitEthernet0/0/2     ALTE  DISCARDING     NONE
```

图 4-22　查看 SW3 上的 STP 端口状态

4.4　RSTP

STP 协议虽然能够解决环路问题,但是由于 STP 启用时网络拓扑收敛慢,影响了用户通信质量。也就是,如果网络中的拓扑结构频繁变化,网络也会随之频繁失去连通性,导致用户通信频繁中断,这是用户无法忍受的。

首先,STP 没有对端口状态和端口角色加以细致区分,例如:

(1)从用户角度来讲,listening、learning 和 blocking 状态并没有区别,都不转发用户业务数据帧;

(2)从使用和配置角度来讲,端口之间最本质的区别并不在于端口状态,而是在于端口扮演的角色;

(3)根端口和指定端口可以都处于 listening 状态,也可能都处于 forwarding 状态。

其次,STP 算法是被动的算法,依赖定时器等待的方式去判断拓扑变化,收敛速度慢。

最后，在稳定的网络拓扑中，根桥主动发出配置 BPDU 报文，而其他设备进行处理，在这个过程中，BPDU 报文会传遍整个 STP 网络，这也是导致拓扑收敛慢的主要原因之一。

基于此，产生了快速生成树协议。

4.4.1　RSTP 概述

IEEE 于 2001 年发布的 802.1w 标准定义了快速生成树协议（rapid spanning-tree protocol，RSTP）。RSTP 在 STP 基础上进行了改进，实现了网络拓扑的快速收敛，而且能够兼容 STP。

针对 STP 的不足，RSTP 做出了具体的改进。首先，引入了新的端口角色，其中替代端口的引入使得交换机在根端口失效时，能够立即获得新的路径到达根桥；备份端口作为指定端口的备份，帮助链路上的网桥快速获得到根桥的备份路径。其次，根据端口是否转发用户流量和学习 MAC 地址，RSTP 的状态由原来的 5 种状态缩减为 3 种。另外，RSTP 还引入了边缘端口的概念，这使得交换机连接终端设备的端口在初始化之后能够立即进入转发状态，提高了工作效率。

4.4.2　RSTP 的特点

1. 端口角色

RSTP 在 STP 的基础上，增加了两种端口角色：边缘端口（edge port，EP）和备份端口（backup port，BP）。因此，在 RSTP 中共有 5 种端口角色：指定端口、根端口、替代端口（对应 STP 的备用端口）、边缘端口和备份端口，如图 4-23 所示。

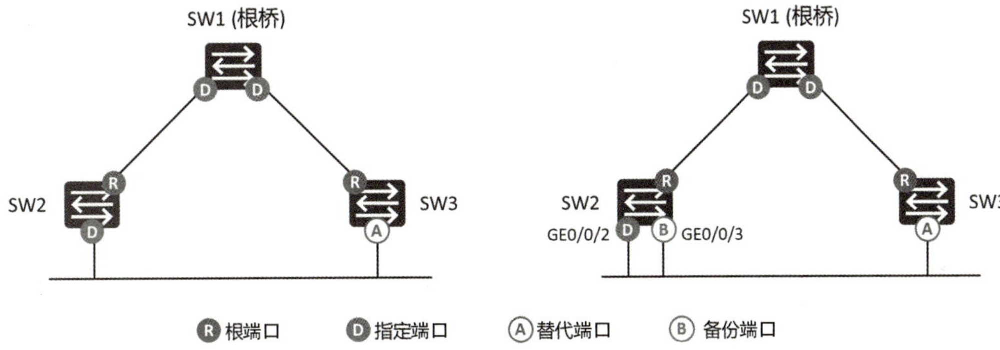

图 4-23　RSTP 端口角色

所谓替代端口，可以简单地理解为根端口的备份，它是在非根桥收到了其他设备发送的 BPDU 时被阻塞的端口。如果设备的根端口发生故障，那么替代端口可以成为新的根端口，这加快了网络的收敛过程。

备份端口是指在交换机收到了自己所发送的 BPDU 时被阻塞的端口。如果一台交换机拥有多个端口接入同一个网段，并且在这些端口中有一个被选举为该网段的指定端口，那么这些端口中的其他端口将被选举为备份端口，备份端口将作为该网段到达根桥的冗余端口。通常情况下，备份端口处于丢弃状态。

如图 4-23 右侧的网络拓扑结构所示，交换机 SW1 是网络中的根桥，对于交换机 SW2 而言，GE0/0/2 及 GE0/0/3 端口形成了环路，RSTP 能够检测到这个环路，并且在两个端口中选择一个进行阻塞。默认情况下，由于 GE0/0/2 端口的端口 ID 更小，因此该端口成为指定端口，而 GE0/0/3 端口则成为备份端口，备份端口将被阻塞。

2. 边缘端口

在 STP 中用户终端接入交换设备端口状态由 disabled 状态转到 forwarding 状态需要经过 15 s，用户在这段时间无法上网，如果网络拓扑频繁变化，用户上网状态会非常不稳定，时断时续。为此，

RSTP 中提出了边缘端口的概念。

所谓边缘端口，指的是如果指定端口位于整个域的边缘，并不再与任何交换设备连接，那么这种端口就叫做边缘端口，如图 4-24 所示。

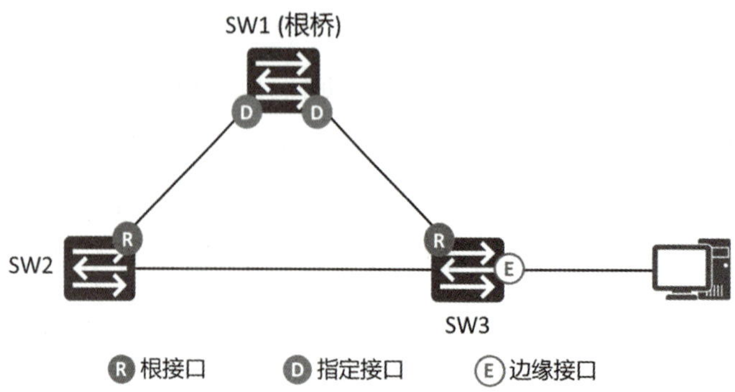

图 4-24　RSTP 的边缘端口

边缘端口一般与用户终端设备直接连接，不与任何交换设备连接。边缘端口正常情况下接收不到配置 BPDU 报文，不参与 RSTP 运算，可以由 disabled 状态直接转到 forwarding 状态，且不经历时延，就像在端口上将 STP 禁用了一样。但是，一旦边缘端口收到配置 BPDU 报文，就丧失了边缘端口属性，成为普通 STP 端口，并重新进行生成树计算，从而引起网络震荡。

交换机的 ethernet0/0/1 端口连接用户终端时，边缘端口配置命令如下：

```
[Huawei] interface Ethernet0/0/1
[Huawei-Ethernet0/0/1] stp edged-port enable
```

3. 端口状态

RSTP 简化了端口状态，将 STP 的禁用、阻塞以及侦听状态简化为丢弃（discarding），学习（learning）和转发（forwarding）状态则保留了下来。

如果端口不转发用户数据也不学习 MAC 地址，那么该端口就处于 discarding 状态。如果端口不转发用户数据但是学习 MAC 地址，那么该端口就处于 learning 状态。如果端口既转发用户数据又学习 MAC 地址，那么该端口就处于 forwarding 状态。STP 与 RSTP 端口状态的异同如表 4-4 所示。

表 4-4　STP 与 RSTP 端口状态的异同

STP 端口状态	RSTP 端口状态	端口在拓扑中的角色
forwarding	forwarding	包括根端口、指定端口
learning	learning	包括根端口、指定端口
listening	discarding	包括根端口、指定端口
blocking	discarding	包括 Alternate 端口、Backup 端口
disabled	discarding	包括 Disable 端口

4. P/A 机制

P/A 机制是指提议/同意（proposal/agreement）机制，它是交换机之间的一种握手机制，保证 1 个指定端口能够从丢弃状态快速进入转发状态，从而加快生成树的收敛。其快速收敛过程如图 4-25 所示。

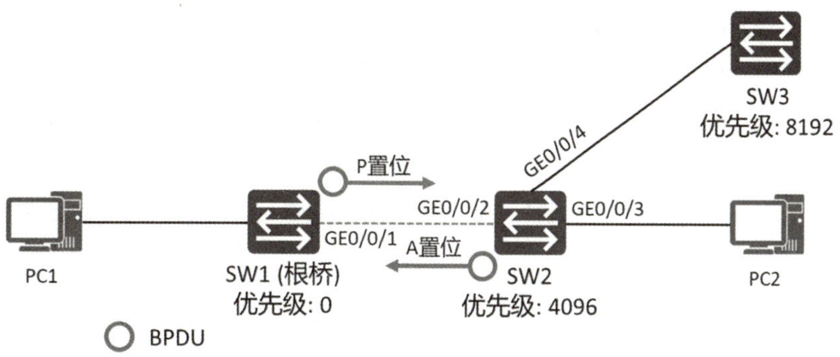

图 4-25 P/A 机制的收敛过程

图 4-25 的网络拓扑结构中运行的是 RSTP，当交换机 SW1 与 SW2 之间新增了 1 条链路后，生成树收敛过程如下：

(1)交换机 SW1 与 SW2 在各自的端口上发送 BPDU，初始时双方都认为自己是根桥。

(2)经过 BPDU 交互后，交换机 SW2 认为交换机 SW1 才是当前的根桥，此时交换机 SW1 的 GE0/0/1 端口是指定端口，而交换机 SW2 的 GE0/0/2 端口则成为根端口，该端口将立即停止发送 BPDU。这两个端口当前都处于丢弃状态。

(3)P/A 过程将在交换机 SW1 与 SW2 之间发生。由于交换机 SW1 的 GE0/0/1 端口为指定端口且处于丢弃状态，因此交换机 SW1 从 GE0/0/1 端口发送 proposal 位置的 BPDU。

(4)交换机 SW2 收到 proposal 置位的 BPDU 后，立即启动 1 个同步过程。

(5)交换机 SW2 的所有端口均已完成了同步，交换机 SW2 得知本地的端口不存在环路，于是立即将根端口 GE0/0/2 切换到转发状态，并从该端口向交换机 SW1 发送 agreement 置位的 BPDU。

(6)交换机 SW1 在 GE0/0/1 端口上收到 agreement 置位的 BPDU 后，立即将该端口切换到转发状态，此时 PC2 与 PC1 便可以实现通信了。

5. RSTP 的保护功能

边缘端口直接与用户终端相连，正常情况下不会收到 BPDU 报文。但如果攻击者向交换机的边缘端口发送伪造的 BPDU 报文，交换机会自动将边缘端口设置为非边缘端口，并重新进行生成树计算，从而引起网络震荡。在交换机上配置 BPDU 保护功能，可以防止该类攻击。

在交换机上配置 BPDU 保护功能的命令如下：

```
[Huawei] stp bpdu-protection
```

对于 1 个部署了 RSTP 的交换网络来说，根桥的地位是至关重要的。在 1 个 RSTP 已经完成收敛的网络中，如果根桥发生变化，那么势必导致 RSTP 重新计算，此时该网络所承载的业务流量必将受到影响。在华为交换机上，可实施根保护功能，避免 RSTP 重新计算，防止根桥被抢占，起到保护根桥的作用。

根保护功能只有在指定端口上激活才会有效。当激活了根保护功能的指定端口收到更优的 BPDU 时，它将忽略这些 BPDU，并立即将端口切换到丢弃状态。如果端口不再收到更优的 BPDU，一段时间后(通常为两倍的转发延迟时间)，它将会自动恢复到转发状态。

在交换机上，假定 Ethernet0/0/1 端口为指定端口，配置根保护功能的命令如下：

```
[Huawei] interface Ethernet0/0/1
[Huawei-Ethernet0/0/1] stp root-protection
```

在运行 RSTP 协议的网络中，交换机依靠不断接收来自上游设备的 BPDU 报文维持根端口和

Alternate 端口的状态。如果由于链路拥塞或者单向链路故障导致交换机收不到来自上游设备的 BPDU 报文时，交换机会重新选择根端口，这会导致原先的根端口会转变为指定端口，而原先的阻塞端口会迁移到转发状态，从而会引起网络环路。这时，可以在交换机上配置环路保护功能，避免此种情况发生。

假定 ethernet 0/0/1 端口角色为根端口或 Althernate 端口时，在端口上配置环路保护功能的命令如下：

```
[Huawei] interface Ethernet0/0/1
[Huawei-Ethernet0/0/1] stp loop-protection
```

一个稳定的交换网络是不会频繁地出现网络拓扑变更的，一旦网络拓扑出现变更，TC BPDU（此处指的是 TC 比特位置为 1 的 BPDU）将会被泛洪到全网，而这些 TC BPDU 将会触发网络中的交换机执行 MAC 地址表删除操作。如果网络环境极端不稳定导致 TC BPDU 频繁地泛洪，又或者网络中存在攻击者发送大量的 TC BPDU 对网络进行攻击，那么交换机的性能将受到极大损耗。为此，可启用交换机的拓扑变更保护功能。

在交换机上配置拓扑变更保护功能的命令是：

（1）激活拓扑变更保护功能。

```
[Huawei] stp tc-protection
```

（2）修改拓扑变更保护功能默认单位时间。

```
[Huawei] stp tc-protection interval interval-value
```

（3）修改拓扑变更保护的默认单位时间内处理 TC BPDU 次数。

```
[Huawei] stp tc-protection threshold value
```

项目实战

项目 4-1　基于 STP 的园区网配置

项目 4-1　基于 STP 的园区网配置

某公司园区网的二层交换网络，其网络拓扑如图 4-26 所示。为提高网络的可靠性，使用了 2 台高性能交换机作为核心交换机，接入层交换机与核心层交换机互联，形成冗余结构。为解决交换环路问题，需要在交换机之间部署生成树协议，网络需求为：

（1）SW1 和 SW2 为核心交换机，要求核心交换机有较高优先级，SW1 为根交换机，SW2 为备用根交换机，SW1-SW3 和 SW1-SW4 为主链路。

（2）技术部使用 VLAN 10，网络地址为 192.168.10.0/24，PC1 和 PC2 分别接入到 SW3 和 SW4 上。

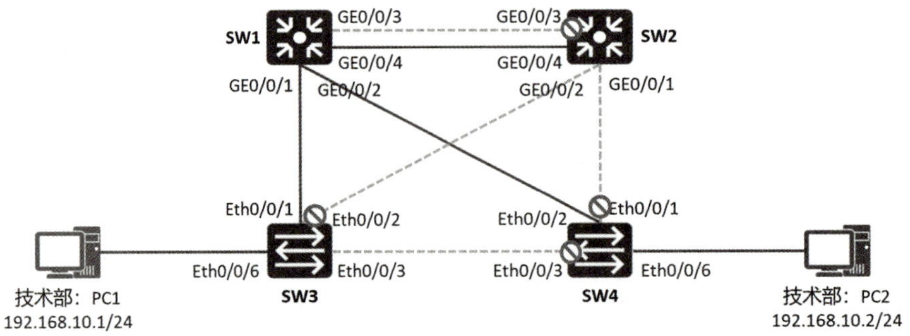

图 4-26　项目 4-1 网络拓扑结构

项目规划

规划 SW1 为根交换机(优先级为 0),SW2 为备用根交换机(优先级为 4 096)。

同时,考虑到技术部的计算机划分在 VLAN 10 的网段内,且计算机连接在不同的交换机上,故交换机之间的链路需配置为 trunk 模式。

具体配置思路如下:

(1)创建 VLAN,将交换机端口划分至相应 VLAN 内。

(2)开启设备上的 STP 功能。

(3)修改桥优先级来控制根桥的选举。

(4)修改端口参数或桥优先级来控制端口角色。

(5)配置技术部 PC 机的 IP 地址。

项目实施

步骤 1:在交换机上创建 VLAN 10,将端口划分至 VLAN 10 内。(略,可参见单元 3 的配置)

步骤 2:在各交换机上配置 STP。

```
# 以 SW1 为例,其他交换机的配置与 SW1 一样
[SW1] stp enable      # 交换机默认开启了 stp 协议,可省略此步骤
[SW1] stp mode stp
```

步骤 3:修改设备参数,使得 SW1 成为根桥,SW2 成为备份根桥。

```
# SW1:
[SW1] stp priority 0# 或 stp root primary
# SW2:
[SW2] stp priority 4096    #或 stp root secondary
```

步骤 4:修改设备参数,使得 SW2 的 GE 0/0/4 端口成为根端口。

```
[SW2] interface GigabitEthernet 0/0/3
[SW2-GigabitEthernet0/0/1] stp cost 50000
[SW2-GigabitEthernet0/0/1]quit
```

步骤 5:修改设备参数,使得 SW4 的 Eth 0/0/3 端口变为阻塞端口。

```
[SW4] stp priority 36864
```

思考

为什么 SW4 的桥优先级必须大于等于 36 864 才能将端口 Ethernet0/0/3 的状态从转发状态变成丢弃状态呢?

步骤 6:配置 PC 机的 IP 地址。(略)

项目验证

(1)验证各交换机的 VLAN 配置信息。(略)

(2)查看各交换机的 STP 状态。

①在 SW1 上查看当前 STP 状态,如图 4-27 所示。此时自身 BID 与 root BID 相同,且 ERPC 为 0,说明 SW1 是当前网络的根桥。

```
[SW1]display stp
-------[CIST Global Info][Mode STP]-------
CIST Bridge             :0     .4c1f-cc25-118c
Config Times            :Hello 2s MaxAge 20s FwDly 15s MaxHop 20
Active Times            :Hello 2s MaxAge 20s FwDly 15s MaxHop 20
CIST Root/ERPC          :0     .4c1f-cc25-118c / 0
CIST RegRoot/IRPC       :0     .4c1f-cc25-118c / 0
CIST RootPortId         :0.0
BPDU-Protection         :Disabled
TC or TCN received      :50
TC count per hello      :0
STP Converge Mode       :Normal
Time since last TC      :0 days 0h:2m:33s
Number of TC            :17
```

自身的BID

当前的BID，及根路径开销0

图 4-27　检看 SW1 上的 STP 状态

②在 SW2 上查看当前 STP 状态，如图 4-28 所示。此时自身 BID 与 root BID 不相同，说明 SW2 不是当前网络的根桥。

```
[SW2]display stp
-------[CIST Global Info][Mode STP]-------
CIST Bridge             :4096  .4c1f-cc83-333d
Config Times            :Hello 2s MaxAge 20s FwDly 15s MaxHop 20
Active Times            :Hello 2s MaxAge 20s FwDly 15s MaxHop 20
CIST Root/ERPC          :0     .4c1f-cc25-118c / 20000
CIST RegRoot/IRPC       :4096 .4c1f-cc83-333d / 0
CIST RootPortId         :128.3
BPDU-Protection         :Disabled
TC or TCN received      :195
TC count per hello      :0
STP Converge Mode       :Normal
Time since last TC      :0 days 0h:16m:30s
Number of TC            :16
```

自身的BID

当前根桥的BID，及根路径开销20000

图 4-28　查看 SW2 上的 STP 状态

③在所有设备上查看 STP 状态摘要，如图 4-29 至图 4-32 所示。

```
[SW1]display stp brief
 MSTID  Port                        Role  STP State     Protection
   0    GigabitEthernet0/0/1        DESI  FORWARDING      NONE
   0    GigabitEthernet0/0/2        DESI  FORWARDING      NONE
   0    GigabitEthernet0/0/3        DESI  FORWARDING      NONE
   0    GigabitEthernet0/0/4        DESI  FORWARDING      NONE
[SW1]
```

当前交换机（为根桥）所有端口都是指定端口，并处于转发状态

图 4-29　查看 SW1 上的 STP 状态摘要

```
[SW2]display stp brief
 MSTID  Port                        Role  STP State     Protection
   0    GigabitEthernet0/0/1        DESI  FORWARDING      NONE
   0    GigabitEthernet0/0/2        DESI  FORWARDING      NONE
   0    GigabitEthernet0/0/3        ALTE  DISCARDING      NONE
   0    GigabitEthernet0/0/4        ROOT  FORWARDING      NONE
```

图 4-30　查看 SW2 上的 STP 状态摘要

```
[SW3]display stp brief
 MSTID  Port                        Role  STP State     Protection
   0    Ethernet0/0/1               ROOT  FORWARDING      NONE
   0    Ethernet0/0/2               ALTE  DISCARDING      NONE
   0    Ethernet0/0/3               DESI  FORWARDING      NONE
```

图 4-31　查看 SW3 上的 STP 状态摘要

```
[SW4]display stp brief
 MSTID  Port                        Role  STP State     Protection
   0    Ethernet0/0/1               ALTE  DISCARDING      NONE
   0    Ethernet0/0/2               ROOT  FORWARDING      NONE
   0    Ethernet0/0/3               DESI  FORWARDING      NONE
```

图 4-32　查看 SW4 上的 STP 状态摘要

(3)测试技术部两台主机的互通性，如图 4-33 所示。

```
PC>ipconfig

Link local IPv6 address...........: fe80::5689:98ff:feb6:6581
IPv6 address......................: :: / 128
IPv6 gateway......................: ::
IPv4 address......................: 192.168.10.1
Subnet mask.......................: 255.255.255.0
Gateway...........................: 0.0.0.0
Physical address..................: 54-89-98-B6-65-81
DNS server........................:

PC>ping 192.168.10.2 -c 3

Ping 192.168.10.2: 32 data bytes, Press Ctrl_C to break
From 192.168.10.2: bytes=32 seq=1 ttl=128 time=109 ms
From 192.168.10.2: bytes=32 seq=2 ttl=128 time=125 ms
From 192.168.10.2: bytes=32 seq=3 ttl=128 time=140 ms

--- 192.168.10.2 ping statistics ---
  3 packet(s) transmitted
  3 packet(s) received
  0.00% packet loss
  round-trip min/avg/max = 109/124/140 ms
```

图 4-33　测试技术部两台主机的互通性

思考

SW1 与 SW2 之间的两条链路能否同时处于转发状态？为什么？

项目 4-2　基于 RSTP 的园区网配置

项目 4-2　基于 RSTP 的园区网配置

某公司为提高网络的可靠性，使用了 2 台高性能交换机作为核心交换机，接入层交换机与核心层交换机互联，形成冗余结构，网络拓扑结构如图 4-34 所示，具体网络需求如下：

（1）为避免产生交换环路问题，并加快网络收敛速度，需配置交换机的 RSTP 功能，并启用 RSTP BPDU 保护功能和 RSTP 环路保护功能。要求核心交换机有较高优先级，SW1 为根交换机，SW2 为备用根交换机，SW4 的 Eth 0/0/1 端口被阻塞；

（2）技术部使用 VLAN 10，网络地址为 192.168.10.0/24，PC1 和 PC2 分别接入到 SW3 和 SW4，要求所有连接 PC 的交换机端口都配置成 RSTP 边缘端口。

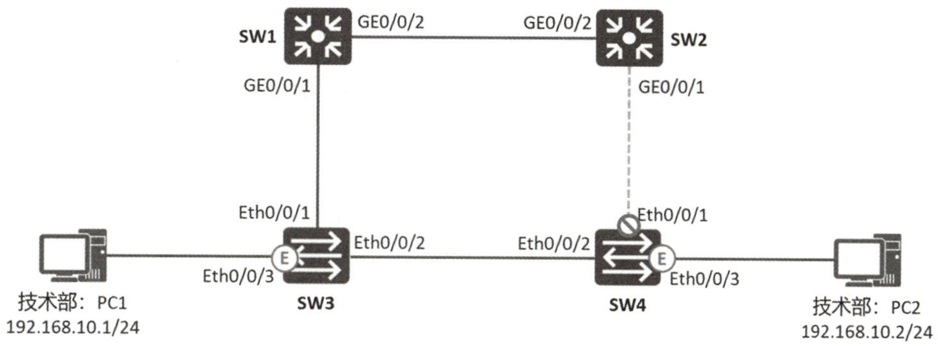

图 4-34　项目 4-2 网络拓扑结构

项目规划

规划 SW1 和 SW2 为核心交换机，其中将 SW1 配置为根交换机，SW2 为备用根交换机。SW3 和 SW4 为接入交换机，其中 SW1-SW2 及 SW1-SW3-SW4 的链路作为主链路，SW2-SW4 的链路作为备用链路。

在 RSTP 配置中可将 SW1 的优先级设为最高(0)，SW2 的优先级为次高(4 096)。

由于 PC1 和 PC2 分别连接在 SW3 和 SW4 的 Eth 0/0/3 端口上，配置这些端口为边缘端口。同时，为保护边缘端口免遭伪造的 BPDU 报文攻击，可以在该端口上配置 BPDU 保护功能。

由于交换机 SW3 和 SW4 需要不断接收来自根桥的 BPDU 报文维持根端口和 Alternate 端口的状态。为避免由于链路拥塞或者单向链路故障导致交换机收不到来自根桥的 BPDU 报文，可以在 SW3 和 SW4 上配置环路保护功能。

同时，考虑到技术部的计算机划分在 VLAN 10 的网段内，且计算机连接在不同的交换机上，故交换机之间的链路需配置为 Trunk 模式。

具体配置思路如下：

(1)创建 VLAN，将交换机端口划分至相应 VLAN 内。

(2)开启 RSTP，配置 RSTP 优先级。

(3)配置接入交换机的边缘端口。

(4)配置 RSTP BPDU 保护功能。

(5)配置 RSTP 环路保护功能。

(6)配置技术部 PC 机的 IP 地址。

项目实施

步骤 1：在交换机上创建 VLAN 10，将端口划分至 VLAN 10 内。(略，可参见单元 3 的配置)

步骤 2：在各交换机上开启 RSTP。

```
# 以 SW1 为例，其他交换机的配置与 SW1 一样
[SW1] stp mode rstp
```

步骤 3：修改设备参数，使得 SW1 成为根桥，SW2 成为备份根桥。

```
# SW1
[SW1] stp priority 0# 或 stp root primary
# SW2
[SW2] stp priority 4096# 或 stp root secondary
```

步骤 4：修改设备参数，使得 SW4 的 Eth 0/0/1 端口变为 Alternate 端口。

```
[SW4] interface Ethernet 0/0/1
[SW4-Ethernet0/0/1] stp cost 400000
[SW4-Ethernet0/0/1] quit
```

思考

需要将 SW4 的 Eth 0/0/1 端口的 cost 至少修改为多少，才能够将端口 Eth 0/0/1 的状态从转发状态变成禁用状态呢？

步骤 5：将连接用户终端接入交换机的端口配置为边缘端口。

```
# 以 SW3 为例,SW4 的 Eth0/0/3 端口也是一样配置
[SW3] interfaceEth0/0/3
[SW3-Ethernet0/0/3] stp edged-port enable
[SW3-Ethernet0/0/3] quit
```

步骤 6:配置 RSTP BPDU 保护功能。

```
# 以 SW3 为例,SW4 也是一样配置
[SW3] stp bpdu-protection
```

思考

应该在哪些交换机上配置 RSTP BPDU 保护功能?

步骤 7:配置环路保护功能。

```
# 以 SW2 为例,SW3 和 SW4 的 Ethernet0/0/1、Ethernet0/0/2 端口也是一样配置
[SW3] interface GigabitEthernet0/0/2
[SW2-GigabitEthernet0/0/2] stp loop-protection
[SW2-GigabitEthernet0/0/2] quit
```

思考

应该在哪些交换机上的哪些端口配置 RSTP 环路保护功能?

项目验证

(1)验证各交换机的 VLAN 配置信息。(略)

(2)查看各交换机的 STP 状态。

①在 SW1 上查看当前 STP 状态,如图 4-35 所示。此时自身 BID 与 root ID 相同,且根路径开销为 0,说明 SW1 是当前网络的根桥。

```
[SW1]display stp
-------[CIST Global Info][Mode RSTP]-------        ← RSTP模式
CIST Bridge         :0    .4c1f-cc25-118c          ← 自身的BID
Config Times        :Hello 2s MaxAge 20s FwDly 15s MaxHop 20
Active Times        :Hello 2s MaxAge 20s FwDly 15s MaxHop 20
CIST Root/ERPC      :0    .4c1f-cc25-118c / 0      ← 当前根桥的BID,
CIST RegRoot/IRPC   :0    .4c1f-cc25-118c / 0        及根路径开销0
CIST RootPortId     :0.0
BPDU-Protection     :Enabled
TC or TCN received  :26
TC count per hello  :0
STP Converge Mode   :Normal
Time since last TC  :0 days 5h:26m:56s
Number of TC        :16
Last TC occurred    :GigabitEthernet0/0/1
```

图 4-35　查看 SW1 的 STP 状态信息

②在 SW2 上查看当前 STP 状态,如图 4-36 所示。此时自身 BID 与 root ID 不相同,说明 SW2 不是当前网络的根桥。

```
[SW2]display stp
-------[CIST Global Info][Mode RSTP]-------
CIST Bridge          :4096 .4c1f-cc83-333d
Config Times         :Hello 2s MaxAge 20s FwDly 15s MaxHop 20
Active Times         :Hello 2s MaxAge 20s FwDly 15s MaxHop 20
CIST Root/ERPC       :0    .4c1f-cc25-118c / 20000
CIST RegRoot/IRPC    :4096 .4c1f-cc83-333d / 0
CIST RootPortId      :128.2
BPDU-Protection      :Enabled
TC or TCN received   :26
TC count per hello   :0
STP Converge Mode    :Normal
Time since last TC   :0 days 5h:31m:51s
Number of TC         :17
```


图 4-36　查看 SW2 的 STP 状态信息

③在所有设备上查看 STP 状态摘要，如图 4-37 至图 4-40 所示。

```
[SW1]display stp brief
 MSTID  Port                        Role  STP State     Protection
   0    GigabitEthernet0/0/1        DESI  FORWARDING      NONE
   0    GigabitEthernet0/0/2        DESI  FORWARDING      NONE
```

图 4-37　查看 SW1 的 STP 状态摘要

```
[SW2]display stp brief
 MSTID  Port                        Role  STP State     Protection
   0    GigabitEthernet0/0/1        DESI  FORWARDING      NONE
   0    GigabitEthernet0/0/2        ROOT  FORWARDING      LOOP
```

图 4-38　查看 SW2 的 STP 状态摘要

```
[SW3]display stp brief
 MSTID  Port                        Role  STP State     Protection
   0    Ethernet0/0/1               ROOT  FORWARDING      LOOP
   0    Ethernet0/0/2               DESI  FORWARDING      LOOP
   0    Ethernet0/0/3               DESI  FORWARDING      BPDU
```

图 4-39　查看 SW3 的 STP 状态摘要

```
[SW4]display stp brief
 MSTID  Port                        Role  STP State     Protection
   0    Ethernet0/0/1               ALTE  DISCARDING      LOOP
   0    Ethernet0/0/2               ROOT  FORWARDING      LOOP
   0    Ethernet0/0/3               DESI  FORWARDING      BPDU
```

图 4-40　查看 SW4 的 STP 状态摘要

(3)测试技术部两台主机的互通性，如图 4-41 所示。

```
PC>ipconfig

Link local IPv6 address...........: fe80::5689:98ff:feb6:6581
IPv6 address......................: :: / 128
IPv6 gateway......................: ::
IPv4 address......................: 192.168.10.1
Subnet mask.......................: 255.255.255.0
Gateway...........................: 0.0.0.0
Physical address..................: 54-89-98-B6-65-81
DNS server........................:

PC>ping 192.168.10.2 -c 3

Ping 192.168.10.2: 32 data bytes, Press Ctrl_C to break
From 192.168.10.2: bytes=32 seq=1 ttl=128 time=109 ms
From 192.168.10.2: bytes=32 seq=2 ttl=128 time=125 ms
```

图 4-41　验证技术部两台主机的互通性

单元总结

本单元详细介绍了 STP 的工作原理及应用，主要学习了以下知识内容。

(1)STP 将 1 个物理成环的网络，通过逻辑阻塞 1 个或多个端口，形成 1 个逻辑上的树状网络结构。

(2)STP 规定了每个广播域有且仅有 1 个根桥，每个非根桥上有且仅有 1 个根端口，每个网段上有且仅有 1 个指定端口。

(3)BID 用来选举根桥，BID 由网桥优先级和 MAC 地址组成，BID 越小优先级越高。

(4)根桥选举结束之后，再选举根端口和指定端口。要注意，根端口是在非根桥上，而不是在根桥上。根端口是用来接收根桥信息的端口，指定端口是用来向根桥发送信息的端口。

(5)在 STP 中，交换机端口的 5 种状态是禁用、阻塞、侦听、学习和转发。端口从阻塞状态进入侦听状态需要 20 秒时间，从侦听状态进入学习状态需要 15 秒时间，从学习状态进入转发状态需要 15 秒的时间，即生成树的收敛时间为 50 秒。

(6)RSTP 是 STP 的改进协议，能够实现网络的快速收敛。RSTP 与 STP 相比，主要做了以下几点改进。

①端口角色：由 STP 的 RP、DP 和 FP3 种角色变为 RSTP 的 RP、DP、AP、BP、EP5 种角色。

②端口状态：RSTP 把原来 STP 的 5 种状态缩减为 3 种，即 discarding、learning 和 forwarding。

③端口快速切换机制：在 RSTP 中，根端口故障后，AP 会立即切换为 RP。

④P/A 机制：加快了上游端口转到 Forwarding 的速度。

⑤TC 处理机制：为所有非边缘指定端口启动一个 TC While Timer，并向外发送 RST BPDU，其他设备接收到 RST BPDU 后，清空所有端口学习到的 MAC 地址。

⑥保护机制：RSTP 保护功能有 BPDU 保护、根保护、环路保护和拓扑变更保护等。

巩固练习

一、单选题

1. 以下关于 STP 端口状态的说法，错误的是(　　)。

A. 被阻塞的端口不会侦听，也不发送 BPDU

B. 处于 learning 状态的端口会学习 MAC 地址，但是不会转发数据

C. 处于 listening 状态的端口会持续侦听 BPDU

D. 被阻塞的端口如果一定时间内收不到 BPDU，则会自动切换到 listening 状态

2. 关于 STP，下列描述正确的是(　　)。

A. STP 树的收敛过程通常需要几十分钟

B. STP 树的收敛过程通常需要几十秒钟

C. STP 树的收敛过程通常需要几秒钟

3. RSTP 定义了(　　)种端口状态。

A. 2　　　B. 3　　　C. 4　　　D. 5

4. 下列选项中，(　　)不是正确启动 RSTP 保护功能的命令。

A. [SW1-GigabitEthernet0/0/18] stp root-protection

B. [SW2-GigabitEthernet0/0/20] stp bpdu-protection

C. [SW3] stp tc-protection

D. [SW4-GigabitEthernet0/0/22] stp loop-protection

5. 通过“display stp brief”命令得到 ALTE 字样的条目，ALTE 代表(　　)。

A. 根端口　　B. 侦听端口　　C. 备份端口　　D. 替代端口

二、多选题

1. 关于 STP，下列描述正确的是(　　)。

A. 根桥上不存在指定端口

B. 根桥上不存在根端口

C. 一个非根桥上可能存在一个根端口和多个指定端口

D. 一个非根桥上可能存在多个根端口和一个指定端口

2. RSTP 定义的端口角色有(　　)。

A. 根端口　　B. 指定端口　　C. 备份端口

D. 替代端口　　E. 边缘端口

3. 下列的端口状态中，RSTP 具有的端口状态是(　　)。

A. learning　　B. forwarding　　C. blocking　　D. disabled

4. STP 定义的端口角色有(　　)。

A. 根端口　　B. 指定端口　　C. 替代端口　　D. VLAN

5. 华为交换机可以支持的保护功能有(　　)。

A. 路由保护　　B. BPDU 保护　　C. 根保护　　D. 拓扑变更保护

三、简答题

1. 简述 STP 的生成过程主要分为哪几个步骤？

2. 简述 STP 如何选举根网桥、根端口和指定端口？

3. 简述 STP 端口的 5 种状态及状态的迁移过程。

4. 简述 STP 和 RSTP 各有几种端口状态？

5. 简述 STP 最短路径的选择过程。

网络可靠性模块

在南京召开的第六届未来网络发展大会上，中国工程院院士、网络通信与安全紫金山实验室主任刘韵洁及其团队研发的“全球首个广域确定性网络系统”正式发布。在工业互联网领域，确定性网络可以满足工业应用对超大带宽和超低时延抖动等需求，解决工业企业异地工厂互联和远程机械臂控制等时延抖动控制问题；在能源互联网方面，确定性网络预期可实现电力信息精准同步，最高可为企业降低能耗10%～20%，助力实现碳达峰与碳中和。刘韵洁表示，在突破核心技术、建设相关产业生态和实现核心标准及设备自主可控的前提下，确定性网络将有可能成为改变我国互联网发展的技术体系。

单元5 以太网链路聚合

单元导航

没有出色的个人能力就很难形成高效、有力的团队；而没有紧密团队合作，再出色的个人也不能完成一项庞大的系统工作。链路聚合技术可以把多个独立的物理链路捆绑在一起，形成“一条”具有更大带宽、更高可靠性的逻辑链路，链路聚合技术是局域网中常用的技术。本单元主要介绍了链路聚合的作用及分类、链路聚合协商过程和链路聚合基本配置。

学习目标

知识目标

(1)了解链路聚合的作用及分类。

(2)理解 LACP 模式的链路聚合协商过程。

(3)了解 iStack 和 CSS 的优点与原理。

(4)了解链路聚合与堆叠技术的常见应用及组网方式。

技能目标

(1)能够使用手动模式配置链路聚合。

(2)能够使用静态 LACP 模式配置链路聚合。

(3)能够在静态 LACP 模式下控制活动链路。

(4)能够配置静态 LACP 的部分特性。

素养目标

(1)形成认真负责、严谨细致的工作态度和工作作风。

(2)增强创新意识和培养创新思维。

(3)提高标准意识、操作规范意识、服务质量意识、尊重产权意识和环境保护意识。

学习准备

随着网络的快速普及和网络应用的日益深入发展，各种增值业务得到了广泛的部署，网络中断可能会导致大量业务异常并造成重大经济损失。因此，作为承载业务主体的基础网络，其可靠性就成为备受关注的焦点。

网络的可靠性指当设备或者链路出现单点或者多点故障时，保证网络服务不间断的能力。网络的可靠性可以从单板、设备和链路等多个层面实现。

1. 单板可靠性

以华为 S12700E-8 交换机(见图 5-1)为例，该设备提供 8 个线路板槽位、4 个交换网板槽位、2 个主控板槽位、6 个电源模块槽位和 4 个风扇模块槽位。该交换机通过配置多个线路板、交换网板和主控板，可保证设备自身的可靠性。单个槽位的线路板，交换网板或主控板的损坏，不会影响设备的正常运行。

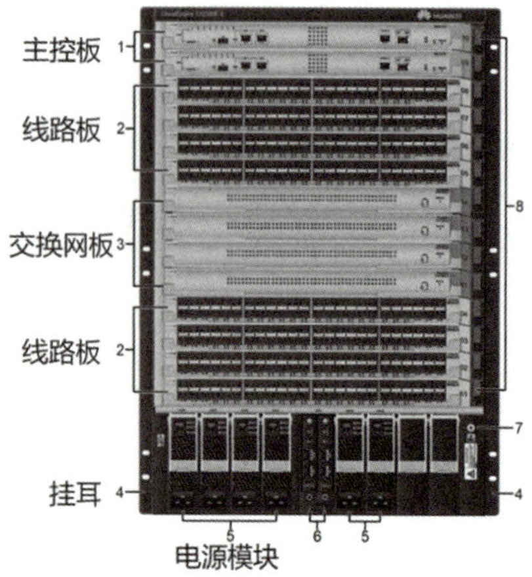

图 5-1　华为 S12700E-8 交换机

2. 设备可靠性

在无冗余设计的网络(见图 5-2)中,下游交换机采用单上行接入,上行交换机的端口故障或设备故障会导致下游网络全部中断。

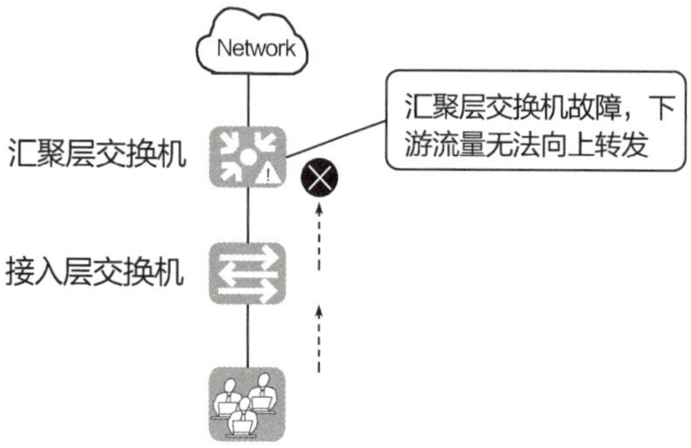

图 5-2　无见余设计的网络

而在有冗余设计的网络(见图 5-3)中,下游交换机为双上行(采用链路一主一备的连接方式)接入,主链路上行端口或主链路上行设备故障时可以切换到备份链路,通过备份设备转发数据。

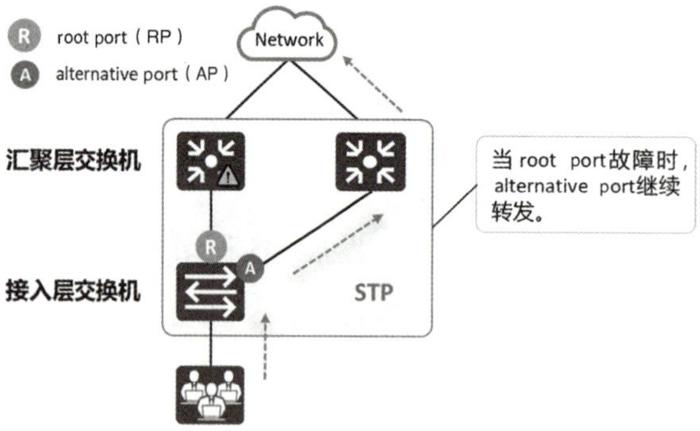

图 5-3　有见余设计的网络

3. 链路可靠性

为保证设备间的链路可靠性,可在设备间部署多条物理线路,同时为防止部署多条物理线路导致环路,STP 只会保留 1 条链路转发数据,其余链路为备份链路,如图 5-4 所示。

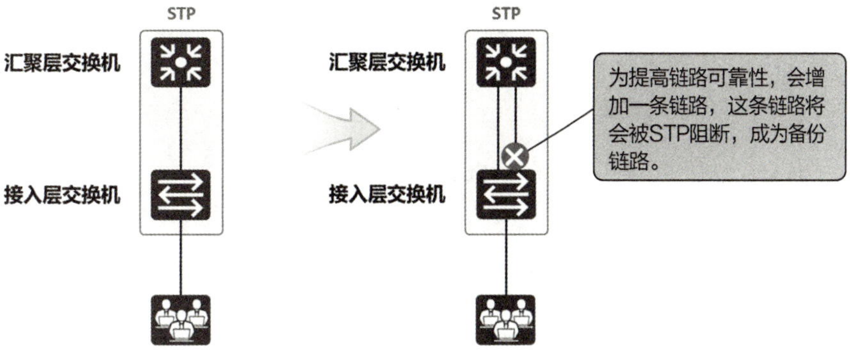

图 5-4　链路可靠性网络

如图 5-4 所示，当设备之间存在多条链路时，由于 STP 的存在，网络中实际只会有 1 条链路转发流量，设备间链路带宽没有得到提升。

那么如何实现在不进行硬件升级的条件下，达到提升流量利用率和增加链路带宽的目的呢？答案就是使用链路聚合技术。与 STP 相比，链路聚合技术主要有以下 3 个优势。

(1)增加带宽。链路聚合能够提高链路带宽。理论上，通过聚合几条链路，1 个聚合端口的带宽可以扩展为所有成员端口带宽的总和，这样就有效地增加了逻辑链路的带宽。

(2)提高链路可靠性。配置了链路聚合后，如果一个成员端口发生故障，该成员端口的物理链路会把数据切换到另一条成员链路上，从而提高链路的可靠性。

(3)负载均衡。链路聚合还可以在 1 个聚合端口上实现负载均衡功能。1 个聚合端口可以把数据分散到多个不同的成员端口上，通过成员链路把数据发送到一个目的地，将网络产生拥塞的可能性降到最低。

接下来，我们将通过学习链路聚合技术的原理和相关配置命令等知识内容，进而完成在不同场景下链路聚合技术的应用部署。

5.1　链路聚合技术原理

我们知道，当设备之间存在多条链路时，由于 STP 的存在，网络中实际只会有 1 条链路转发数据，设备间链路带宽无法得到提升，如图 5-5 所示。

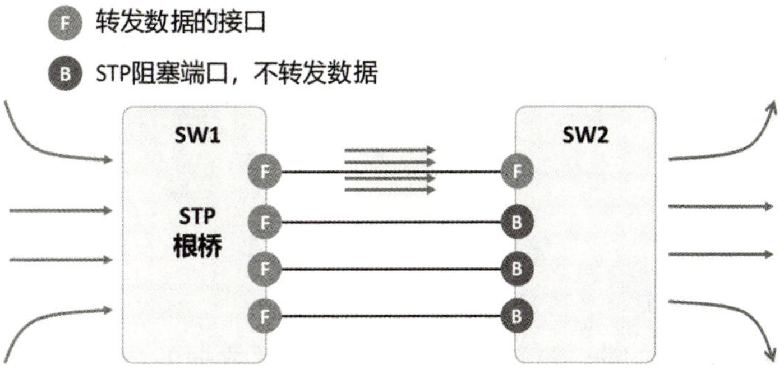

图 5-5　冗余链路下的 STP

那么能否将上面 2 台交换机之间的 4 条物理链路聚合在一起，当作一条逻辑链路来使用，从而达到既增加链路带宽又提高设备之间链路可靠性的目的呢？答案是肯定的，并且实现这些目的的技术就是链路聚合技术。

链路聚合，又称为以太网链路聚合(Eth-Trunk)，它通过将多条以太网物理链路捆绑在一起成为

1条逻辑链路，从而实现增加链路带宽的目的。同时，这些捆绑在一起的链路通过相互间的动态备份，可以有效地提高链路的可靠性，如图5-6所示。

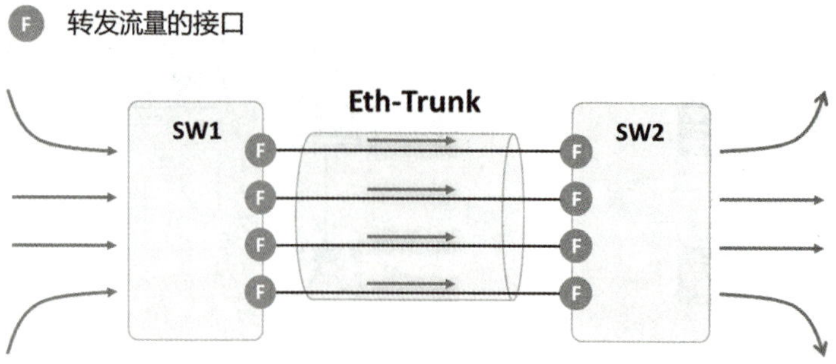

图5-6　链路聚合技术

5.1.1　链路聚合基本术语

1. 聚合组

聚合组(link aggregation group，LAG)是指将若干条物理链路捆绑在一起所形成的逻辑链路。每个聚合组唯一对应1个逻辑端口，这个逻辑端口被称为链路聚合端口或Eth-Trunk端口。聚合组可分为二层聚合组和三层聚合组两种。

(1)二层聚合组：只包含二层以太网端口，是随着二层聚合端口的创建自动生成的。

(2)三层聚合组：只包含三层以太网端口，是随着三层聚合端口的创建自动生成的。

2. 成员端口和成员链路

组成Eth-Trunk端口的各个物理端口称为成员端口。成员端口对应的链路被称为成员链路。

3. 活动端口和活动链路

活动端口又叫选中(selected)端口，是参与数据转发的成员端口。活动端口对应的链路被称为活动链路(active link)，如图5-7所示。

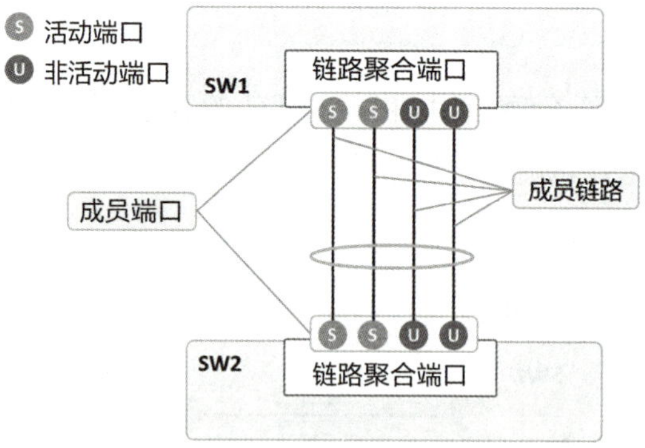

图5-7　链路聚合端口类型

4. 非活动端口和非活动链路

非活动端口又叫非选中(unselected)端口，是不参与转发数据的成员端口。非活动端口对应的链路被称为非活动链路(inactive link)，如图5-7所示。

5. 聚合模式

根据是否开启链路聚合控制协议(link aggregation control protocol，LACP)，链路聚合可以分为手工模式和动态协商模式两种。

6. 活动端口上限阈值和活动端口下限阈值

活动端口的上限阈值和下限阈值用于配置最大活动端口数和配置最小活动端口数。

链路聚合端口可以作为普通的以太网端口来使用，它与普通以太网端口的差别在于链路聚合端口转发数据时需要从成员端口中选择一个或多个端口来进行数据转发。

在一个聚合组内，要求成员端口的以下参数相同。

(1) 端口速率。

(2) 双工模式。

(3) VLAN 配置。在一个聚合组内端口类型都是 Trunk 或者 Access。如果为 Access 端口，则端口的 default VLAN 需要一致；如果为 Trunk 端口，则端口放行的 VLAN 和默认 VLAN 需要一致。

5.1.2　链路聚合建立模式

1. 手工模式

手工模式是指在一台设备上手工创建出 Eth-Trunk。手工模式一般会根据自己的需求，将多条连接在同一台交换机上的链路对应的端口都添加到这个 Eth-Trunk 中。然后再在对端设备上执行对应的操作。需要注意的是，设备间不会因建立 Eth-Trunk 而交互信息，如图 5-8 所示。

正常情况下，手工模式创建的 Eth-Trunk 包含的所有链路都是活动链路，且所有活动链路都参与数据的转发，平均分担流量。如果某条活动链路故障，链路聚合组会自动在剩余的活动链路中平均分担流量。

当聚合的两端设备中存在不支持 LACP 协议的设备（如陈旧设备或低端设备）时，可以使用手工模式创建 Eth-Trunk。

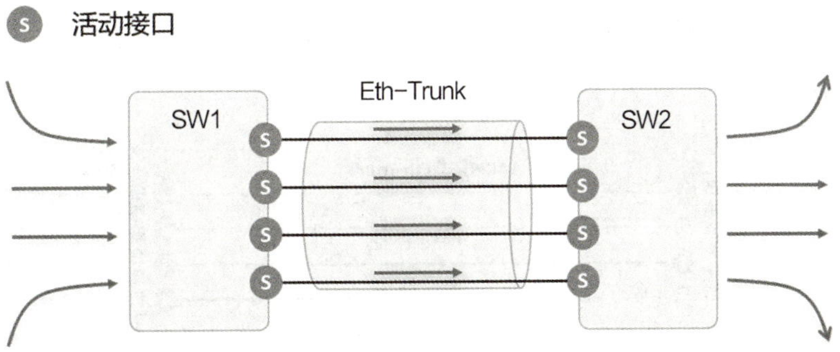

图 5-8　手工模式配置链路聚合

手工模式配置的缺陷如下。

(1) 为了使链路聚合端口正常工作，必须保证本端链路聚合端口中的所有成员端口的对端端口属于同一设备，且加入同一链路聚合端口。

(2) 手工模式下，设备间没有报文交互，因此只能通过管理员人工确认。

(3) 手工模式下，设备只能通过物理层状态判断对端端口是否正常工作。

2. 动态协商模式

动态协商模式，又称 LACP 模式，是采用 LACP 协议的一种链路聚合模式。设备间通过链路聚合控制协议数据单元（link aggregation control protocol data unit，LACPDU）进行交互，通过协议协商确保对端的端口是属于同一台设备、同一个聚合端口的成员端口，如图 5-9 所示。

LACPDU 报文中包含设备 LACP 优先级、MAC 地址、端口 LACP 优先级和端口号等字段信息。

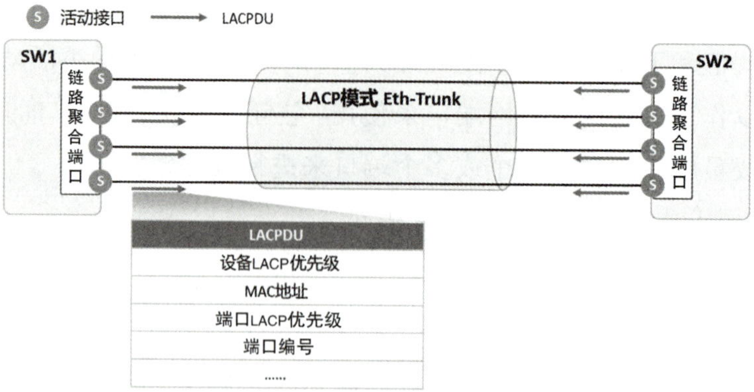

图 5-9　LACP 模式配置链路聚合

(1)设备 LACP 优先级。在 LACP 模式下,设备优先级的确认,首先保证两端设备所选择的活动端口数目保持一致,否则链路聚合组就无法建立。在此基础上,使其中一端成为主动端。主动端通过 LACPDU 报文中的设备 LACP 优先级字段信息确定,值越小优先级越高。设备 LACP 优先级默认为 32 768,越小越优,通常保持默认。当设备 LACP 优先级一致时,LACP 会通过比较报文中的 MAC 地址选择主动端,MAC 地址越小越优。

(2)端口 LACP 优先级。选出主动端后,两端设备都会以主动端的端口 LACP 优先级来选择活动端口,优先级高的端口将被选为活动端口。主动端 LACPDU 报文中的端口 LACP 优先级字段信息值越小,优先级越高。端口 LACP 优先级默认为 32 768,越小越优,通常保持默认,当优先级一致时 LACP 会通过报文中的端口编号选择活动端口,越小越优。

(3)最大活动端口数。LACP 模式支持配置最大活动端口数,当成员端口数超过最大活动端口数时,设备会通过比较端口优先级和端口编号选举出较优的端口成为活动端口,其余的则成为备份端口(非活动端口),同时对应的链路分别成为活动链路和非活动链路。要注意的是,交换机只会从活动端口中发送和接收报文,如图 5-10 所示。

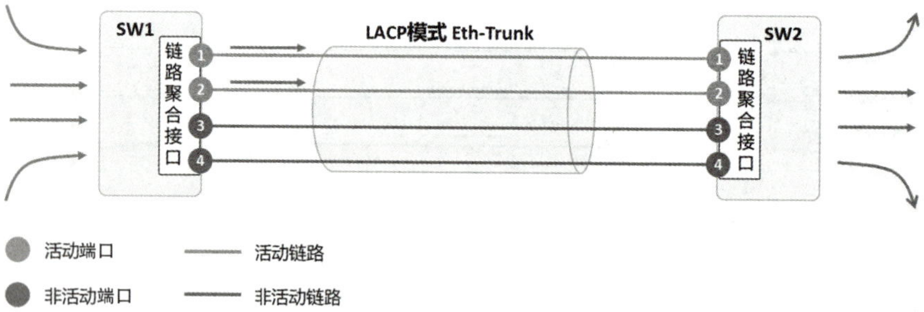

图 5-10　活动端口与非活动端口

当活动链路中出现链路故障时,可以从非活动链路中找出一条优先级最高(端口优先级和端口编号比较)的链路替换故障链路,实现总体带宽不发生变化和业务的不间断转发等功能。

(4)活动链路选举。如图 5-11 所示,SW1、SW2 配置 LACP 模式的链路聚合。两端都设置最大活跃端口数为 2。通过 LACPDU 选举出优先级较高的交换机 SW1,作为 LACP 协商过程的主动端,随后进行活动链路选举,具体选举过程如下。

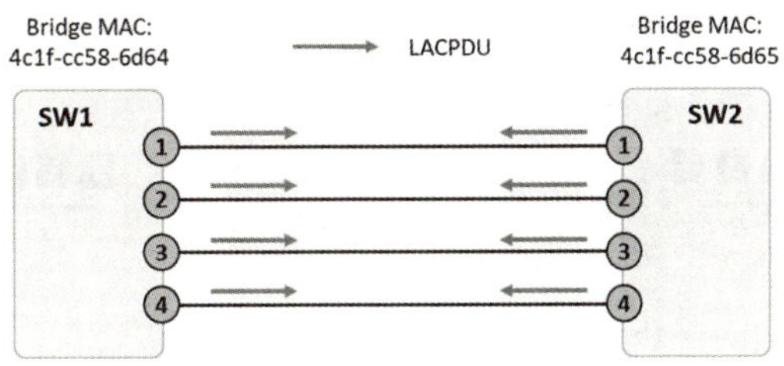

图 5-11　活动链路选举

①为 SW1 和 SW2 配置 LACP 模式的链路聚合，将四个端口加入 Eth-Trunk 中，端口编号分别为 1、2、3、4。SW1 和 SW2 配置 Eth-Trunk 最大活动端口数目为 2，其余配置保持默认（设备优先级、端口优先级）。

②SW1 和 SW2 分别从成员端口 1、2、3、4 对外发送 LACPDU。

③SW1 和 SW2 收到对端发送的 LACPDU，比较设备优先级。设备优先级都为默认的 32768，继续比较 MAC 地址（SW1 MAC 为 4c1f-cc58-6d64，SW2 MAC 为 4c1f-cc58-6d65），因为 SW1 拥有更小的 MAC 地址，所以 SW1 将成为 LACP 选举的主动端。

④SW1 在本端通过比较端口优先级和端口编号选举出活动端口，其中 1、2 号端口在相同的端口优先级下拥有更小的端口编号，成为活动端口，如图 5-12 所示。

图 5-12　活动端口选举

⑤SW1 通过 LACPDU 将本端活动端口选举结果告知对端。

⑥LACP 通过 LACPDU 中的 3 个 flags（synchronization、collecting 和 distributing）来标识该端口的状态，如果是活动端口，这 3 个 flags 字段的值将会是 1；如果是非活动端口，这 3 个 flags 字段的值将为 0。

⑦SW2 依据 SW1 的选举结果，明确本端的活动端口，同时对应的链路成为活动链路。

至此，Eth-Trunk 的活动链路选举过程完成，如图 5-13 所示。

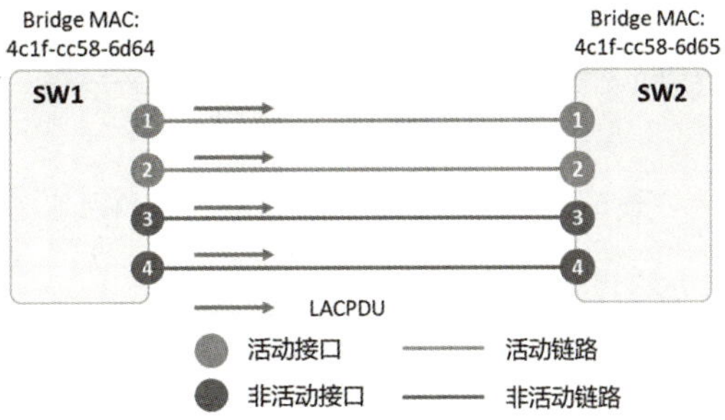

图 5-13　活动链路选举结束

5.1.3　负载分担

1. 负载分担分类

负载分担分为基于包的负载分担和基于流的负载分担两类。

（1）基于包的负载分担，如图 5-14 所示。在使用 Eth-Trunk 转发数据时，由于聚合组两端设备之间有多条物理链路，如果每个数据帧在不同的链路上转发，则有可能导致数据帧到达对端的时间不一致，从而引起数据乱序。

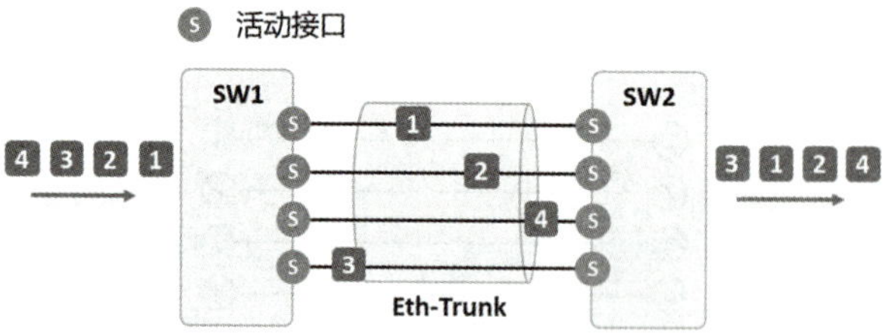

图 5-14　基于包的负载分担

(2)基于流的负载分担，如图 5-15 所示。Eth-Trunk 推荐采用基于流的负载分担方式，即一条相同的流负载到一条链路。这样既保证了属于同一数据流的数据帧在同一条物理链路转发，又实现了流量在聚合组内各物理链路上的负载分担。

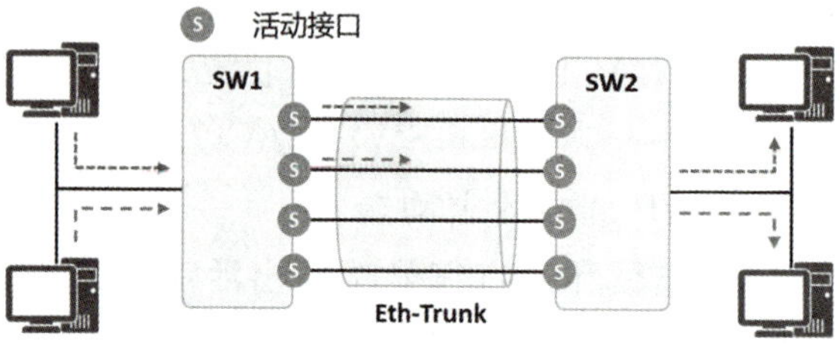

图 5-15　基于流的负载分担

2. 负载分担模式

Eth-trunk 支持基于报文的 IP 地址或 MAC 地址来进行负载分担，且可以配置不同的模式(本地有效，对出方向报文生效)将数据流分担到不同的成员端口上。

Eth-trunk 常见的负载分担模式有源 IP、源 MAC、目的 IP、目的 MAC、源目 IP 和源目 MAC。如图 5-16 所示为采用源目 IP 模式的负载分担，如图 5-17 所示为采用源目 MAC 模式的负载分担。

在实际业务中，用户需要根据业务流量特征选择配置合适的负载分担方式。业务流量中某种参数变化越频繁，选择与此参数相关的负载分担方式就越容易实现负载均衡。具体包括具有合适的负载分担算法的源目 IP 模式和不合适的负载分担算法的源目 MAC 模式两类。

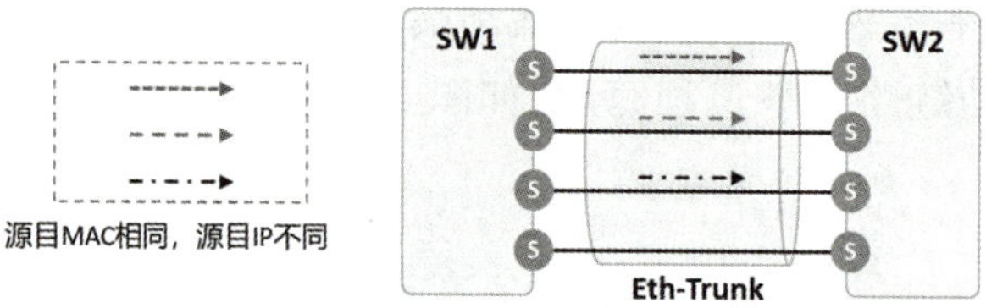

图 5-16　采用源目 IP 模式的负载分担

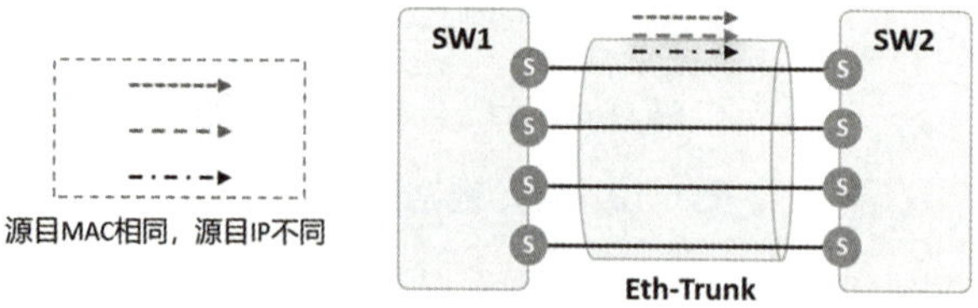

图 5-17　采用源目 MAC 模式的负载分担

如果报文的 IP 地址变化较频繁，那么选择基于源 IP、目的 IP 或者源目 IP 的负载分担模式更有利于数据在各物理链路间进行合理的负载分担。

如果报文的 MAC 地址变化较频繁，IP 地址比较固定，那么选择基于源 MAC、目的 MAC 或源目

MAC 的负载分担模式更有利于流量在各物理链路间进行合理的负载分担。

5.2　链路聚合应用场景

1. 交换机之间

为了提高交换机之间的链路带宽和可靠性，可以在交换机之间部署多条物理链路并使用 Eth-Trunk，如图 5-18 所示。

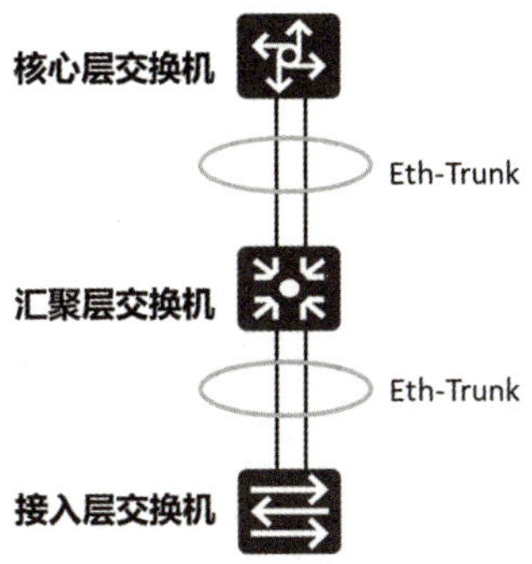

图 5-18　交换机之间使用 Eth-Trunk

2. 交换机与服务器之间

为了提高服务器的接入带宽和可靠性，将两个或者更多的物理网卡聚合成一个网卡组，与交换机建立 Eth-Trunk，如图 5-19 所示。

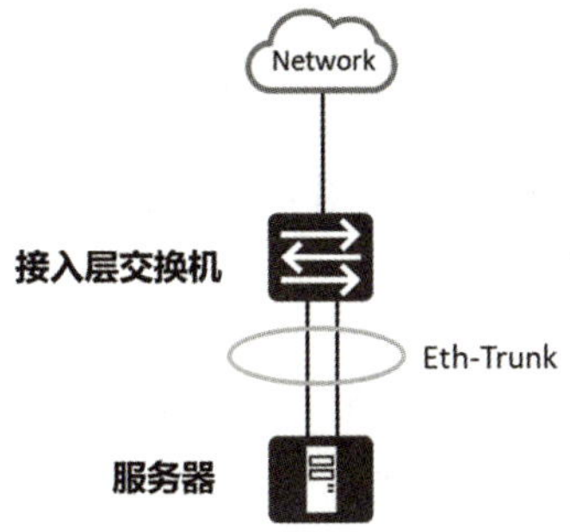

图 5-19　交换机与服务器之间使用 Eth-Trunk

3. 交换机与堆叠系统

堆叠系统使得两台交换机成为一台逻辑上的设备，交换机与堆叠系统通过 Eth-Trunk 可以组建高可靠且无环的网络，如图 5-20 所示。

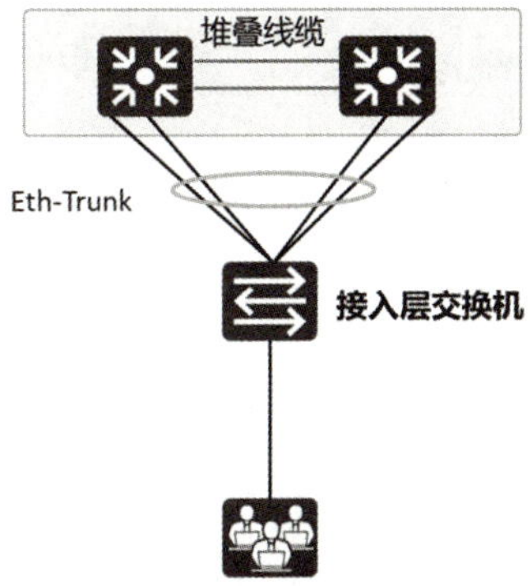

图 5-20　交换机与堆叠系统之间使用 Eth-Trunk

4. 防火墙双机热备心跳线

防火墙双机热备组网中使用心跳线来检测对端设备的状态，为防止单端口和单链路故障导致的状态监测错误可以部署 Eth-Trunk，使用 Eth-Trunk 作为检测状态的心跳线，如图 5-21 所示。

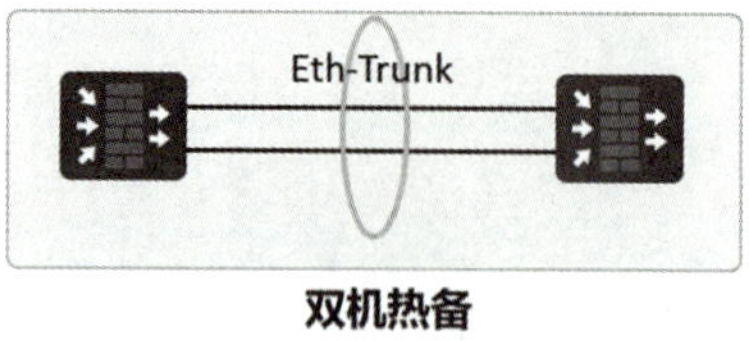

图 5-21　防火墙双机热备心跳线使用 Eth-Trunk

5.3　链路聚合配置命令

（1）创建链路聚合组。

```
[Huawei] interface eth-trunk trunk-id
```

创建 Eth-Trunk 端口，并进入 Eth-Trunk 端口视图，trunk-id 参数为 Eth-Trunk 端口号。

（2）配置链路聚合模式。

```
[Huawei-Eth-Trunk1] mode {lacp | manual load-balance}
```

mode lacp 配置链路聚合模式为 LACP 模式，mode manual load-balance 配置链路聚合模式为手工模式。

提示

需要保持两端链路聚合模式一致。

（3）将端口加入链路聚合组中（以太网端口视图）。

```
[Huawei-GigabitEthernet0/0/1] eth-trunk trunk-id
```

在以太网端口视图下，把物理端口加入到 Eth-Trunk 逻辑端口中。

（4）将端口加入链路聚合组中（Eth-Trunk 视图）。

```
[Huawei-Eth-Trunk1] trunkport interface-type {interface-number}
```

在 Eth-Trunk 视图中将物理端口加入到链路聚合组中。以上两种方式都可以将端口加入到链路聚合组中。

（5）开启允许不同速率端口加入同一 Eth-Trunk 端口的功能。

```
[Huawei-Eth-Trunk1] mixed-rate link enable
```

默认情况下，设备未开启允许不同速率端口加入同一 Eth-Trunk 端口的功能，只能允许相同速率的端口加入到同一个 Eth-Trunk 端口中。

（6）配置设备 LACP 优先级。

```
[Huawei] lacp priority priority
```

设备 LACP 优先级值越小优先级越高，默认情况下，设备 LACP 优先级为 32 768。

（7）配置端口 LACP 优先级。

```
[Huawei-GigabitEthernet0/0/1] lacp priority priority
```

在端口视图下配置端口 LACP 优先级。默认情况下，端口的 LACP 优先级是 32 768。端口优先级取值越小，端口的 LACP 优先级越高。

注意，只有在端口已经加入到 Eth-Trunk 中时，才可以配置该命令。

(8)配置最大活动端口数。

```
[Huawei-Eth-Trunk1] max active-linknumber {number}
```

注意，该设置需保持本端和对端的最大活动端口数一致，并且只有 LACP 模式支持配置最大活动端口数。

(9)配置最小活动端口数。

```
[Huawei-Eth-Trunk1] least active-linknumber {number}
```

本端和对端设备的最小活动端口数可以不同，手动模式和 LACP 模式都支持配置最小活动端口数。配置最小活动端口数是为了保证最小带宽，当活动链路数目小于最小活动接口数时，Eth-Trunk 端口的状态转为 down。

5.4　链路聚合应用案例

某园区网接入层有两个交换机 SW1 和 SW2，网络拓扑如图 5-22 所示，需要满足：

(1)SW1 和 SW2 都连接着 VLAN 10 和 VLAN 20 的网络。

(2)SW1 和 SW2 之间通过两根以太网链路互联，为了提供链路冗余以及保证传输可靠性，在 SW1 和 SW2 之间配置手工模式的链路聚合。

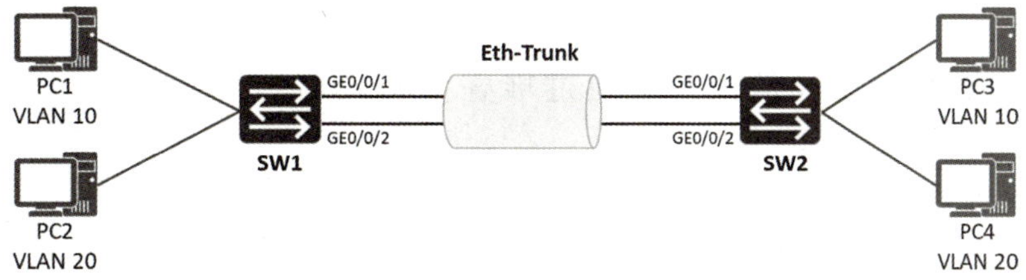

图 5-22　手工模式的链路聚合配置示例图

交换机链路聚合配置如下，VLAN 配置略。

```
# SW1
[SW1] interface eth-trunk 1
[SW1-Eth-Trunk1] trunkport gigabitethernet 0/0/1 to 0/0/2
[SW1-Eth-Trunk1] port link-type trunk
[SW1-Eth-Trunk1] port trunk allow-pass vlan 10 20
[SW1-Eth-Trunk1]quit
# SW2
[SW2] interface eth-trunk 1
[SW2-Eth-Trunk1] trunkport gigabitethernet 0/0/1 to 0/0/2
[SW2-Eth-Trunk1] port link-type trunk
[SW2-Eth-Trunk1] port trunk allow-pass vlan 10 20
[SW1-Eth-Trunk1]quit
```

5.5 交换机堆叠

5.5.1 堆叠概述

堆叠(stack),是指将多台支持堆叠特性的交换机通过堆叠线缆连接在一起,使其从逻辑上变成1台交换设备,作为整体参与数据转发。

1. 堆叠类型

1)集群交换机系统

集群交换机系统(cluster switch system,CSS)将2台支持集群特性的交换机设备组合在一起,从逻辑上组合成1台交换设备,CSS集群只支持两台交换机组合在一起,如图5-23所示。

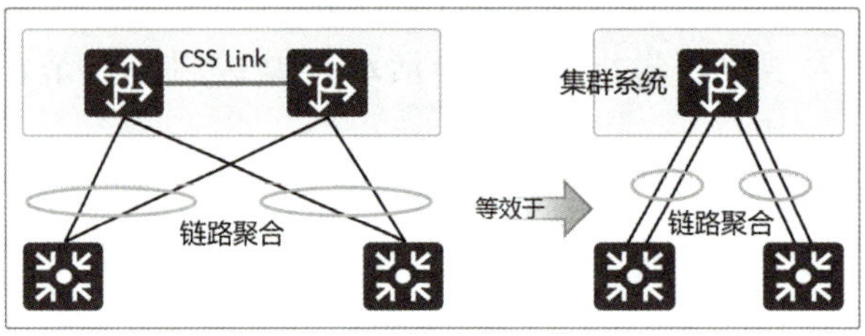

图5-23 集群CSS

2)智能堆叠

智能堆叠(intelligent stack,iStack)最多支持9台交换机做堆叠。

2. 堆叠拓扑结构

1)环型拓扑结构

环型拓扑结构是指堆叠的成员交换机通过堆叠端交叉相连形成1个“环”型结构,如图5-24所示。

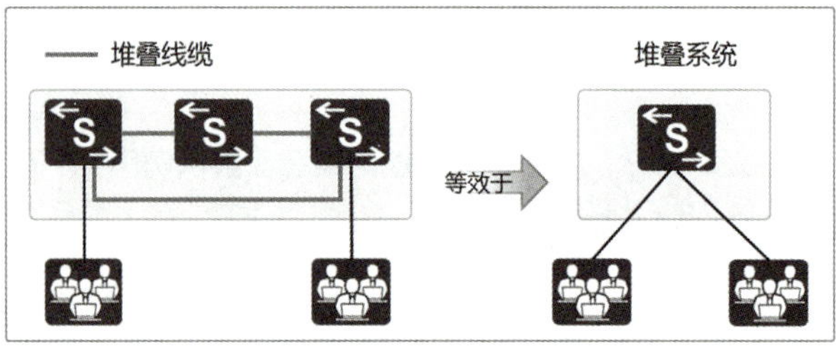

图5-24 环型拓扑结构

2)链型拓扑结构

链型拓扑结构是指处于链两端的交换机只使用1个堆叠端口与相邻的交换机连接,最终形成1个“链条”型结构,类似于交换机的“级联”结构。

环型堆叠比链型堆叠可靠性更高,因为当链型堆叠中的链路出现故障时会引起堆叠分裂,导致堆叠失败;而当环型堆叠中某条链路出现故障时会形成链型连接,不会影响整体堆叠的业务。因此,在实际部署业务时,环型堆叠运用泛围更广。

5.5.2 堆叠的优势

1. 交换机多虚一

堆叠交换机对外表现为一台逻辑交换机,控制平面合一,统一管理。

2. 转发平面合一

堆叠内物理设备转发平面合一,转发信息共享并实时同步。

除此之外，堆叠交换机内如果有 1 台物理设备故障，其他设备可以接管转发和控制平台等任务，避免了单点故障而造成的损失。

3. 跨设备链路聚合

堆叠交换机可将跨物理设备的链路被聚合成 1 个 Eth-Trunk 端口，与下游设备实现互联，可以提高链路级联带宽，具体优点有：

(1)跨设备的链路聚合，属于物理上的无环网络，无需再部署 STP。

(2)跨设备的链路聚合中的链路全部有效使用，链路利用率为 100%。

5.5.3　堆叠应用场景

交换机以堆叠方式连接相较于以传统的级联方式连接优势明显，因为专门的堆叠模块能够提供 10 Gbit/s 甚至更高的互联带宽，带宽上的优势是企业组网采用堆叠技术的 1 个重要原因。因此，堆叠技术主要应用于接入端口密度要求较高，且需要统一管理与维护多台交换机的场景。

iStack 技术适用于华为 S6700、S5700 和 S3700 等中低端交换机。CSS 技术适用于华为 S9700、S9300 和 S7700 等高端交换机，典型应用有以下三种。

1. 扩展端口

当接入的用户数量增加到原交换机端口密度不能满足接入需求时，可以增加新交换机并与原交换机组成堆叠系统以扩展端口数量，如图 5-25 所示。

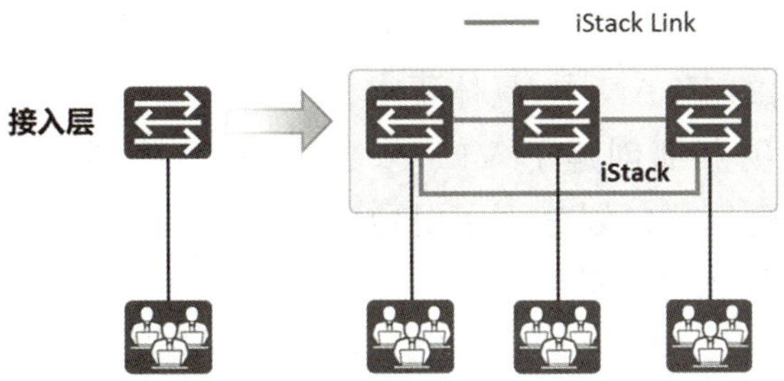

图 5-25　扩展端口

2. 扩展带宽和冗余备份

当需要增大交换机的上行带宽时，可以增加新交换机并与原交换机组成堆叠系统，将成员交换机的多条物理链路配置成 1 个聚合组，以提高交换机的上行带宽，同时形成设备间备份和链路的跨设备冗余备份，增加可靠性，如图 5-26 所示。

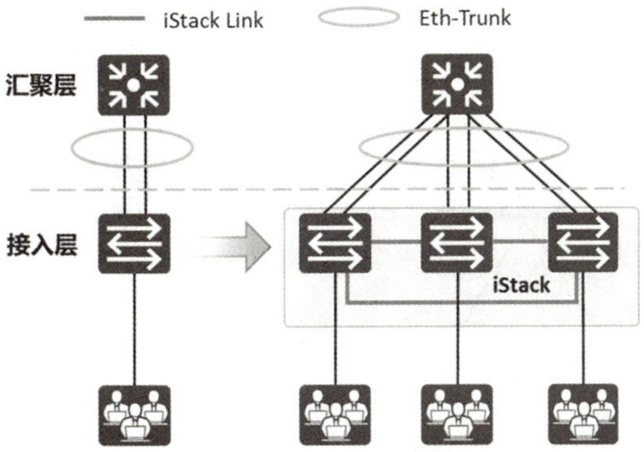

图 5-26　扩展带宽、冗余备份

3. 组建集群

当需要简化网络结构时，可能通过堆叠将两台设备组成集群，以虚拟的方式组成单一的逻辑设备。简化后的组网不再需要使用 MSTP 和 VRRP 等协议，简化了网络配置，同时依靠跨设备的链路聚合，实现网络的快速收敛，提高了可靠性，如图 5-27 所示。

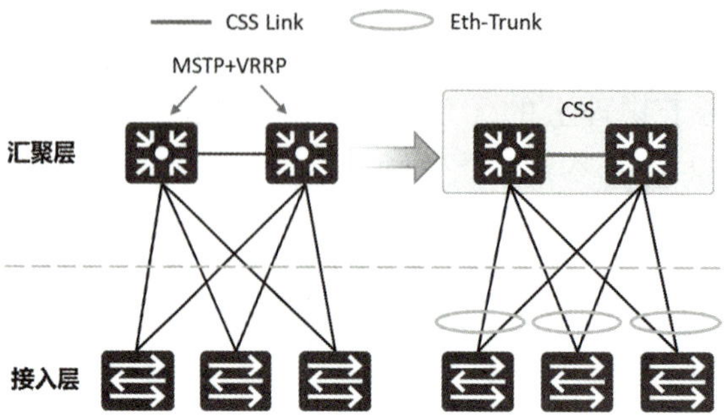

图 5-27　组建集群

项目实战

项目 5-1　园区网链路聚合配置

项目 5-1　园区网链路聚合配置

某公司园区网有财务部和技术部两个部门，各有计算机若干台，网络拓扑结构如图 5-28 所示。为提高链路的传输带宽和冗余能力，路由器之间、交换机之间、路由器与交换机之间均采用链路聚合的方式进行互联。同时，出于安全的考虑，将两部门的计算机划分在不同的 VLAN 中，具体要求如下：

（1）在两台交换机上均为财务部创建了 VLAN 10，为技术部创建了 VLAN 20，并将各部门 PC 连接交换机的端口划分到了对应的 VLAN。

（2）为了提供链路冗余以及保证传输可靠性，在 SW1 和 SW2 之间配置 LACP 模式的二层链路聚合。通过手动调整优先级让 SW1 成为主动端，并将 Eth-Trunk 活动端口数上限阈值和下限阈值均配置为 2。手动调整端口优先级，使得 GE0/0/3 和 GE0/0/5 端口处于 selected 状态，GE0/0/4 端口处于 unseletted 状态，并开启抢占功能。R1 和 R2 之间配置手工模式的三层链路聚合；SW1 与 R1、SW2 与 R2 之间也配置手工模式的链路聚合。

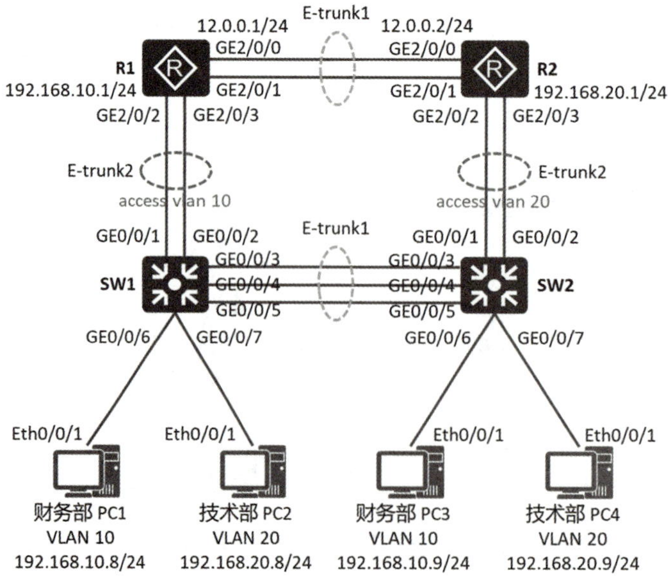

图 5-28　项目 5-1 网络拓扑结构

项目规划

欲实现上述功能需求，配置思路如下：

(1)在交换机上创建 VLAN，将端口划分至相应的 VLAN 内。

(2)创建链路聚合组，指定聚合模式，将端口加入聚合组，设置活动端口数阈值。

(3)在 SW1 上配置系统 LACP 优先级，要低于默认优先级 32 768。

(4)配置 LACP 模式下的端口优先级，开启抢占功能。

(5)配置端口类型为 trunk，放行 VLAN 10 和 VLAN 20 的流量。

项目实施

步骤 1：在交换机上创建 VLAN，将端口划分至相应的 VLAN 内。(略)

步骤 2：创建 Eth-Trunk 端口，配置链路聚合模式(在 LACP 模式下，还要配置活动端口数上限阈值和下限阈值)，将端口加入到链路聚合组中。

```
# SW1
[SW1] interface eth-trunk 1
[SW1-Eth-Trunk1] mode lacp-static
[SW1-Eth-Trunk1] max active-linknumber 2
[SW1-Eth-Trunk1] least active-linknumber 2
[SW1-Eth-Trunk1] trunkport GigabitEthernet 0/0/3 to 0/0/5
[SW1-Eth-Trunk1] quit
[SW1] interface eth-trunk2
[SW1-Eth-Trunk2] trunkport GigabitEthernet 0/0/1 to 0/0/2
# SW2
[SW2] interface eth-trunk 1
[SW2-Eth-Trunk1] mode lacp-static
[SW2-Eth-Trunk1] max active-linknumber 2
[SW2-Eth-Trunk1] least active-linknumber 2
[SW2-Eth-Trunk1] trunkport GigabitEthernet 0/0/3 to 0/0/5
[SW2-Eth-Trunk1] quit
[SW2] interface eth-trunk 2
[SW2-Eth-Trunk2] trunkport GigabitEthernet 0/0/1 to 0/0/2
# R1
[Huawei] sysname R1
[R1] interface eth-trunk 1
[R1-Eth-Trunk1]undo portswitch    #开启三层功能
[R1-Eth-Trunk1] trunkport GigabitEthernet2/0/0 to 2/0/1
[R1-Eth-Trunk1] ip address 12.0.0.1 24
[R1-Eth-Trunk1] quit
[R1] interface eth-trunk 2
[R1-Eth-Trunk2] undo portswitch    #开启三层功能
[R1-Eth-Trunk2] trunkport GigabitEthernet 2/0/2 to 2/0/3
[R1-Eth-Trunk2] ip address 192.168.10.1 24
[R1-Eth-Trunk2] quit
[R1] ip route-static 192.168.20.0 24 12.0.0.2#指向 192.168.20.0 网段的静态路由
```

```
#R2
[Huawei] sysname R2
[R2] interface eth-trunk 1
[R2-Eth-Trunk1] undo portswitch    #开启三层功能
[R2-Eth-Trunk1] trunkport GigabitEthernet2/0/0 to 2/0/1
[R2-Eth-Trunk1] ip address 12.0.0.2 24
[R2-Eth-Trunk1] quit
[R2] interface eth-trunk 2
[R2-Eth-Trunk2] undo portswitch    #开启三层功能
[R2-Eth-Trunk2] trunkport GigabitEthernet 2/0/2 to 2/0/3
[R2-Eth-Trunk2] ip address 192.168.20.1 24
[R2-Eth-Trunk2] quit
[R2] ip route-static 192.168.10.0 24 12.0.0.1#指向 192.168.10.0 网段的静态路由
```

步骤 3:将链路加入 VLAN,配置 SW1 的 LACP 优先级,使其成为主动端设备。

```
# SW1
[SW1] interface eth-trunk 1
[SW1-Eth-Trunk1] port link-type trunk
[SW1-Eth-Trunk1] port trunk allow-pass vlan 10 20
[SW1-Eth-Trunk1] quit
[SW1] interface eth-trunk 2
[SW1-Eth-Trunk2] port link-type access
[SW1-Eth-Trunk2] port default vlan 10
[SW1-Eth-Trunk2]quit
[SW1] lacp priority 30000#配置链路优先级,要成为 LACP 的主动端,必须小于 32768
# SW2
[SW2] interface eth-trunk 1
[SW2-Eth-Trunk1] port link-type trunk
[SW2-Eth-Trunk1] port trunk allow-pass vlan 10 20
[SW2-Eth-Trunk1] quit
[SW2] interface eth-trunk 2
[SW2-Eth-Trunk2] port link-type access
[SW2-Eth-Trunk2] port default vlan20
```

步骤 4:配置交换机 SW1 和 SW2 的端口优先级,优选 GigabitEthernet0/0/3 和 GigabitEthernet0/0/5 端口,开启抢占功能。

```
# SW1
[SW1] interface GigabitEthernet 0/0/3
[SW1-GigabitEthernet0/0/3] lacp priority 10000    #端口优先级必须小于默认值 32768
[SW1-GigabitEthernet0/0/3] quit
[SW1] interface GigabitEthernet 0/0/5
[SW1-GigabitEthernet0/0/5] lacp priority 20000    #端口优先级必须小于默认值 32768
```

```
[SW1-GigabitEthernet0/0/5] quit
[SW1] interface Eth-Trunk 1
[SW1-Eth-Trunk1] lacp preempt enable#开启抢占功能
# SW2
[SW2] interface GigabitEthernet 0/0/3
[SW2-GigabitEthernet0/0/3] lacp priority 10000   #端口优先级必须小于默认值 32768
[SW2-GigabitEthernet0/0/3] quit
[SW2] interface GigabitEthernet 0/0/5
[SW2-GigabitEthernet0/0/5] lacp priority 20000   #端口优先级必须小于默认值 32768
[SW2-GigabitEthernet0/0/5] quit
[SW2] interface Eth-Trunk 1
[SW2-Eth-Trunk1] lacp preempt enable   #开启抢占功能
```

步骤 5:配置各部门计算机的 IP 地址。(略)

项目验证

(1)查看 SW1 和 SW2 交换机的 VLAN 配置信息。(略)

(2)查看各设备的 Eth-Trunk 端口状态。

①在 SW1 的端口优先级参数被修改前,查看当前 Eth-Trunk 1 端口状态,查看结果如图 5-29 所示。

```
[SW1]dis eth 1
Eth-Trunk1's state information is:
Local:
LAG ID: 1                    WorkingMode: STATIC
Preempt Delay: Disabled      Hash arithmetic: According to SIP-XOR-DIP
System Priority: 30000       System ID: 4c1f-cc91-2891
Least Active-linknumber: 2   Max Active-linknumber: 2
Operate status: up           Number Of Up Port In Trunk: 2
--------------------------------------------------------------------------------
ActorPortName          Status    PortType PortPri PortNo PortKey PortState Weight
GigabitEthernet0/0/3   Selected  1GE      32768   4      305     10111100  1
GigabitEthernet0/0/4   Selected  1GE      32768   5      305     10111100  1
GigabitEthernet0/0/5   Unselect  1GE      32768   6      305     10100000  1

Partner:
--------------------------------------------------------------------------------
ActorPortName          SysPri    SystemID        PortPri PortNo PortKey PortState
GigabitEthernet0/0/3   32768     4c1f-ccee-143f  32768   4      305     10111100
GigabitEthernet0/0/4   32768     4c1f-ccee-143f  32768   5      305     10111100
GigabitEthernet0/0/5   32768     4c1f-ccee-143f  32768   6      305     10100000
```

图 5-29　查看修改前 SW1 的 Eth-Trunk 1 端口状态

②在 SW1 端口优先级参数被修改且开启了抢占功能之后,查看当前 Eth-Trunk 1 端口状态,如图 5-30 所示。

```
[SW1]display eth-trunk 1
Eth-Trunk1's state information is:
Local:
LAG ID: 1                    WorkingMode: STATIC
Preempt Delay Time: 30       Hash arithmetic: According to SIP-XOR-DIP
System Priority: 30000       System ID: 4c1f-cc91-2891
Least Active-linknumber: 2   Max Active-linknumber: 2
Operate status: up           Number Of Up Port In Trunk: 2
--------------------------------------------------------------------------------
ActorPortName          Status    PortType PortPri PortNo PortKey PortState Weight
GigabitEthernet0/0/3   Selected  1GE      10000   4      305     10111100  1
GigabitEthernet0/0/4   Unselect  1GE      32768   5      305     10100000  1
GigabitEthernet0/0/5   Selected  1GE      20000   6      305     10111100  1

Partner:
--------------------------------------------------------------------------------
ActorPortName          SysPri    SystemID        PortPri PortNo PortKey PortState
GigabitEthernet0/0/3   32768     4c1f-ccee-143f  10000   4      305     10111100
GigabitEthernet0/0/4   32768     4c1f-ccee-143f  32768   5      305     10100000
GigabitEthernet0/0/5   32768     4c1f-ccee-143f  20000   6      305     10111100
```

图 5-30　查看修改后 SW1 的 Eth-Trunk 1 端口状态

③手动关闭 SW1 的 GE0/0/3 端口，模拟链路故障，再查看 Eth-Trunk 1 端口状态，如图 5-31 所示。

```
[SW1]interface GigabitEthernet 0/0/3
[SW1-GigabitEthernet0/0/3]shutdown
[SW1-GigabitEthernet0/0/3]quit
[SW1]display eth-trunk 1
Eth-Trunk1's state information is:
Local:
LAG ID: 1                     WorkingMode: STATIC
Preempt Delay Time: 30        Hash arithmetic: According to SIP-XOR-DIP
System Priority: 30000        System ID: 4c1f-cc91-2891
Least Active-linknumber: 2    Max Active-linknumber: 2
Operate status: up            Number Of Up Port In Trunk: 2
--------------------------------------------------------------------------------
ActorPortName          Status   PortType PortPri PortNo PortKey PortState Weight
GigabitEthernet0/0/3   Unselect 1GE      10000   4      305     10100010  1
GigabitEthernet0/0/4   Selected 1GE      32768   5      305     10111100  1
GigabitEthernet0/0/5   Selected 1GE      20000   6      305     10111100  1

Partner:
--------------------------------------------------------------------------------
ActorPortName          SysPri   SystemID        PortPri PortNo PortKey PortState
GigabitEthernet0/0/3   0        0000-0000-0000  0       0      0       10100011
GigabitEthernet0/0/4   32768    4c1f-ccee-143f  32768   5      305     10111100
GigabitEthernet0/0/5   32768    4c1f-ccee-143f  20000   6      305     10111100
```

图 5-31 查看链路故障后 SW1 的 Eth-Trunk 1 端口状态

④查看当前 SW1 的 Eth-Trunk 2 端口状态，如图 5-32 所示。

```
[SW1]display eth-trunk 2
Eth-Trunk2's state information is:
WorkingMode: NORMAL           Hash arithmetic: According to SIP-XOR-DIP
Least Active-linknumber: 1    Max Bandwidth-affected-linknumber: 8
Operate status: up            Number Of Up Port In Trunk: 2
--------------------------------------------------------------------------------
PortName                      Status      Weight
GigabitEthernet0/0/1          Up          1
GigabitEthernet0/0/2          Up          1
```

图 5-32 查看 SW1 的 Eth-Trunk 2 端口状态

⑤在 SW2 的端口优先级参数被修改前，查看当前 Eth-Trunk 1 端口状态，如图 5-33 所示。

```
[SW2]display eth 1
Eth-Trunk1's state information is:
Local:
LAG ID: 1                     WorkingMode: STATIC
Preempt Delay: Disabled       Hash arithmetic: According to SIP-XOR-DIP
System Priority: 32768        System ID: 4c1f-ccee-143f
Least Active-linknumber: 2    Max Active-linknumber: 2
Operate status: up            Number Of Up Port In Trunk: 2
--------------------------------------------------------------------------------
ActorPortName          Status   PortType PortPri PortNo PortKey PortState Weight
GigabitEthernet0/0/3   Selected 1GE      32768   4      305     10111100  1
GigabitEthernet0/0/4   Selected 1GE      32768   5      305     10111100  1
GigabitEthernet0/0/5   Unselect 1GE      32768   6      305     10100000  1

Partner:
--------------------------------------------------------------------------------
ActorPortName          SysPri   SystemID        PortPri PortNo PortKey PortState
GigabitEthernet0/0/3   30000    4c1f-cc91-2891  32768   4      305     10111100
GigabitEthernet0/0/4   30000    4c1f-cc91-2891  32768   5      305     10111100
GigabitEthernet0/0/5   30000    4c1f-cc91-2891  32768   6      305     10100000
```

图 5-33 查看修改前 SW2 的 Eth-Trunk 1 端口状态

⑥在 SW2 端口优先级参数被修改且开启了抢占功能之后，查看当前 Eth-Trunk 1 端口状态，如图 5-34 所示。

```
[SW2]display eth-trunk 1
Eth-Trunk1's state information is:
Local:
LAG ID: 1                       WorkingMode: STATIC
Preempt Delay Time: 30          Hash arithmetic: According to SIP-XOR-DIP
System Priority: 32768          System ID: 4c1f-ccee-143f
Least Active-linknumber: 2      Max Active-linknumber: 2
Operate status: up              Number Of Up Port In Trunk: 2
--------------------------------------------------------------------------------
ActorPortName          Status   PortType PortPri PortNo PortKey PortState Weight
GigabitEthernet0/0/3   Selected 1GE      10000   4      305     10111100  1
GigabitEthernet0/0/4   Unselect 1GE      32768   5      305     10100000  1
GigabitEthernet0/0/5   Selected 1GE      20000   6      305     10111100  1

Partner:
--------------------------------------------------------------------------------
ActorPortName          SysPri   SystemID        PortPri PortNo PortKey PortState
GigabitEthernet0/0/3   30000    4c1f-cc91-2891  10000   4      305     10111100
GigabitEthernet0/0/4   30000    4c1f-cc91-2891  32768   5      305     10100000
GigabitEthernet0/0/5   30000    4c1f-cc91-2891  20000   6      305     10111100
```

图 5-34　查看修改后 SW2 的 Eth-Trunk 1 端口状态

⑦在手动关闭 SW1 的 GE0/0/3 端口后，查看 SW2 当前 Eth-Trunk 1 端口状态，如图 5-35 所示。

```
[SW2]display eth-trunk 1
Eth-Trunk1's state information is:
Local:
LAG ID: 1                       WorkingMode: STATIC
Preempt Delay Time: 30          Hash arithmetic: According to SIP-XOR-DIP
System Priority: 32768          System ID: 4c1f-ccee-143f
Least Active-linknumber: 2      Max Active-linknumber: 2
Operate status: up              Number Of Up Port In Trunk: 2
--------------------------------------------------------------------------------
ActorPortName          Status   PortType PortPri PortNo PortKey PortState Weight
GigabitEthernet0/0/3   Unselect 1GE      10000   4      305     10100010  1
GigabitEthernet0/0/4   Selected 1GE      32768   5      305     10111100  1
GigabitEthernet0/0/5   Selected 1GE      20000   6      305     10111100  1

Partner:
--------------------------------------------------------------------------------
ActorPortName          SysPri   SystemID        PortPri PortNo PortKey PortState
GigabitEthernet0/0/3   0        0000-0000-0000  0       0      0       10100011
GigabitEthernet0/0/4   30000    4c1f-cc91-2891  32768   5      305     10111100
GigabitEthernet0/0/5   30000    4c1f-cc91-2891  20000   6      305     10111100
```

图 5-35　查看链路故障后 SW2 的 Eth-Trunk 1 端口状态

⑧查看当前 SW2 的 Eth-Trunk 2 端口状态，如图 5-36 所示。

```
[SW2]display eth-trunk 2
Eth-Trunk2's state information is:
WorkingMode: NORMAL             Hash arithmetic: According to SIP-XOR-DIP
Least Active-linknumber: 1      Max Bandwidth-affected-linknumber: 8
Operate status: up              Number Of Up Port In Trunk: 2
--------------------------------------------------------------------------------
PortName                        Status      Weight
GigabitEthernet0/0/1            Up          1
GigabitEthernet0/0/2            Up          1
```

图 5-36　查看 SW2 的 Eth-Trunk 2 端口状态

⑨查看当前 R1 的 Eth-Trunk 1 端口状态，如图 5-37 所示。

```
[R1]display eth-trunk 1
Eth-Trunk1's state information is:
WorkingMode: NORMAL             Hash arithmetic: According to SIP-XOR-DIP
Least Active-linknumber: 1      Max Bandwidth-affected-linknumber: 8
Operate status: up              Number Of Up Port In Trunk: 2
--------------------------------------------------------------------------------
PortName                        Status      Weight
GigabitEthernet2/0/0            Up          1
GigabitEthernet2/0/1            Up          1
```

图 5-37　查看 R1 的 Eth-Trunk 1 端口状态

⑩查看当前 R1 的 Eth-Trunk 2 端口状态，如图 5-38 所示。

```
[R1]display eth-trunk 2
Eth-Trunk2's state information is:
WorkingMode: NORMAL             Hash arithmetic: According to SIP-XOR-DIP
Least Active-linknumber: 1      Max Bandwidth-affected-linknumber: 8
Operate status: up              Number Of Up Port In Trunk: 2
--------------------------------------------------------------------------------
PortName                        Status      Weight
GigabitEthernet2/0/2            Up          1
GigabitEthernet2/0/3            Up          1
```

图 5-38　查看 R1 的 Eth-Trunk 2 端口状态

⑪查看当前 R2 的 Eth-Trunk 1 端口状态，如图 5-39 所示。

```
[R2]display eth-trunk 1
Eth-Trunk1's state information is:
WorkingMode: NORMAL             Hash arithmetic: According to SIP-XOR-DIP
Least Active-linknumber: 1      Max Bandwidth-affected-linknumber: 8
Operate status: up              Number Of Up Port In Trunk: 2
--------------------------------------------------------------------------------
PortName                        Status      Weight
GigabitEthernet2/0/0            Up          1
GigabitEthernet2/0/1            Up          1
```

图 5-39　查看 R2 的 Eth-Trunk 1 端口状态

⑫查看当前 R2 的 Eth-Trunk 2 端口状态，如图 5-40 所示。

```
[R2]display eth-trunk 2
Eth-Trunk2's state information is:
WorkingMode: NORMAL             Hash arithmetic: According to SIP-XOR-DIP
Least Active-linknumber: 1      Max Bandwidth-affected-linknumber: 8
Operate status: up              Number Of Up Port In Trunk: 2
--------------------------------------------------------------------------------
PortName                        Status      Weight
GigabitEthernet2/0/2            Up          1
GigabitEthernet2/0/3            Up          1
```

图 5-40　查看 R2 的 Eth-Trunk 2 端口状态

(3)测试各部门计算机的互通性，如使用财务部的 PC1 来 Ping 本部门的 PC2，如图 5-41 所示。

```
PC>ipconfig

Link local IPv6 address...........: fe80::5689:98ff:febc:27e5
IPv6 address......................: :: / 128
IPv6 gateway......................: ::
IPv4 address......................: 192.168.10.8
Subnet mask.......................: 255.255.255.0
Gateway...........................: 192.168.10.1
Physical address..................: 54-89-98-BC-27-E5
DNS server........................:

PC>ping 192.168.10.9 -c 2

Ping 192.168.10.9: 32 data bytes, Press Ctrl_C to break
From 192.168.10.9: bytes=32 seq=1 ttl=128 time=62 ms
From 192.168.10.9: bytes=32 seq=2 ttl=128 time=78 ms
```

图 5-41　测试 PC1 与 PC2 之间的互通性

单元总结

本单元详细介绍了以太网链路聚合技术的原理及应用，主要学习了以下知识内容。

(1)采用链路聚合技术可以在不进行硬件升级的条件下，通过将多个物理端口捆绑为一个逻辑端口的方式，达到增加链路带宽的目的。在实现增大带宽的同时，链路聚合采用备份链路的机制，可以有效地提高设备之间链路的可靠性，并支持流量的负载分担。

(2)按照聚合方式不同链路聚合可分为手工模式和 LACP 模式两种。它们的区别是手工模式中，所有成员都处于转发状态；LACP 模式中，一些链路充当备份链路。

(3)在 1 个聚合口中,聚合链路两端的物理端口(成员口)的所有参数必须一致,包括物理口的数量、传输速率、双工模式和流量控制模式。在聚合口中所有成员端口可以是二层端口或三层端口。

(4)手工模式是指 Eth-Trunk 的建立、成员端口的加入均由手工配置,没有链路聚合控制协议的参与。该模式下所有活动链路都参与数据的转发,并平均分担流量。当设备不支持 LACP 协议时,可以采用手工模式建立 Eth-Trunk。

(5)LACP 模式采用 LACPDU 报文协商聚合参数。协商完成后,两台设备确定活动端口和非活动端口。要注意,在 LACP 模式中,需要手动创建一个 Eth-Trunk 口,并添加成员端口。

(6)使用 iStack、CSS 技术可以简化网络管理、简化网络结构和提高网络可靠性。

巩固练习

一、单选题

1. 以下(　　)属于华为的链路聚合。

A. Aggregate-Port　　B. Eth-Trunk

C. Port-Group　　D. Group-Port

2. 希望将 SWA 与 SWB 之间的两条物理链路手动聚合成一条 Eth-Trunk 链路,其中一条是 100 M 链路,另外一条是 1000 M 链路,下列描述中正确的是(　　)。

A. 聚合后可以正常工作

B. 不能被聚合

C. 可以聚合,聚合后只有 GE 端口能收发数据

D. 可以聚合,聚合后只有 ethernet 端口能收发数据

3. 以下关于链路聚合的说法中正确的是(　　)。

A. 聚合组与聚合端口的编号是相同的

B. 在聚合组中,即使某成员端口与对应聚合端口的属性配置和协议配置存在不同,也不会影响该成员端口成为选中端口

C. 链路聚合既可以提供链路冗余性,又可以提高链路的带宽

D. 在同一聚合组中,所有的选中端口不一定需要相同的操作 key

4. 两台相邻的交换机既开启生成树又使用端口聚合,彼此通过四条物理链路相连,其中每两条链路为一个聚合组。对于哪条链路转发数据的说法,下列选项中正确的是(　　)。

A. 只有一条物理链路转发数据,其他链路被生成树协议阻断

B. 四条物理链路同时转发数据,因为端口聚合优先于生成树协议

C. 只有一个聚合组在转发数据,另一个聚合组被生成树协议阻断

D. 每一个聚合组中都有一条物理链路在转发数据,另一条被生成树阻断

二、多选题

1. 有关链路聚合的优势有(　　)。

A. 提高连接的带宽　　B. 防止链路上出现环路

C. 为连接动态地提供备用链路　　D. 提升了连接的可扩展性且降低了成本

2. 网管通常会在企业网络中使用链路聚合技术,下列描述中,(　　)是链路聚合的优点。

A. 增加带宽　　B. 实现负载分担

C. 提升网络可靠性　　D. 便于对数据进行分析

3. 以下关于链路聚合条件的说法中正确的是(　　)。

A. 链路两端物理端口速率必须一致

B. 链路两端端口双工方式必须一致

C. 添加到聚合端口的物理端口数量必须一致

D. 链路两端流控必须一致

4. 以下关于链路聚合的说法中正确的是(　　)。

A. 链路两端的端口类型可以不同

B. 有二层链路聚合也有三层链路聚合

C. 在配置链路聚合时物理端口类型应一致

D. 在聚合端口中若有一条链路是 up 状态,则聚合组是 up 状态

5. 链路聚合技术中,Eth-Trunk 可以根据(　　)参数来区分数据流。

A. 相同的源 IP 地址或目的 IP 地址

B. 相同的源 MAC 地址或目的 MAC 地址

C. 相同的协议类型

D. 相同的源端口号或目的端口号

三、简答题

1. 基于包和基于流的负载分担有何区别?

2. 手工模式和 LACP 模式有什么区别?

3. LACP 模式如何选举主动端?

4. CSS 和 iStack 有何优势?

路由协议模块

2022 年 7 月 12 日，首届“IPv6 技术应用创新大赛”在北京正式开启。大赛以“极致创新、万物智联”为主题，交流了关于 IPv6 的各项技术及成果。由于国家的大力支持和企业创新性研究的推进，我国在 IPv6 的建设上取得了显著的成就。实际应用中，我国已经形成了较为完备的支持 IPv6 信息通信的网络基础设施，IPv6 的“高速公路”已经初具规模。数据显示，截至 2021 年 8 月，我国 IPv6 活跃用户数已达 5.51 亿，约占中国网民的 54.52%。《“十四五”信息通信行业发展规划》进一步明确了 IPv6 的发展目标，提出要提升 IPv6 端到端的贯通能力，实施“IPv6 网络服务能力提升工程”。

单元6 IP路由基础

单元导航

路由器用于实现对处在不同类型网络中的设备进行数据上的互联。全球路由器市场的主要参与企业有思科、华为、新华三、Juniper、Yamaha 和 Adtran 等。随着我国技术的发展，我国的路由器制造已经在全球路由器市场中占有一席之地，但如果想要进一步发展还需继续推进科技兴国战略，增强我国核心技术方面的生产力。本单元主要介绍静态路由、默认路由、浮动路由的应用和路由的基本配置。

学习目标

知识目标

(1)了解路由技术的作用。

(2)了解路由选择的分类。

(3)掌握静态路由、默认路由、浮动路由的应用。

(4)了解动态路由协议。

技能目标

(1)掌握路由器端口 IP 地址的配置。

(2)掌握路由器直连网络和静态路由的配置。

(3)查看路由表，完成终端默认网关的设置。

素养目标

(1)掌握故障分析和故障排除的方法。

(2)增强团队意识、协作意识和表达能力。

(3)增强创新意识，培养创新思维。

学习准备

在 1 个网络中，其包含的每个终端都有 1 个 IP 地址，该地址是终端在其网络中的唯一标识。当来自世界各地的网络通过 IP 地址互相连接起来之后，就形成当今的互联网。为了实现来自不同区域和不同网段的主机之间的通信，具备路由功能的网络设备就会进行路由选择，将数据转发到不同链路和设备上，这个过程叫网络路由寻址，如图 6-1 所示。

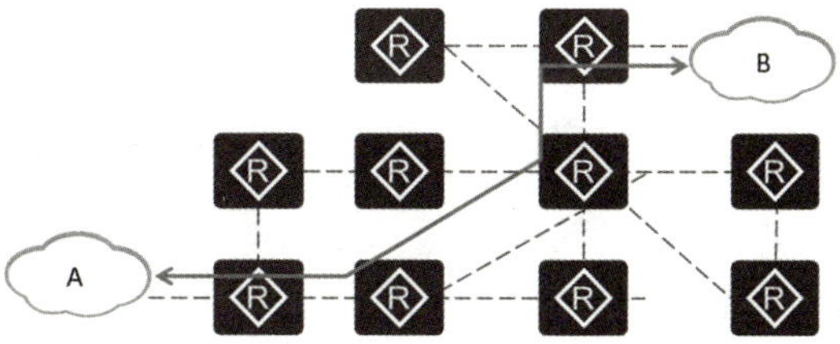

图 6-1 网络路由寻址

在如此多样化的信息应用中，大部分终端设备的通信都处在不同的网络中，而不同网络中的终端之间的通信就需要进行路由选择。在路由选择过程中，路由设备主要完成如下工作：

(1)路由设备会先检查经过本设备的 IP 数据包中的目的地址。

(2)当该数据包的目的地址处于本设备的直连网段的时候，路由设备会从直连网段所在的端口转发该数据包，然后向适当的进程发送被封装的数据包。

(3)当该数据包的目的地址不处于本设备的直连网络的时候，路由设备则需要通过自身的路由表选择一条合适的路径，将该数据包转发到下一跳设备中。需要注意的是，路由设备不会把从本设备到目的网络的整个路径全部标识，而只是标识了到达下一跳的链路方法。

接下来，我们将通过学习 IP 路由的原理和相关配置命令等知识内容，完成对跨网络通信路由选择的应用和部署。

6.1 路由概述

路由是指导 IP 数据包发送的具体路径信息。

在网络中进行路由选择，需要使用到路由器或者其他具备路由功能的网络设备。路由器根据源数据包的目的地址选择一条合适的路径，将该数据包传输到下一跳路由器中。整个传输路径中最后的路由器负责将数据包交送至目的终端或该终端所在的二层交换设备。

数据传输的具体路径是路由器根据自身路由表的信息进行选择的。从理论上来讲，路由器应该会选择一条最优的路径进行数据转发，但现实情况是，由于网络管理人员会根据不同的需求设置相关的路由策略，因此数据转发时的路径选择往往不完全是最优的路径。

6.1.1 路由基本术语

(1) 路由表(routing-table)。路由表是指具有路由功能的网络设备存储的一个类数据库信息表。该表包含特定网络地址的路径信息，即下一跳端口、路由协议类型和路由度量值等相关信息。

(2) 跳数(hops)。IP 数据包在传输过程中将会通过多个路由器，在网络术语中，每经过一个路由器称为一跳。

(3) 路由度量值(metric)。路由度量值通常代表路由距离或者花费值，用来在路由选择时确定最优路径。理论上，该值最小即为最优路径。不同的网络协议规定度量值的方式不同，用到的选项和具体计算的数值也不尽相同。

图 6-2 所示为网络上的主机通过路由表进行路由选择。

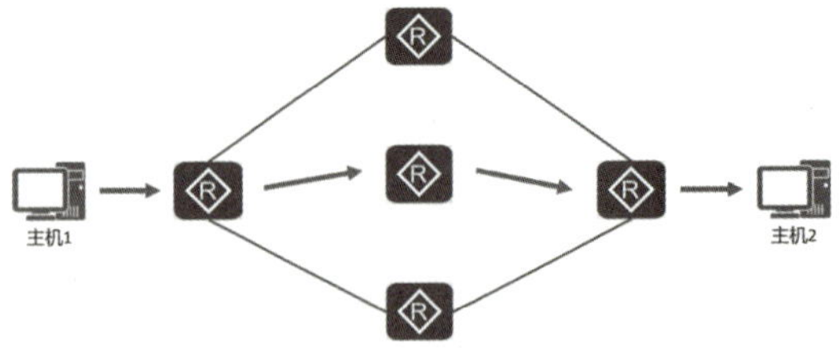

图 6-2 路由选择

6.1.2 路由信息获取方式

路由器依据路由表进行路由转发。为实现路由转发，路由器首先需要获取路由。常见的路由获取方式有如下 3 种。

(1)直连路由：直连端口所在网段的路由，由设备自动生成。

(2)静态路由：由网络管理员手动配置的路由条目。

(3)动态路由：路由器通过动态路由协议(如 OSPF、IS-IS 和 BGP 等)学习到的路由。

6.1.3　直连路由

直连路由指本地直连网络的路由，由设备自动生成。当匹配直连路由进行数据转发时，路由器会查看地址解析协议(address resolution protocol，ARP)表项，将数据直接转到目的地址，此时该路由器为路由转发的最后一跳路由器。

直连路由的目的地址并不是其他设备上的端口地址，因为该路由的目的网段为端口所在网段，本端口就是最后一跳，不需要再转发给下一跳，所以路由表中的目的地址就是端口自身地址。

使用直连路由进行数据转发的过程如图 6-3 所示。

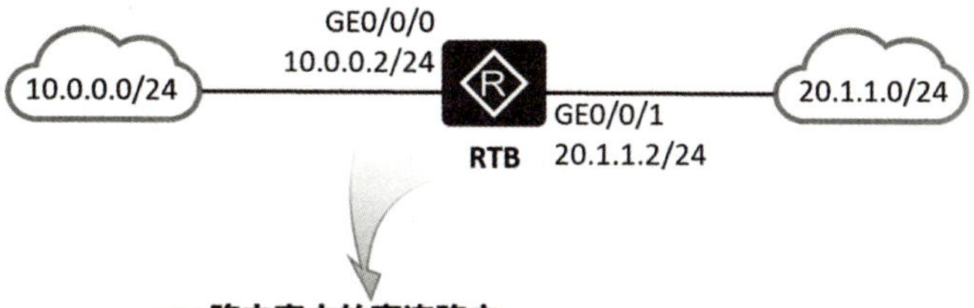

RTB路由表中的直连路由

目的网络	来源	下一跳	出接口
10.0.0.0/24	直连	10.0.0.2/24	GE0/0/0
20.1.1.0/24	直连	20.1.1.2/24	GE0/0/1

图 6-3　直连路由

6.2　静态路由

静态路由指由网络管理员手动配置的路由。静态路由的优点是配置方便，对系统要求低，适用于拓扑结构简单且稳定的小型网络；缺点是不能自动适应网络拓扑的变化，需要人工干预。

静态路由选项包括目的网络地址(destination network)、子网掩码(netmask)以及下一跳地址(next hop)3 部分。如图 6-4 所示，RTA 上转发目的地址为 20.1.1.0/24 的数据包，在只有直连路由的情况下没有路由匹配。此时可以通过手动配置静态路由，使 RTA 发送前往 20.1.1.0/24 网段的数据包交给下一跳 10.0.0.2 转发。

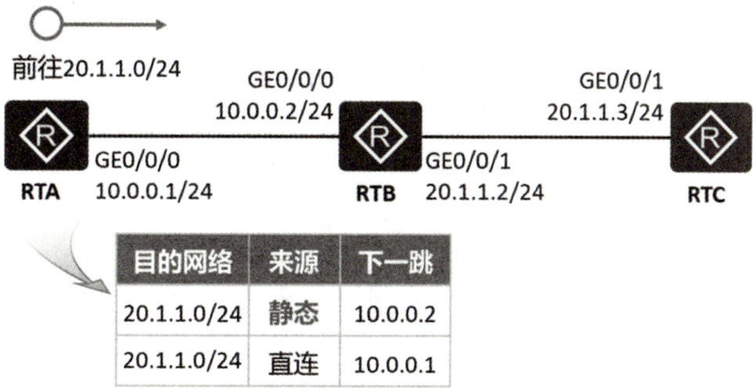

目的网络	来源	下一跳
20.1.1.0/24	静态	10.0.0.2
20.1.1.0/24	直连	10.0.0.1

图 6-4　静态路由

静态路由配置命令的语法和参数如下：

```
[Huawei] ip route-static ip-address {mask | mask-length} {nexthop-address |
interface-type interface-number [ nexthop-address ]} | [ preference preference]
```

参数说明如表 6-1 所示。

表 6-1　ip route-static 参数说明

参数	参数说明	取值
ip-address	指定目的 IP 地址	点分十进制格式
mask	指定 IP 地址的掩码	点分十进制格式
mask-length	指定掩码长度。因为 32 位的掩码要求“1”是连续的，点分十进制格式的掩码可以用掩码长度代替	点分十进制格式
nexthop-address	指定路由下一跳的 IP 地址	整数形式，取值范围是 0～32
interface-type interface-number	指定路由转发数据包的端口类型和端口号	点分十进制格式
preference preference	指定路由转发数据包的端口类型和端口号	—

6.3　默认路由

默认路由是特殊的静态路由，其工作原理与静态路由相似，唯一的不同是默认路由未列出具体的目的网络地址，属于在未明确的情况下指定下一跳的方向。如图 6-5 所示，网段 10.2.1.0/24 的设备发送数据包到任意网络都需通过 RTA 的端口 10.1.1.1/24 进行转发。

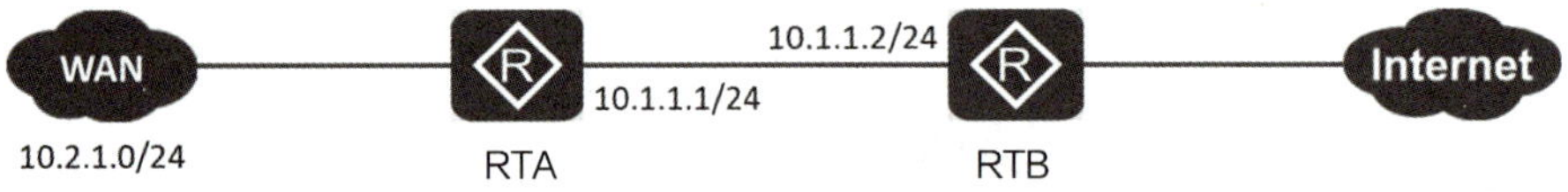

图 6-5　默认路由

在对计算机终端的网络进行设置的过程中，默认路由也是一个必要选项。通常微软操作系统将其称为默认网关。如果终端的默认网关（default gateway）选项是空缺，那么该终端将无法连接互联网。计算机终端以太网默认网关信息如图 6-6 所示。

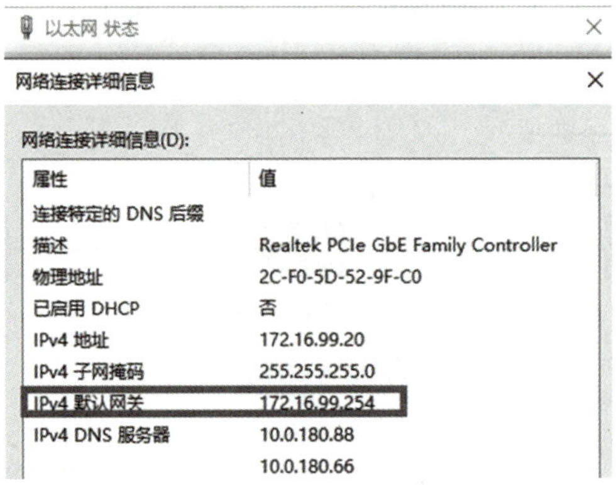

图 6-6　默认网关信息

默认路由一般应用于末端网络，也就是该设备在某个方向上只有 1 个出口路径。通常默认路由被应用于与互联网连接的过程中，当然，在中小型局域网中，一部分二层可管理的网络设备终端，也可以设置默认路由来连接网络控制台，此时，网络管理员需使用 snmp 协议对管辖范围内的设备进行网络管理，二层设备也需要使用 snmp 协议设置默认路由来连接控制台。

因为默认路由中由于未指明具体的目的网络地址，所以路由设备通常会把未明确的目的网络认为是任意网络，使用 0.0.0.0 0.0.0.0 或者 0.0.0.0/0 来标识，如图 6-7 所示。当路由表出现该标识的时候，说明该项目为默认路由信息。

Destination/Mask	Proto	Pre	Cost	Flags	NextHop
0.0.0.0/0	Static	60	0	D	11.1.1.254

图 6-7　默认路由

6.4　浮动路由

浮动路由是指 2 个路由设备之间有 2 条或者多条相同的链路，所以浮动路由也称备份路由。

当路由设备间有两条及以上的相同链路的时候，路由设备是通过路由中的相关选项的值选择具体链路的，该值称为管理距离（administrative distance，AD）。管理距离最小的链路会被当作主链路，其余链路将自动成为备用链路。当主链路出现故障的时候，路由设备会自动切换到备用链路。

如果路由设备需传输的数据太多，且处于主备链路的模式，就会出现主链路端口工作繁忙，而备份链路的端口几乎不参与工作的情况。为了提高设备间各链路工作的均衡性，网络管理员可以为浮动路由配置相同的优先值参数，使管理距离的值相等，以达到链路负载均衡的效果。

6.5　动态路由

在大中型网络中，使用网络管理员手动配置静态路由的方式有多方面的缺点，不但会增加网络管理员的工作量，而且每次网络拓扑结构变化时都需要重新配置相关信息，灵活性很差。

与静态路由不同的是，使用动态路由的设备只需要将自己的信息（链路状态、带宽、端口 IP 地址和自治系统等）公告至网络，其他路由设备就会自动学习并生成路由表。动态路由的分类方式具体有以下几种。

1. 按工作区域分类

动态路由协议按工作的区域可分为内部网关协议（interior gateway protocol，IGP）和外部网关协议（exterior gateway protocol，EGP）两大类。其中 IGP 是指在自治系统（autonomous system）内部使用的路由协议，如 RIP、OSPF、IGRP 等；EGP 是指在自治系统之间使用的路由协议，如 BGP 等。IGP 协议与 EGP 协议如图 6-8 所示。

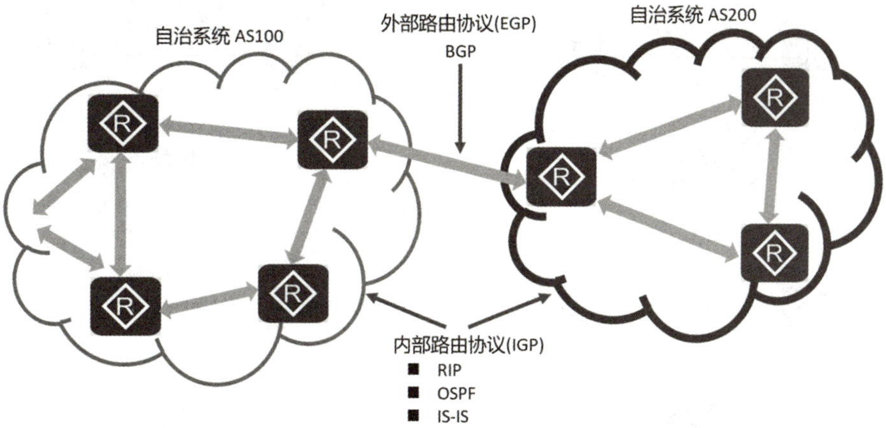

图 6-8　IGP 和 EGP 协议

2. 按工作机制及算法分类

IGP 按照工作机制及算法又可以分为距离矢量路由协议和链路状态路由协议。

1)距离矢量路由协议

运行距离矢量路由协议的路由器周期性泛洪自己的路由表。通过路由的交互,每台路由器都可以从相邻的路由器那里学习到路由,并且加载进自己的路由表中。

对于网络中的所有路由器而言,路由器并不清楚网络的拓扑结构,只是简单的知道要去往某个目的地应前往哪个方向,距离有多远。这即是距离矢量路由协议的本质,如图 6-9 所示。

距离矢量路由协议以“跳数”衡量路由表的优劣,相邻路由器之间会周期性地交换路由信息,并根据距离矢量算法,产生新的路由。常见的距离矢量路由协议有 RIP 协议。需要注意的是,距离矢量路由协议虽然会有产生路由环路和收敛时间长等问题,但是可以通过路由协议中的一些如时间抑制、设置路由器最大跳数等方法抑制这些问题。

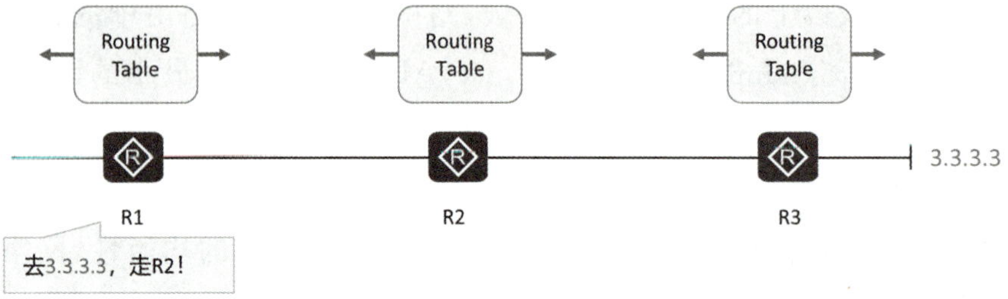

图 6-9　距离矢量路由协议

2)链路状态路由协议

与距离矢量路由协议不同,链路状态路由协议泛洪的是链路状态而不是路由表。运行链路状态路由协议的路由器之间首先会建立一个协议的邻居关系,然后彼此之间开始交互链路状态通告(link state advertisement,LSA)。

每台路由器都会产生 LSA,路由器将接收到的 LSA 放入自己的链路状态数据库(link state data base,LSDB)中。这样路由器就通过 LSDB,掌握了全网的拓扑结构。

每台路由器基于 LSDB,使用最短路径优先(shortest path first,SPF)算法进行计算,得出一棵以自己为根的、无环的并且拥有最短路径的“树”。有了这棵“树”,路由器就会知道到达网络的各个角落的优选路径。

最后,路由器将计算出来的优选路径,加载进自己的路由表(路由信通库 routing information base,RIB)中,如图 6-10 所示。

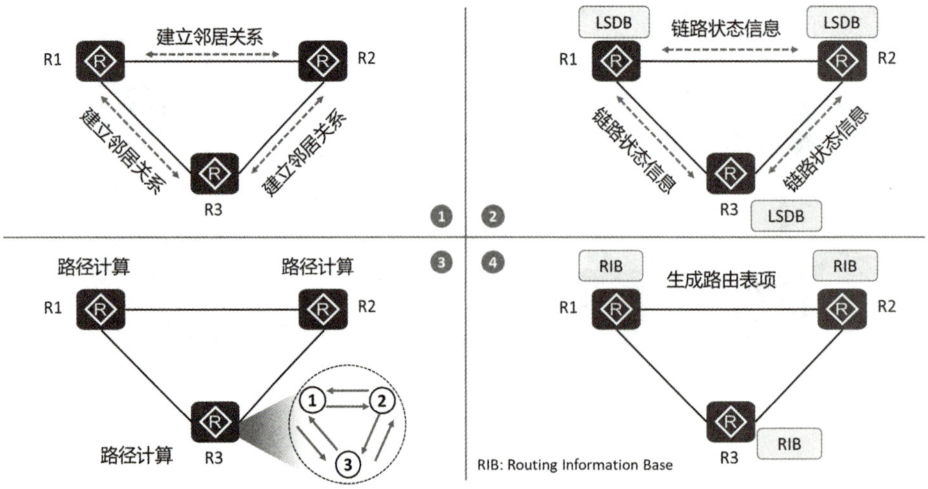

图 6-10　链路状态路由协议

项目实战

项目 6-1　园区网静态路由配置

项目 6-1　园区网静态路由配置

某公司园区网有人事部、市场部和生产中心 3 个子网，公司园区网络拓扑结构如图 6-11 所示。需要满足以下功能。

(1)规划人事部网段为 172.16.1.1/24，市场部网段为 192.168.1.1/24，生产中心网段为 10.1.1.1/24。

(2)为提高网络性能和安全性，部署静态路由协议，让园区网的子网之间能够互相访问。

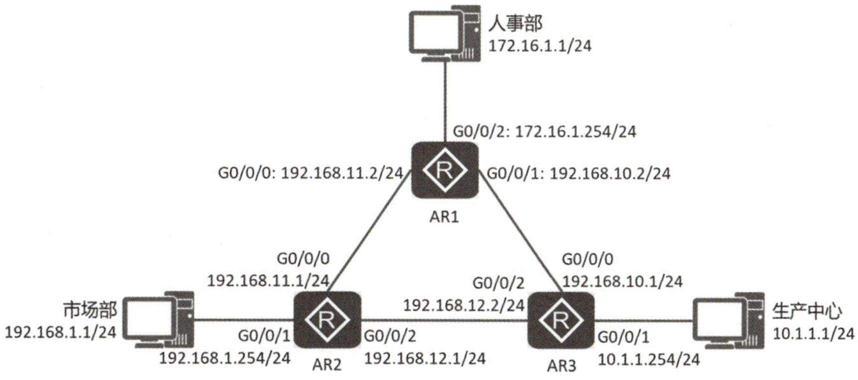

图 6-11　项目 6-1 的网络拓扑结构

项目规划

欲实现上述功能需求，配置思路如下：

(1)设置各个路由器的端口 IP 地址。

(2)根据拓扑端口为各个路由器配置静态路由表。

(3)检查各个路由器的路由表。

(4)为 PC 配置合适的默认网关。

(5)路由器和 PC 之间使用 ICMP 协议进行测试验证。

项目实施

步骤 1：在各个路由器上配置端口 IP 地址。

```
# AR1
<Huawei> sys
[Huawei] undo info-center enable
[Huawei] sysname AR1
[AR1] interface GigabitEthernet 0/0/2
[AR1-GigabitEthernet0/0/2] ip address 172.16.1.254 24
[AR1-GigabitEthernet0/0/2] quit
[AR1] interface GigabitEthernet 0/0/0
[AR1-GigabitEthernet0/0/0] ip address 192.168.11.2 24
[AR1-GigabitEthernet0/0/0] quit
[AR1] interface GigabitEthernet 0/0/1
[AR1-GigabitEthernet0/0/1] ip address 192.168.10.2 24
```

```
# AR2
<Huawei> sys
[Huawei] undo info-center enable
[Huawei] sysname AR2
[AR2] interface GigabitEthernet 0/0/1
[AR2-GigabitEthernet0/0/1] ip address 192.168.1.254 24
[AR2-GigabitEthernet0/0/1] quit
[AR2] interface GigabitEthernet 0/0/0
[AR2-GigabitEthernet0/0/0] ip address 192.168.11.1 24
[AR2-GigabitEthernet0/0/0] quit
[AR2] interface GigabitEthernet 0/0/2
[AR2-GigabitEthernet0/0/2] ip address 192.168.12.1 24
# AR3
<Huawei> sys
[Huawei] undo info-center enable
[Huawei] sysname AR3
[AR3] interface GigabitEthernet 0/0/1
[AR3-GigabitEthernet0/0/1] ip address 10.1.1.254 24
[AR3-GigabitEthernet0/0/1] quit
[AR3] interface GigabitEthernet 0/0/2
[AR3-GigabitEthernet0/0/2] ip address 192.168.12.2 24
[AR3-GigabitEthernet0/0/2] quit
[AR3] interface GigabitEthernet 0/0/0
[AR3-GigabitEthernet0/0/0] ip address 192.168.10.1 24
```

步骤 2:在各个路由器上配置静态路由。

```
# AR1
[AR1] ip route-static 192.168.1.0 24 192.168.11.1
[AR1] ip route-static 10.1.1.0 24 192.168.10.1
# AR2
[AR2] ip route-static 10.1.1.0 24 192.168.12.2
[AR2] ip route-static 172.16.1.0 24 192.168.11.2
# AR3
[AR3] ip route-static 192.168.1.0 24 192.168.12.1
[AR3] ip route-static 172.16.1.0 24 192.168.10.2
```

▷项目验证

(1)检查路由器 AR1 的端口 IP 信息,结果如图 6-12 所示。路由器 AR2 和 AR3 的端口 IP 信息检查方法与其一致(略)。

```
[AR1]display ip interface brief
*down: administratively down
^down: standby
(l): loopback
(s): spoofing
The number of interface that is UP in Physical is 4
The number of interface that is DOWN in Physical is 0
The number of interface that is UP in Protocol is 4
The number of interface that is DOWN in Protocol is 0

Interface                         IP Address/Mask      Physical   Protocol
GigabitEthernet0/0/0              192.168.11.2/24      up         up
GigabitEthernet0/0/1              192.168.10.2/24      up         up
GigabitEthernet0/0/2              172.16.1.254/24      up         up
```

图 6-12 路由器 AR1 端口 IP 信息

(2)检查路由器 AR1 的路由表,结果如图 6-13 所示。路由器 AR2 和 AR3 的路由表查看方法与其一致(略)。

```
[AR1]display ip routing-table
Route Flags: R - relay, D - download to fib
------------------------------------------------------------------------------
Routing Tables: Public
        Destinations : 15       Routes : 15

Destination/Mask    Proto   Pre  Cost      Flags NextHop         Interface

      10.1.1.0/24   Static  60   0          RD   192.168.10.1    GigabitEthernet
0/0/1
      127.0.0.0/8   Direct  0    0           D   127.0.0.1       InLoopBack0
     127.0.0.1/32   Direct  0    0           D   127.0.0.1       InLoopBack0
127.255.255.255/32  Direct  0    0           D   127.0.0.1       InLoopBack0
     172.16.1.0/24  Direct  0    0           D   172.16.1.254    GigabitEthernet
0/0/2
   172.16.1.254/32  Direct  0    0           D   127.0.0.1       GigabitEthernet
0/0/2
   172.16.1.255/32  Direct  0    0           D   127.0.0.1       GigabitEthernet
0/0/2
   192.168.1.0/24   Static  60   0          RD   192.168.11.1    GigabitEthernet
0/0/0
   192.168.10.0/24  Direct  0    0           D   192.168.10.2    GigabitEthernet
0/0/1
```

图 6-13 路由器 AR1 路由表信息

可以看到目的网络地址 10.1.1.0/24 和 192.168.1.0/24 的静态路由都在路由表上。

其中路由表的参数如下:

◆ Destination/Mask 代表目的网络和子网掩码二进制 1 的位数。

◆ Proto 代表路由协议的类型,其中本项目的 Static 代表静态路由。

◆ Pre 代表路由的优先值,60 是默认值。

◆ Cost 代表路由协议的花费值。

◆ NextHop 是该路由表记录的下一跳地址。

◆ Interface 是指该路由表记录的物理端口。

(3)在市场部的 PC 上使用 ICMP 协议,终端使用 ICMP 协议测试结果如图 6-14 所示。验证与人事部和生产中心的 PC 之间的连通性。

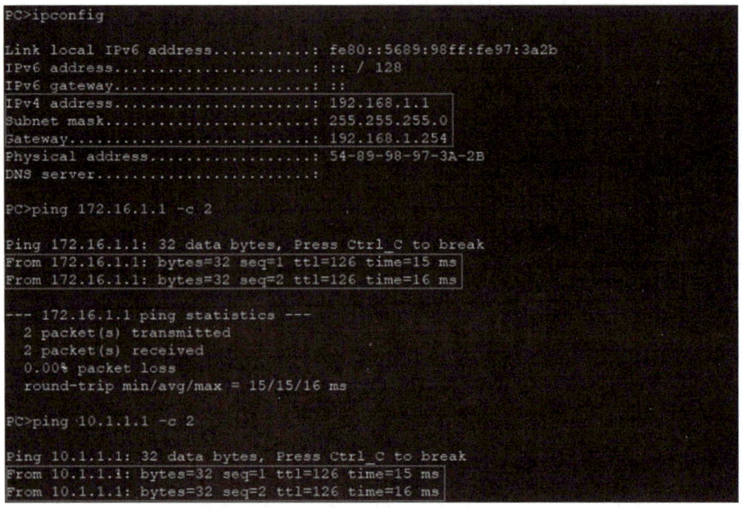

```
PC>ipconfig

Link local IPv6 address...........: fe80::5689:98ff:fe97:3a2b
IPv6 address......................: :: / 128
IPv6 gateway......................: ::
IPv4 address......................: 192.168.1.1
Subnet mask.......................: 255.255.255.0
Gateway...........................: 192.168.1.254
Physical address..................: 54-89-98-97-3A-2B
DNS server........................:

PC>ping 172.16.1.1 -c 2

Ping 172.16.1.1: 32 data bytes, Press Ctrl_C to break
From 172.16.1.1: bytes=32 seq=1 ttl=126 time=15 ms
From 172.16.1.1: bytes=32 seq=2 ttl=126 time=16 ms

--- 172.16.1.1 ping statistics ---
  2 packet(s) transmitted
  2 packet(s) received
  0.00% packet loss
  round-trip min/avg/max = 15/15/16 ms

PC>ping 10.1.1.1 -c 2

Ping 10.1.1.1: 32 data bytes, Press Ctrl_C to break
From 10.1.1.1: bytes=32 seq=1 ttl=126 time=15 ms
From 10.1.1.1: bytes=32 seq=2 ttl=126 time=16 ms
```

图 6-14 终端使用 ICMP 协议测试结果图

项目 6-2 园区网默认路由及浮动路由配置

项目 6-2 园区网默认路由及浮动路由配置

园区网共有 A 部和 B 部 2 个办公地点，用 PC1 和 PC2 表示，它们之间使用路由器互联。两部门的路由器分别为 AR1 和 AR2。为了提高链路的可用性，使所有计算机能够互相访问，路由器需配置默认路由和浮动路由。园区网络拓扑结构如图 6-18 所示，具体要求如下：

（1）路由器之间可以互联。

（2）配置浮动路由，实现当公司 A 部与 B 部互联主链路断开时，可以通过备份链路互联。

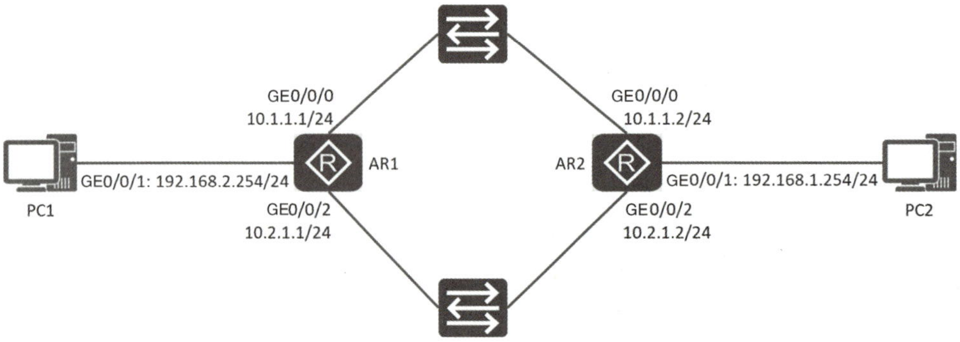

图 6-15 项目 6-2 的拓扑结构图

项目规划

欲实现上述功能需求，配置思路如下：

（1）配置路由器的端口 IP 地址。

（2）为路由器配置默认路由表，并设置浮动路由优先值。

（3）检查各个路由器的路由表。

（4）路由器和 PC 之间使用 ICMP 协议进行测试验证。

（5）断开浮动路由主链路，查看路由表变化，并记录 ICMP 协议数据包的发送情况。

项目实施

步骤 1：在各个路由器上配置端口 IP 地址。

```
#AR1
<Huawei> sys
[Huawei] undo info-center enable
```

```
[Huawei] sysname AR1
[AR1] interface GigabitEthernet 0/0/1
[AR1-GigabitEthernet0/0/1] ip address 192.168.2.254 24
[AR1-GigabitEthernet0/0/1] quit
[AR1] interface GigabitEthernet 0/0/0
[AR1-GigabitEthernet0/0/0] ip address 10.1.1.1 24
[AR1-GigabitEthernet0/0/0] quit
[AR1] interface GigabitEthernet 0/0/2
[AR1-GigabitEthernet0/0/2] ip address 10.2.2.1 24
#AR2
<Huawei> sys
[Huawei] undo info-center enable
[Huawei] sysname AR2
[AR2] interface GigabitEthernet 0/0/1
[AR2-GigabitEthernet0/0/1] ip address 192.168.1.254 24
[AR2-GigabitEthernet0/0/1] quit
[AR2] interface GigabitEthernet 0/0/0
[AR2-GigabitEthernet0/0/0] ip address 10.1.1.2 24
[AR2-GigabitEthernet0/0/0] quit
[AR2] interface GigabitEthernet 0/0/2
[AR2-GigabitEthernet0/0/2] ip address 10.2.2.2 24
```

步骤 2:在各个路由器上配置静态路由,各自都设置两条链路,其中一条链路的 pre 值是默认值,另外一条链路的 pre 值是 100。

```
# AR1
[AR1] ip route-static 0.0.0.0 0.0.0.0 10.1.1.2
[AR1] ip route-static 0.0.0.0 0.0.0.0 10.2.2.2 preference 100
# AR2
[AR2] ip route-static 0.0.0.0 0.0.0.0 10.1.1.1
[AR2] ip route-static 0.0.0.0 0.0.0.0 10.2.2.1 preference 100
```

备注

静态路由(包括默认路由)默认的路由记录优先值(preference)是 60,路由器设置了 2 条相同链路的路由记录,优先值低的链路将作为主链路,剩下的链路为备用链路。

从上面的配置可以看出来,通过 IP 地址 10.1.1.2 跳转的链路是主链路,通过 IP 地址 10.2.2.2 跳转的链路是备用链路。

步骤 3:路由器 AR1 与路由器 AR2 之间的主链路断开时,路由器 AR1 和 AR2 会自动切换到备用链路。

```
[AR1] interface GigabitEthernet 0/0/0
[AR1-GigabitEthernet0/0/0] shutdown
```

项目验证

(1)查看路由器 AR1 和 AR2 的端口 IP 状态,确保配置的端口都处于工作(up)状态,路由器 AR1 的端口 IP 状态如图 6-16 所示,路由器 AR2 的端口 IP 状态如图 6-17 所示。

```
[AR1]display ip interface brief
*down: administratively down
^down: standby
(l): loopback
(s): spoofing
The number of interface that is UP in Physical is 4
The number of interface that is DOWN in Physical is 0
The number of interface that is UP in Protocol is 4
The number of interface that is DOWN in Protocol is 0

Interface                         IP Address/Mask      Physical   Protocol
GigabitEthernet0/0/0              10.1.1.1/24          up         up
GigabitEthernet0/0/1              192.168.2.254/24     up         up
GigabitEthernet0/0/2              10.2.2.1/24          up         up
NULL0                             unassigned           up         up(s)
```

图 6-16 路由器 AR1 的端口 IP 状态

```
[AR2]display ip interface brief
*down: administratively down
^down: standby
(l): loopback
(s): spoofing
The number of interface that is UP in Physical is 4
The number of interface that is DOWN in Physical is 0
The number of interface that is UP in Protocol is 4
The number of interface that is DOWN in Protocol is 0

Interface                         IP Address/Mask      Physical   Protocol
GigabitEthernet0/0/0              10.1.1.2/24          up         up
GigabitEthernet0/0/1              192.168.1.254/24     up         up
GigabitEthernet0/0/2              10.2.2.2/24          up         up
NULL0                             unassigned           up         up(s)
```

图 6-17 路由器 AR2 的端口 IP 状态

(2)查看路由器 AR1 和 AR2 的路由表,路由器使用浮动路由的时候优先值较低的路由记录不会出现在路由表中,当主链路出现故障时候,备用链路会及时出现在路由表中。如图 6-18 所示为主链路正常时 AR1 的路由表查看结果,如图 6-19 所示为主链路正常时 AR2 的路由表查看结果。

```
[AR1]display ip routing-table
Route Flags: R - relay, D - download to fib
------------------------------------------------------------------------------
Routing Tables: Public
         Destinations : 14        Routes : 14

Destination/Mask    Proto   Pre  Cost       Flags NextHop         Interface

        0.0.0.0/0   Static  60   0            RD   10.1.1.2        GigabitEthernet
0/0/0
       10.1.1.0/24  Direct  0    0             D   10.1.1.1        GigabitEthernet
0/0/0
       10.1.1.1/32  Direct  0    0             D   127.0.0.1       GigabitEthernet
0/0/0
```

图 6-18 主链路正常时 AR1 的路由表

```
[AR2]display ip routing-table
Route Flags: R - relay, D - download to fib
------------------------------------------------------------------------------
Routing Tables: Public
         Destinations : 14        Routes : 14

Destination/Mask    Proto   Pre  Cost       Flags NextHop         Interface

        0.0.0.0/0   Static  60   0            RD   10.1.1.1        GigabitEthernet
0/0/0
       10.1.1.0/24  Direct  0    0             D   10.1.1.2        GigabitEthernet
0/0/0
       10.1.1.2/32  Direct  0    0             D   127.0.0.1       GigabitEthernet
0/0/0
```

图 6-19 主链路正常时 AR2 的路由表

(3)用 PC1 来 ping PC2,测试两终端之间的连通性,如图 6-20 所示。

```
PC>ipconfig

Link local IPv6 address...........: fe80::5689:98ff:fee3:1680
IPv6 address......................: :: / 128
IPv6 gateway......................: ::
IPv4 address......................: 192.168.2.1
Subnet mask.......................: 255.255.255.0
Gateway...........................: 192.168.2.254
Physical address..................: 54-89-98-E3-16-80
DNS server........................:

PC>ping 192.168.1.1 -c 2

Ping 192.168.1.1: 32 data bytes, Press Ctrl_C to break
From 192.168.1.1: bytes=32 seq=1 ttl=126 time=47 ms
From 192.168.1.1: bytes=32 seq=2 ttl=126 time=31 ms
```

图 6-20 测试 PC1 与 PC2 的连通性

(4)当分别断开路由器 AR1 和 AR2 的主链路之后,再查看各自的路由表,发现路由表自动切换到备用链路的记录,如图 6-21 所示。

```
[AR1]display ip interface brief
*down: administratively down
^down: standby
(l): loopback
(s): spoofing
The number of interface that is UP in Physical is 3
The number of interface that is DOWN in Physical is 1
The number of interface that is UP in Protocol is 3
The number of interface that is DOWN in Protocol is 1

Interface                        IP Address/Mask      Physical   Protocol
GigabitEthernet0/0/0             10.1.1.1/24          *down      down
GigabitEthernet0/0/1             192.168.2.254/24     up         up
GigabitEthernet0/0/2             10.2.2.1/24          up         up
NULL0                            unassigned           up         up(s)
[AR1]display ip routing-table
Route Flags: R - relay, D - download to fib
------------------------------------------------------------------------------
Routing Tables: Public
         Destinations : 11        Routes : 11

Destination/Mask    Proto   Pre  Cost      Flags NextHop         Interface

        0.0.0.0/0   Static  100  0           RD  10.2.2.2        GigabitEthernet
0/0/2
       10.2.2.0/24  Direct  0    0           D   10.2.2.1        GigabitEthernet
0/0/2
```

图 6-21 路由器 AR2 端口 IP 信息与路由表

(5)PC1 与 PC2 之间的通信也恢复正常,如图 6-22 所示。

```
PC>ping 192.168.1.254 -c 2

Ping 192.168.1.254: 32 data bytes, Press Ctrl_C to break
From 192.168.1.254: bytes=32 seq=1 ttl=254 time=47 ms
From 192.168.1.254: bytes=32 seq=2 ttl=254 time=47 ms
```

图 6-22 终端 PC1 与 PC2 测试结果

单元总结

本单元详细介绍了 IP 路由的基础原理及应用,主要学习了以下知识内容。

(1)为了实现不同网络之间的通信,可以使用静态路由协议。静态路由协议可以通过手动指定目的网络地址和跳转地址来确定路由路径。

(2)静态路由协议中如果没有指定目的网络地址,会默认为到达任意网络都使用相同的路由信息,通常连接 Internet 就是使用这种协议。

(3)静态路由协议在相同的路径上可以设置多个链路,不同的链路可以设置不同的优先值,默认优先值是 60,优先值最小的链路会成为主链路。

巩固练习

一、单选题

1. 下列选项中,(　　)具备有路由功能。

A. 二层交换机　　B. 集线器　　C. 网桥　　D. 路由器

2. IP 数据包的路由选择是工作在 OSI 标准的(　　)。

A. 数据链路层　　B. 物理层　　C. 传输层　　D. 网络层

3. 下列选项中,静态路由的配置语法正确的是(　　)。

A. ip route-static 192.168.10.0 24 192.168.1.254

B. ip routing 192.168.10.0 24 192.168.1.254

C. ip route-static 192.168.10.0 0.0.0.255 192.168.1.254

D. ip routing 192.168.10.0 255.255.255.0 192.168.1.254

4. 路由配置命令 ip route-static 192.168.10.0 24 192.168.1.254 中的 24 代表(　　)。

A. 路由器到目的网络地址 192.168.10.0 一共有 24 跳

B. 目的网络 192.168.10.0 的子网掩码 2 进制的位数

C. 路由协议的优先值是 24

D. 源地址子网掩码二进制位数

5. 下列选项中,(　　)是默认路由的正确配置。

A. ip routing 192.168.10.0 255.255.255.0 192.168.1.254

B. ip route-static 192.168.10.0 255.255.255.0 192.168.1.254

C. ip route-static 0.0.0.0 0.0.0.0 255.255.255.0 192.168.1.254

D. ip routing 0.0.0.0 0.0.0.0 255.255.255.0 192.168.1.254

二、多选题

1. 下列选项中,静态路由的正确配置是(　　)。

A. ip routing 192.168.10.0 255.255.255.0 192.168.1.254

B. ip route-static 192.168.10.0 255.255.255.0 192.168.1.254

C. ip route-static 192.168.10.0 24 192.168.1.254

D. ip route-static 192.168.10.0 255.255.255.0 g0/0/1

2. 以下关于网络技术的描述中,正确选项的是(　　)。

A. 路由协议分为两大类——静态路由和动态路由

B. 静态路由必须包含目的网络地址

C. 三层交换机具备有路由功能

D. 终端只要连接通电的路由器,就能够连接到互联网

3. 路由器与目的网络之间的通信出现故障,(　　)命令可以用来排查第三层数据包的。

A. display ip routing-table　　B. tracert

C. ping　　D. netstat

4. 路由表信息包含(　　)。

A. 目的网络的地址

B. 路由器的跳转端口以及该端口的 IP 地址

C. 目的网络地址的子网掩码信息

D. 每个路由选择的路由协议

5. 以下关于浮动路由说法正确的是(　　)。

A. 当路由的主链路出现故障时,路由选择会自动切换到备份链路

B. 浮动路由具备有链路负载均衡的功能

C. 默认路由选择不能配置浮动路由

D. 浮动路由只是一个特殊的路由,目的地址是 0.0.0.0 0.0.0.0

三、简答题

1. 默认路由与静态路由有何异同?

2. 什么是直连路由,如何产生?

3. 为什么要使用浮动路由技术,应用于什么网络场景?

4. 终端设备的默认网关与静态路由、默认路由技术有什么关联?

单元7 VLAN间通信

单元导航

针对传染性较高的传染病采取隔离防控政策并不是简单地把各区域彻底隔离，为了经济的发展，各隔离区域需要有各种往来。同样，VLAN 技术的最终目的是提高网络质量，并非完全隔绝不同 VLAN 终端之间的通信。本单元主要介绍了实现 VLAN 间通信的单臂路由、三层交换机的工作原理和基本配置方法。

学习目标

知识目标

(1)了解如何实现 VLAN 间通信。

(2)理解单臂路由的工作原理。

(3)理解三层交换的工作原理。

(4)了解报文三层转发的过程。

技能目标

(1)具备根据具体情况规划局域网网段的能力。

(2)具备编写网段和 VLAN-ID 关系文档的能力。

(3)能使用路由器(物理端口和子端口)实现 VLAN 间通信。

(4)能使用三层交换机实现 VLAN 间通信。

素养目标

(1)培养认真负责、严谨细致的工作态度和工作作风。

(2)增强创新意识，培养创新思维。

(3)培养分析故障和排除故障的能力。

学习准备

我们知道，在园区网中，为了优化网络质量和方便网络管理，通常会根据设备终端的所属部门和使用功能等将其划分为多个不同的小组。每个小组都会设置在一个 VLAN 中，因为一个 VLAN 是一个广播域，所以处在同一 VLAN 下的设备是可以直接通信的，但是属于不同 VLAN 的设备却无法互访。

VLAN 技术的目的是减少网络中存在的多余广播数据包，提高网络质量，并非隔绝不同 VLAN 内终端之间的通信，因为在现实生活中，不同 VLAN 之间存在着相互访问的需求。

那么如何实现不同 VLAN 间的通信呢？不同 VLAN 间需要通过三层通信实现互访，而三层通信需要三层设备。如图 7-1 所示，可以将二层交换机与路由器的三层端口互联，由三层设备进行路由转发来实现不同 VLAN 间的通信。

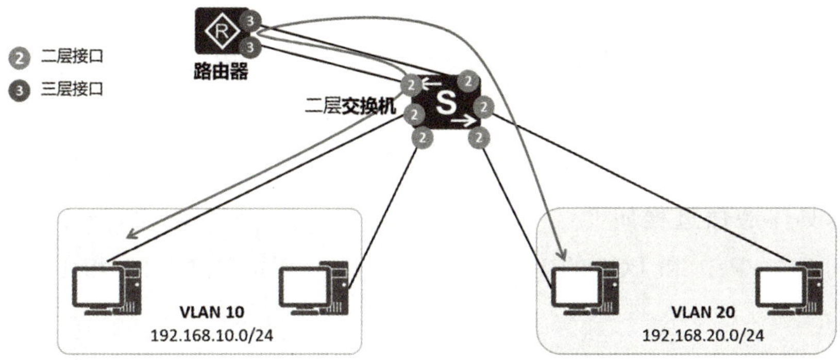

图 7-1　不同 VLAN 间的通信

当前主流的三层设备主要有路由器和三层交换机两大类，使用这两种设备会出现以下两个问题。

（1）默认情况下，路由器的每个物理端口可以配置一个 IP 地址，但是由于交换机的 VLAN 数量高达 4094 个，路由器端口的数量不足以连接这么多的 VLAN，并实现 VLAN 间的通信，因此需要使用其他技术来解决这个问题。

（2）三层交换机的端口都是交换端口，交换端口只有二层数据帧的转发能力，并不具备 IP 数据包的转发能力，那么三层交换机通过什么技术实现 IP 数据包的转发呢？

接下来，我们将通过学习多臂路由、单臂路由和三层交换机等知识，实现不同应用场景下 VLAN 之间的通信。

7.1　VLAN 虚拟端口

VLAN 虚拟（VLANIF）端口，就是通常所说的 VLAN 逻辑端口，也叫作逻辑三层端口或三层端口，这种端口支持 VLAN Tag 的剥离和添加，因此可以通过 VLANIF 端口实现 VLAN 间的通信。与常见的交换机上的以太网端口和光模块端口不同的是，VLANIF 端口不是物理上真实存在的。虽然 VLANIF 端口是虚拟的，但是这类端口却可以设置三层的 IP 地址，并作为主机的网关 IP 地址来使用，如图 7-2 所示。

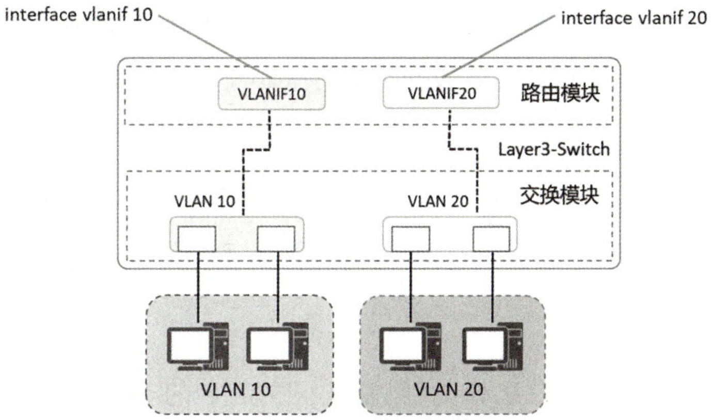

图 7-2　VLANIF 端口

VLANIF 端口的配置命令为：

```
[Huawei] interface vlanif vlan-id         # 用于创建 VLANIF 端口并进入 VLANIF 端口视图
[Huawei] undo interface vlanif vlan-id    # 用于删除 VLANIF 端口
```

其中，vlan-id 参数表示与 VLANIF 端口相关联的 VLAN 编号，其取值范围为 1～4094。

7.2 三层通信过程

二层交换机的通信使用了二层转发技术，该技术主要基于 OSI 的数据链路层的数据帧和存储技术，根据交换机记录的 MAC 地址和交换机物理端口的对应关系进行数据转发。

三层通信的数据转发，主要依靠网络设备的 IP 数据包来进行转发，它根据源 IP 地址和目的 IP 地址进行数据通信，具体通信过程如下：

(1)PC1 要访问 PC2，PC1 和 PC2 的 IP 地址分别是 192.168.1.10/24 和 192.168.2.10/24，如图 7-3 所示。

(2)PC1 检查数据包的目的 IP 地址，若发现和自己不在同一网段，则需要进行三层转发，通过路由器转发报文信息，如图 7-4 所示。

图 7-3　数据通信实例

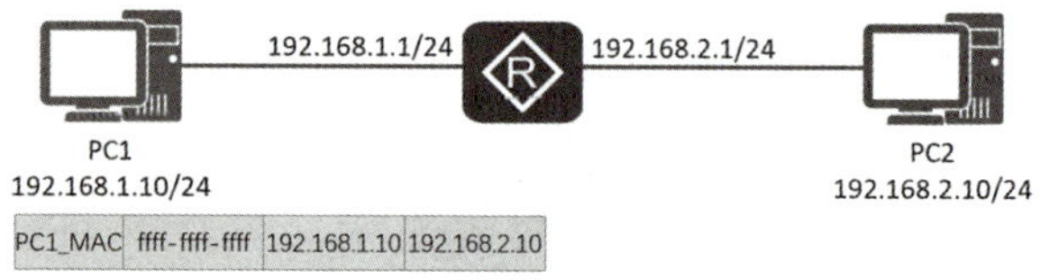

图 7-4　查找目标地址

(3)PC1 检查自己的 ARP 表，发现路由器的 MAC 地址不在自己的 ARP 表里，如图 7-5 所示。

(4)PC1 找不到目标地址的 MAC 信息，因此向路由器发出 ARP 请求报文，如图 7-6 所示。

图 7-5　主机检查 MAC 表

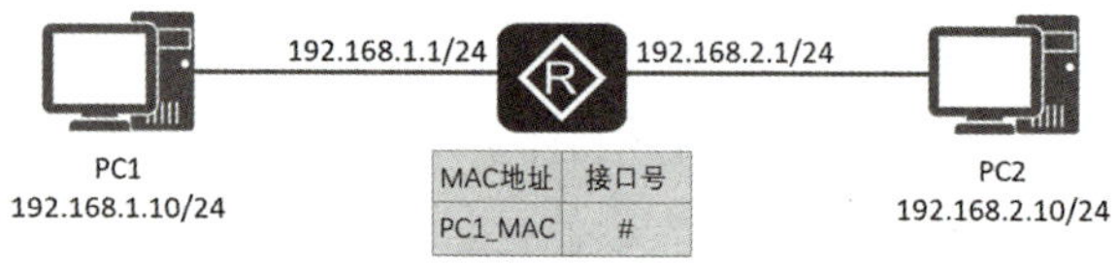

图 7-6　主机向路由发 ARP 请求

(5)路由器将 PC1 的 MAC 地址写入自己的 ARP 表，再向 PC1 发出 ARP 应答报文，如图 7-7 所示。

(6)PC1 学习到路由器的 MAC 地址，发出报文，此时源 IP 地址、目的 IP 地址不变，目的 MAC 地址变成路由器的 MAC 地址，PC1 向路由器发出数据包，如图 7-8 所示。

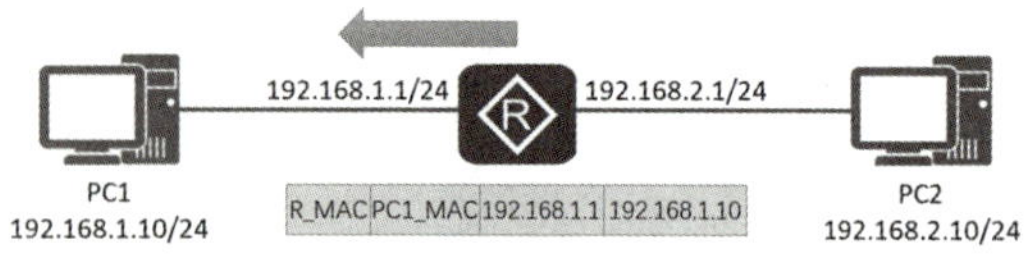

图 7-7　路由器向 PC1 发 ARP 应答

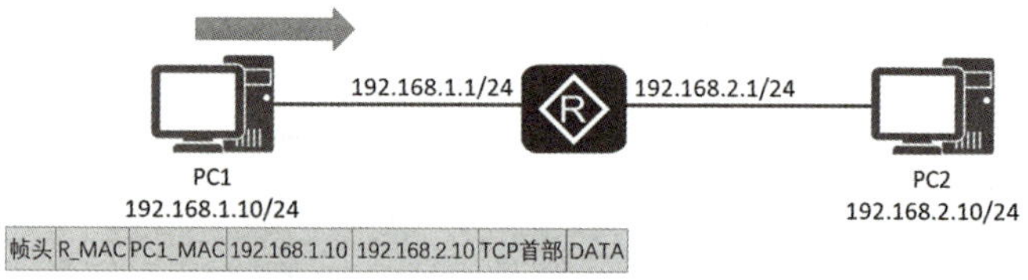

图 7-8　PC1 向路由器发出数据包

(7)路由器收到数据包，发现是三层报文(原因是报文的目的 MAC 是自己的 MAC)。路由器检查自己的路由表，发现目的 IP 是自己的直连网段，如图 7-9 所示。

(8)路由器检查自己的 ARP 表，如果发现有与目的 IP 对应的 MAC 地址则直接封装数据包(目的 IP 和源 IP 不变，目的 MAC 为查 ARP 表所得 MAC)发送给 PC2；如果查 ARP 表没有得到与目的 IP 对应 MAC，则向 PC2 发 ARP 请求报文，如图 7-10 所示。

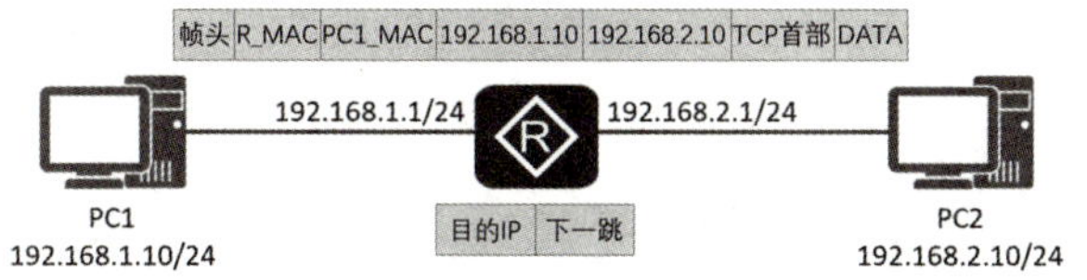

图 7-9 路由器发现数据包的目的地址是直连网段

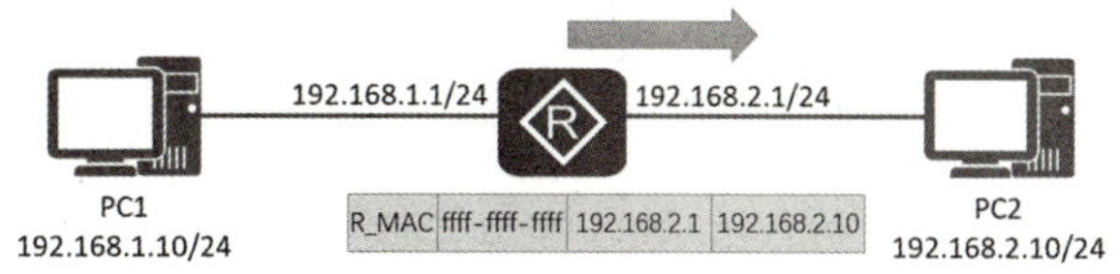

图 7-10 路由器向 PC2 发 ARP 请求报文

(9)PC2 收到 ARP 请求报文后，发现目的 IP 是自己的 IP，于是给路由器发送 ARP 应答报文。报文中会附上自己的 MAC 地址。路由器收到应答报文后，将数据包的目的 MAC 地址改为 PC2 的 MAC 地址，然后向 PC2 发送该数据包，如图 7-11 所示。

(10)路由器收到 PC2 的数据包后，向 PC1 进行转发，整个通信结束，如图 7-12 所示。

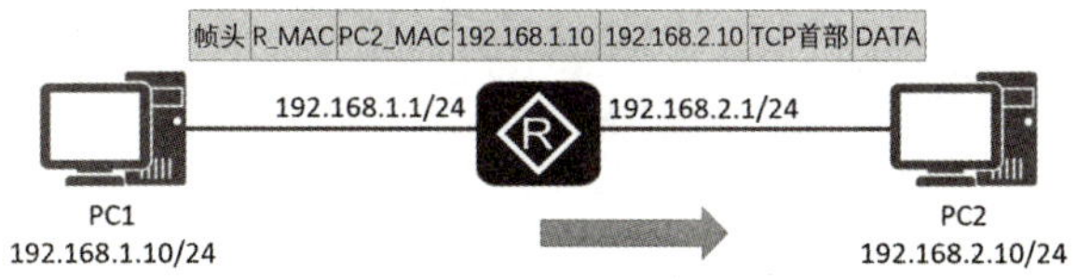

图 7-11 路由器转发数据包至 PC2

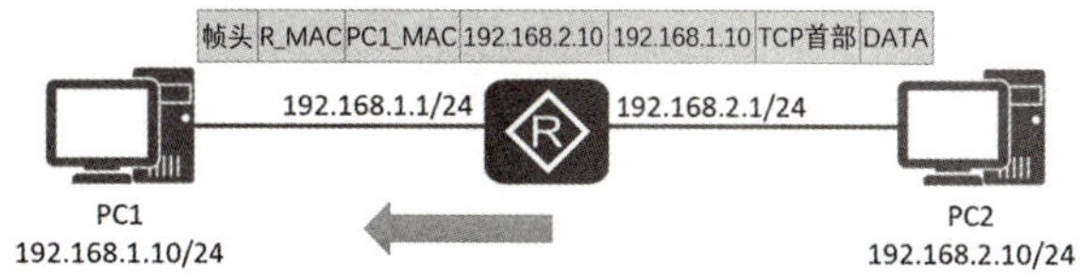

图 7-12 路由器转发数据包至 PC1

7.3 路由器实现 VLAN 间通信

1. 多臂路由

多臂路由是指路由器的每个端口都可以设置一个 IP 地址，并将路由器的每个物理端口作为一个 VLAN 的跳转地址。在早期网络连接中，这种方式是较为方便的，所以早期经常使用到这种技术。随着网络应用越来越广泛，通过划分 VLAN 来进行网络管理也越来越普遍，当一个网络出现几百甚至几千个 VLAN 的时候，多臂路由的模式就无法适应了，因为路由器没有那么多的物理端口可使用。

2. 单臂路由

单臂路由是指将路由器和交换机相连，使用 802.1Q 协议启动路由器上的逻辑子端口，让其成为干道模式，以达到利用路由器来实现不同 VLAN 间通信的目的。单臂路由的结构如图 7-13 所示。

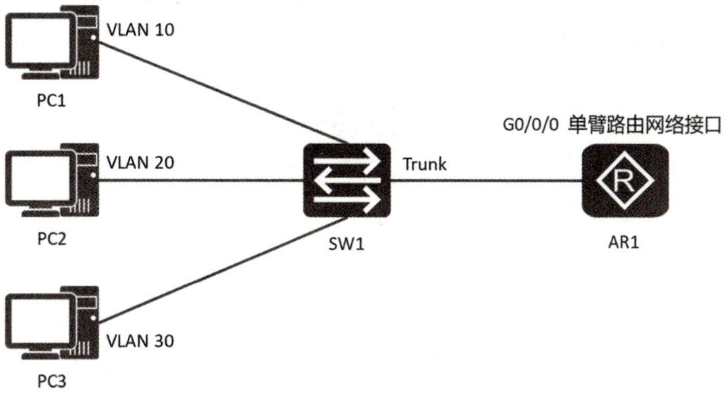

图 7-13 单臂路由的结构

一般交换机支持 VLAN 的 PVID 数是 4 096 个，为了可以用足够少的路由器实现不同 VLAN 的连接，就出现了物理端口的逻辑子端口。实际应用中，主流路由器的物理端口也都可以支持 4 096 个逻辑子端口，与交换机的 VLAN 数目完全一致。

以图 7-13 所示的网络拓扑为例，说明单臂路由的配置过程如下：

(1)确定接入层交换机需要配置的 VLAN 个数，并将端口划分到相应 VLAN 中。

```
[HUAWEI-SW] vlan batch 10 20 30
```

(2)设置交换机与路由器之间链路的端口属性。由于存在多个 VLAN 数据的转发,所以需要将端口设为 Trunk 属性,并放行各个 VLAN 的数据包。

```
[HUAWEI-SW-GigabitEthernet0/0/1] port link-type trunk
[HUAWEI-SW-GigabitEthernet0/0/1] port trunk allow-pass vlan 10 20 30
```

(3)路由器启动单臂路由。根据交换机实际 VLAN 的数目设置对应的逻辑子端口,每个逻辑子端口封装与其对应 VLAN 关联的协议并配置 IP 地址。下面以 VLAN 10 为例进行说明,其他 VLAN 的配置相似。

```
[HUAWEI-route] interface GigabitEthernet 0/0/0.1
[HUAWEI-route-GigabitEthernet0/0/0.1] dot1q termination vid 10
[HUAWEI-route-GigabitEthernet0/0/0.1] ip address 192.168.10.254 24
```

7.4 三层交换机实现 VLAN 间通信

虽然单臂路由可以实现多个 VLAN 间的通信,但也存在以下不足之处。

(1)单臂路由受限于端口的带宽,在转发数据时会出现拥挤现象。

(2)单臂路由使用软件转发数据,转发速率比采用硬件转发的交换机慢。

默认情况下,交换机工作在 OSI 的第二层,所以一般所说的交换机都是指二层交换机,而三层交换机,是指具有路由功能的交换机。

三层交换机将二层交换机和路由器的优点有机结合起来,可以在各个层次提供快速转发的功能。在一台三层交换机中,内置了交换模块和路由模块,当处理不同 VLAN 终端通信的时候,属于交换机内部连接的路由模块与交换模块能够提供更大的带宽,从而提高数据转发的速率。

举个例子:某局域网有 VLAN 2 和 VLAN 3 两个不同的分区,分别属于网段 192.168.2.0/24 和网段 192.168.3.0/24。它们如果使用普通的二层交换机是无法直接通信的,因为 VLAN 会隔离二层以下的数据包;但如果连接到三层交换机,就可以通过三层交换机所属的 VLAN 2 和 VLAN 3 的 IP 作为默认网关,进行 IP 数据包交换,如图 7-14 所示。

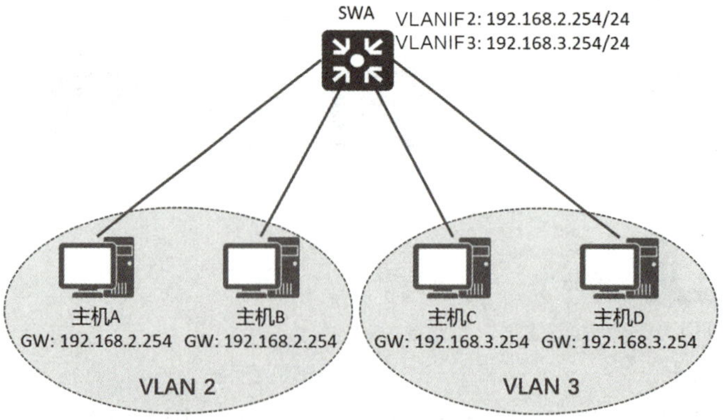

图 7-14 三层交换机实现不同 VLAN 通信

以图 7-14 所示的网络拓扑结构为例,利用三层交换机实现不同 VLAN 间通信的过程如下:

(1)在三层交换机上创建 VLAN 2 和 VLAN 3。

```
[HUAWEI] vlan batch 2 3
```

(2)将三层交换机的物理端口 G0/0/1 设置为 access 属性,并划分到 VLAN 2。

```
[HUAWEI] interface GigabitEthernet 0/0/1
[HUAWEI-GigabitEthernet0/0/1] port link-type access
[HUAWEI-GigabitEthernet0/0/1] port default vlan 2
```

(3)创建 VLANIF 2 端口,并配置 IP 地址。

```
[HUAWEI] interface vlanif 2
[HUAWEI-Vlanif2] ip address 192.168.2.254 24
```

拓展阅读

信息通信网络机务员职业守则:

(1)爱岗敬业,忠于职守,持续学习,高效工作。

(2)工匠精神,积极进取,精通业务,保证质量。

(3)礼貌待人,尊重客户,热情服务,耐心周到。

(4)遵守通信纪律,严守通信秘密。

(5)维护企业与客户的正当利益。

(6)遵纪守法,讲求信誉,文明生产。

项目实战

项目 7-1 园区网单臂路由配置

项目 7-1 园区网单臂路由配置

某公司园区网有人事部、市场部和生产中心 3 个子网,其拓扑结构如图 7-15 所示,需要满足以下功能。

(1)不同子网使用不同 VLAN 进行隔离。人事部为 VLAN 10,网段为 192.168.10.0/24;市场部为 VLAN 20,网段为 192.168.20.0/24;生产中心为 VLAN 30,网段为 192.168.30.0/24。

(2)部署单臂路由实现不同子网间的相互通信。

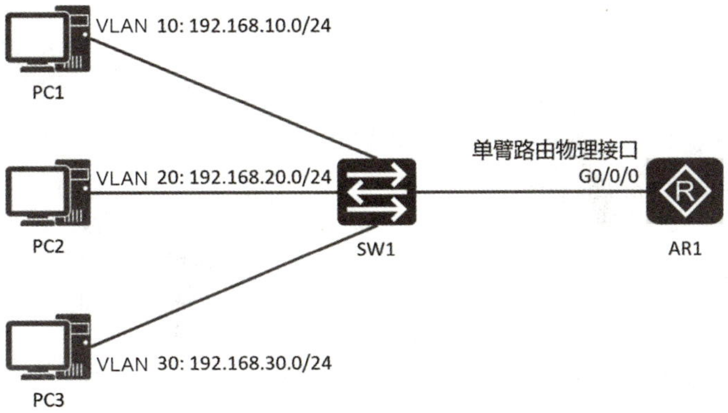

图 7-15 项目 7-1 的网络拓扑结构

项目规划

欲实现上述功能需求,配置思路如下:

(1)在接入层交换机(SW1)上创建相应 VLAN。

(2)在 SW1 上将端口划分到相应的 VLAN 中,并配置与路由器相连的端口为 trunk 属性。

(3)在路由器 AR1 上配置对应 VLAN 的逻辑子端口,封装协议和配置 IP 地址。

(4)为 PC 配置 IP 地址和默认网关。

(5)在路由器和 PC 之间使用 ICMP 协议进行测试验证。

项目实施

步骤 1:将 SW1 的端口 E0/0/1、E0/0/2、E0/0/3 分别划分到 VLAN 10、VLAN 20 和 VLAN 30 中,并将端口属性设置为 access;SW1 与路由器 AR1 相连的端口 G0/0/1 设置为 trunk 属性,并允许 VLAN 10、VLAN 20 和 VLAN 30 的数据通过。

```
[Huawei] undo info-center enable
[Huawei] sysname SW1
[SW1] vlan batch 10 20 30
[SW1] interface Ethernet 0/0/1
[SW1-Ethernet0/0/1] port link-type access
[SW1-Ethernet0/0/1] port default vlan 10
[SW1-Ethernet0/0/1] quit
[SW1] interface Ethernet 0/0/2
[SW1-Ethernet0/0/2] port link-type access
[SW1-Ethernet0/0/2] port default vlan 20
[SW1-Ethernet0/0/2] quit
[SW1] interface Ethernet 0/0/3
[SW1-Ethernet0/0/3] port link-type access
[SW1-Ethernet0/0/3] port default vlan 30
[SW1-Ethernet0/0/3] quit
[SW1] interface GigabitEthernet 0/0/1
[SW1-GigabitEthernet0/0/1] port link-type trunk
[SW1-GigabitEthernet0/0/1] port trunk allow-pass vlan 10 20 30
[SW1-GigabitEthernet0/0/1] quit
```

步骤 2:在路由器 AR1 上创建逻辑子端口 G0/0/0.1、G0/0/0.2 和 G0/0/0.3,配置 IP 地址,启动 VID 封装以及 ARP 广播。

```
[Huawei] undo info-center enable
[Huawei] sysname AR1
[AR1] interface GigabitEthernet 0/0/0.1
[AR1-GigabitEthernet0/0/0.1] dot1q termination vid 10
[AR1-GigabitEthernet0/0/0.1] ip address 192.168.10.254 24
[AR1-GigabitEthernet0/0/0.1] arp broadcast enable
[AR1-GigabitEthernet0/0/0.1] quit
[AR1] interface GigabitEthernet 0/0/0.2
[AR1-GigabitEthernet0/0/0.2] dot1q termination vid 20
[AR1-GigabitEthernet0/0/0.2] ip address 192.168.20.254 24
[AR1-GigabitEthernet0/0/0.2] arp broadcast enable
[AR1-GigabitEthernet0/0/0.2] quit
[AR1] interface GigabitEthernet 0/0/0.3
[AR1-GigabitEthernet0/0/0.3] dot1q termination vid 30
[AR1-GigabitEthernet0/0/0.3] ip address 192.168.30.254 24
[AR1-GigabitEthernet0/0/0.3] arp broadcast enable
[AR1-GigabitEthernet0/0/0.3] quit
```

▷项目验证

(1)查看交换机 SW1 的 VLAN 配置,如图 7-16 所示。

```
[SW1]display port vlan
Port                      Link Type    PVID  Trunk VLAN List
-------------------------------------------------------------------
Ethernet0/0/1             access       10    -
Ethernet0/0/2             access       20    -
Ethernet0/0/3             access       30    -
Ethernet0/0/4             hybrid       1     -
Ethernet0/0/5             hybrid       1     -
Ethernet0/0/6             hybrid       1     -
Ethernet0/0/7             hybrid       1     -
Ethernet0/0/8             hybrid       1     -
Ethernet0/0/9             hybrid       1     -
Ethernet0/0/10            hybrid       1     -
Ethernet0/0/11            hybrid       1     -
Ethernet0/0/12            hybrid       1     -
Ethernet0/0/13            hybrid       1     -
Ethernet0/0/14            hybrid       1     -
Ethernet0/0/15            hybrid       1     -
Ethernet0/0/16            hybrid       1     -
Ethernet0/0/17            hybrid       1     -
Ethernet0/0/18            hybrid       1     -
Ethernet0/0/19            hybrid       1     -
Ethernet0/0/20            hybrid       1     -
Ethernet0/0/21            hybrid       1     -
Ethernet0/0/22            hybrid       1     -
GigabitEthernet0/0/1      trunk        1     1 10 20 30
GigabitEthernet0/0/2      hybrid       1     -
```

图 7-16　交换机 SW1 的端口所属 VLAN 信息

(2)查看路由器 AR1 的端口 IP 信息及状态,如图 7-17 所示。

```
[AR1]display ip interface brief
*down: administratively down
^down: standby
(l): loopback
(s): spoofing
The number of interface that is UP in Physical is 5
The number of interface that is DOWN in Physical is 2
The number of interface that is UP in Protocol is 4
The number of interface that is DOWN in Protocol is 3

Interface                          IP Address/Mask      Physical   Protocol
GigabitEthernet0/0/0               unassigned           up         down
GigabitEthernet0/0/0.1             192.168.10.254/24    up         up
GigabitEthernet0/0/0.2             192.168.20.254/24    up         up
GigabitEthernet0/0/0.3             192.168.30.254/24    up         up
GigabitEthernet0/0/1               unassigned           down       down
```

图 7-17　路由器 AR1 的端口 IP 信息

(3)测试 PC1 与 PC2、PC3 之间的连通性,如图 7-18 所示。

```
PC>ipconfig

Link local IPv6 address...........: fe80::5689:98ff:fe82:5a2c
IPv6 address......................: :: / 128
IPv6 gateway......................: ::
IPv4 address......................: 192.168.10.1
Subnet mask.......................: 255.255.255.0
Gateway...........................: 192.168.10.254
Physical address..................: 54-89-98-82-5A-2C
DNS server........................:

PC>ping 192.168.20.1 -c 2

Ping 192.168.20.1: 32 data bytes, Press Ctrl_C to break
From 192.168.20.1: bytes=32 seq=1 ttl=127 time=63 ms
From 192.168.20.1: bytes=32 seq=2 ttl=127 time=63 ms

--- 192.168.20.1 ping statistics ---
  2 packet(s) transmitted
  2 packet(s) received
  0.00% packet loss
  round-trip min/avg/max = 63/63/63 ms

PC>ping 192.168.30.1 -c 2

Ping 192.168.30.1: 32 data bytes, Press Ctrl_C to break
From 192.168.30.1: bytes=32 seq=1 ttl=127 time=79 ms
From 192.168.30.1: bytes=32 seq=2 ttl=127 time=93 ms
```

图 7-18　PC1 与 PC2、PC3 之间的连通性测试

项目 7-2　园区网三层交换不同 VLAN 转发配置

项目 7-2　园区网三层交换不同 VLAN 转发配置

某公司园区网有人事部、市场部和生产中心 3 个子网，其拓扑结构如图 7-19 所示，需要满足以下功能。

(1)不同子网使用不同 VLAN 进行隔离。人事部为 VLAN 10，网段为 192.168.10.254/24；市场部为 VLAN 20，网段为 192.168.20.254/24；生产中心为 VLAN 30，网段为 192.168.30.254/24。

(2)使用三层交换机实现不同部门间通过 IP 数据包转发通信。

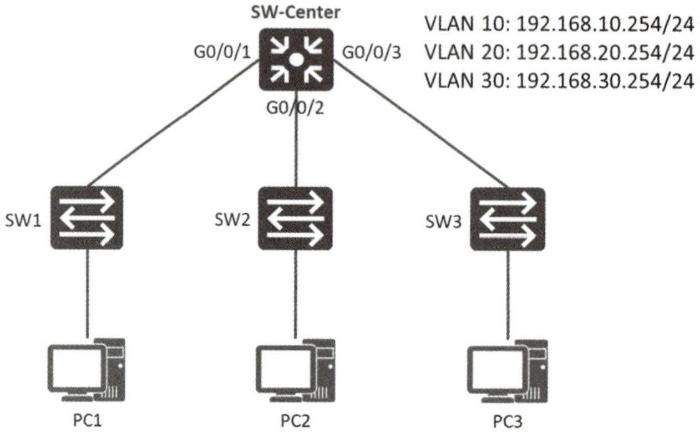

图 7-19　项目 7-2 的网络拓扑结构

项目规划

欲实现上述功能需求，配置思路如下。

(1)在三层交换机(SW-center)上创建 VLAN，将对应端口划分到相应 VLAN 中。

(2)为三层交换机配置各个 VLANIF 端口的 IP 地址。

(3)为 PC 端配置 IP 地址和默认网关。

(4)路由器和 PC 之间使用 ICMP 协议进行测试验证。

项目实施

步骤 1：在 SW-center 上创建 VLAN 10、VLAN 20 和 VLAN 30，并将相应端口划分到对应 VLAN 中。

```
[Huawei] undo info-center enable
[Huawei] sysname SW-center
[SW-center] vlan batch 10 20 30
[SW-center] interface GigabitEthernet 0/0/1
[SW-center-GigabitEthernet0/0/1] port link-type access
[SW-center-GigabitEthernet0/0/1] port default vlan 10
[SW-center-GigabitEthernet0/0/1] quit
[SW-center] interface GigabitEthernet 0/0/2
[SW-center-GigabitEthernet0/0/2] port link-type access
[SW-center-GigabitEthernet0/0/2] port default vlan 20
[SW-center-GigabitEthernet0/0/2] quit
[SW-center] interface GigabitEthernet 0/0/3
[SW-center-GigabitEthernet0/0/3] port link-type access
[SW-center-GigabitEthernet0/0/3] port default vlan 30
[SW-center-GigabitEthernet0/0/3]quit
```

步骤 2:创建 VLANIF 10、VLANIF 20 和 VLANIF 30 端口,并配置 IP 地址。

```
[SW-center] interface vlanif 10
[SW-center-Vlanif10] ip address 192.168.10.254 24
[SW-center-Vlanif10] quit
[SW-center] interface vlanif 20
[SW-center-Vlanif20] ip address 192.168.20.254 24
[SW-center-Vlanif20] quit
[SW-center] interface vlanif 30
[SW-center-Vlanif30] ip address 192.168.30.254 24
[SW-center-Vlanif30]quit
```

项目验证

(1)查看三层交换机 SW-center 的 VLAN 信息,如图 7-20 所示。

```
[SW-center]display port vlan
Port                    Link Type    PVID  Trunk VLAN List
-------------------------------------------------------------------------------
GigabitEthernet0/0/1    access       10    -
GigabitEthernet0/0/2    access       20    -
GigabitEthernet0/0/3    access       30    -
GigabitEthernet0/0/4    hybrid       1     -
```

图 7-20　三层交换机端口 PVID

(2)查看三层交换机 VLAN 端口的 IP 信息及状态,如图 7-21 所示。

```
[SW-center]display ip interface brief
*down: administratively down
^down: standby
(l): loopback
(s): spoofing
The number of interface that is UP in Physical is 4
The number of interface that is DOWN in Physical is 2
The number of interface that is UP in Protocol is 4
The number of interface that is DOWN in Protocol is 2

Interface                         IP Address/Mask      Physical   Protocol
MEth0/0/1                         unassigned           down       down
NULL0                             unassigned           up         up(s)
Vlanif1                           unassigned           down       down
Vlanif10                          192.168.10.254/24    up         up
Vlanif20                          192.168.20.254/24    up         up
Vlanif30                          192.168.30.254/24    up         up
```

图 7-21　三层交换机 VLANIF 端口 IP 状态

(3)使用 ICMP 协议测试 PC1 与 PC2、PC3 之间的连通性,如图 7-22 所示。

```
PC>ipconfig

Link local IPv6 address...........: fe80::5689:98ff:feb3:6930
IPv6 address......................: :: / 128
IPv6 gateway......................: ::
IPv4 address......................: 192.168.10.1
Subnet mask.......................: 255.255.255.0
Gateway...........................: 192.168.10.254
Physical address..................: 54-89-98-B3-69-30
DNS server........................:

PC>ping 192.168.20.1 -c 2

Ping 192.168.20.1: 32 data bytes, Press Ctrl_C to break
From 192.168.20.1: bytes=32 seq=1 ttl=127 time=79 ms
From 192.168.20.1: bytes=32 seq=2 ttl=127 time=78 ms

--- 192.168.20.1 ping statistics ---
  2 packet(s) transmitted
  2 packet(s) received
  0.00% packet loss
  round-trip min/avg/max = 78/78/79 ms

PC>ping 192.168.30.1 -c 2

Ping 192.168.30.1: 32 data bytes, Press Ctrl_C to break
From 192.168.30.1: bytes=32 seq=1 ttl=127 time=78 ms
From 192.168.30.1: bytes=32 seq=2 ttl=127 time=62 ms
```

图 7-22　终端之间 ICMP 测试情况

单元总结

本单元详细介绍了 VLAN 间通信的方法、工作原理及应用，主要学习了以下知识内容。

(1)交换机的 VLAN 的主要作用是隔离广播域，缩小广播域的范围，从而提高网络质量，并非让不同 VLAN 之间无法通信。

(2)有多种方法可以实现不同 VLAN 间的通信，主要使用的有单臂路由技术和三层交换机技术。

(3)使用三层交换机实现不同 VLAN 间数据转发的效率会比路由器的单臂路由数据转发的效率更高，三层交换机技术是目前主流的用来实现 VLAN 间通信的技术。

巩固练习

1. 关于单臂路由的描述，以下选项正确的是(　　)。

A. 路由器的每个物理端口只能支持一个 VLAN 的数据

B. 路由器的每个物理端口可以设置多个逻辑子端口，每个子端口支持一个 VLAN

C. 路由器的端口把不同的 VLAN 的终端合并为一个广播域

D. 路由器的每个物理端口只能支持 1024 个 VLAN

2. 以下命令中，进入路由器的逻辑子端口模式的正确配置是(　　)。

A. interface fastethernet 0/0/1　　B. interface Gigabit Ethernet 0/0/1.1

C. interface Ethernet 0/0/1　　D. interface Gigabit Ethernet 0/0/1

3. 不同 VLAN 终端使用三层交换机转发进行通信，各个终端默认网关需要设置为(　　)。

A. 单臂路由器逻辑子端口所在 VLAN-ID 与终端所属 VLAN 相同的子端口 IP 地址

B. 交换机的管理 VLAN 的 IP 地址

C. 路由器物理端口的 IP 地址

D. 对方终端的 IP 地址

4. 关于不同 VLAN 间通信的说法，以下表述正确的选项是(　　)。

A. 不同 VLAN 的终端无法连通

B. 同一个交换机不同的 VLAN 的终端可以直接通信

C. 同一个三层交换机不同的 VLAN 的终端可以直接通信

D. 同一个三层交换机不同的 VLAN 的终端通信，需要对交换机不同 VLAN 设置 IP 地址

5. 三层交换机进入 Vlanif 子模式的命令是(　　)。

A. interface Gigabit Ethernet 0/0/1　　B. interface Ethernet 0/0/1

C. interface fast Ethernet 0/0/1　　D. interface vlanif 10

二、多选题

1. 路由器逻辑子端口模式下配置单臂路由，以下命令是正确配置的选项有(　　)。

A. arp broadcast enable　　B. dot1q termination vid 10

C. ip address 192.168.10.254 24　　D. ip address 192.168.10.0 24

2. 关于三层交换机的说法，以下表述正确的选项有（　　）。

A. 可以配置多个 VLAN　　B. 具备有路由功能

C. 可以配置多个 IP 地址　　D. 可以配置生成树

3. 当使用三层交换机在不同 VLAN 间进行数据转发的时候，三层交换机使用（　　）命令来检测不同 VLAN 间可否通信。

A. ping　　B. tracert

C. display ip interfacebrief　　D. display port vlan

4. 在某个局域网内：主机 A 属于 VLAN 1，IP 地址是 192.168.1.10；主机 B 属于 VLAN 2，它的 IP 地址是 192.168.2.10。以下选项中可能为主机 A 和主机 B 网关的有（　　）。

A. 192.168.1.254，192.168.2.254　　B. 192.168.2.254，192.168.1.254

C. 192.168.1.254，192.168.1.254　　D. 192.168.1.1，192.168.2.1

5. 属于不同 VLAN 的终端之间的通信可以使用（　　）技术来实现。

A. 生成树　　B. 单臂路由

C. 三层交换机转发　　D. 多臂路由

三、简答题

1. 不同 VLAN 的终端是否能够通信，VLAN 是在 OSI 的哪一个层次进行隔离？

2. 不同 VLAN 间的终端通信可以使用的技术方法有几种，分别是什么？

3. 交换路由设备如何设置管理 IP 让控制台终端远程登录？

单元8 链路状态路由协议

单元导航

“目标”是前进的方向，有“目标”才会有动力。做人要树立远大的理想和人生目标，并向着目标努力。那么在网络中，数据是如何确立“目标”，并“付诸努力”的呢？这就涉及到路由选择协议的问题。链路状态路由协议是一种在各路由器之间建立一个协议的邻居关系，并在“邻居”间相互通告链路状态的路由选择协议。本单元主要介绍链路状态路由协议的工作原理和常见的链路状态路由协议——OSPF 协议的工作过程和基本配置方法。

学习目标

知识目标

(1)理解动态路由协议的基本原理。

(2)了解静态路由与动态路由的区别。

(3)理解 OSPF 路由协议的工作过程。

技能目标

(1)掌握 OSPF 路由协议单区域的配置方法。

(2)掌握 OSPF 路由协议多区域的配置方法。

(3)掌握 OSPF 相同区域不同路由设备的认证配置方法。

素养目标

(1)培养分析故障和排除故障的能力。

(2)培养认真负责、严谨细致的工作态度和工作作风。

(3)提高创新意识，培养创新思维。

学习准备

随着计算机的普及，当前的园区网通常都会由几十甚至几百个网段组成，如果整个网络都使用静态路由技术，那么整个网络将可能出现以下几个问题。

(1)每个路由设备需要让网络管理员设置几十个甚至几百个路由表。

(2)当网络的拓扑结构出现变化的时候，会导致众多路由设备需更改原有的路由选择。

繁重的工作量会导致网络管理员出错的概率增大，降低网络的可靠性，这制约了静态路由在现代网络中的大规模应用。因此，一个可以根据路由设备的路由端口自动生成合适的路由表的技术应需而生，这就是动态路由技术。动态路由技术因其灵活性高、可靠性好和易于扩展等特点被广泛应用于现代网络中。

在园区网的搭建中，较为常用且高效的动态路由选择协议为链路状态路由选择协议中的开放最短路径优先（open shortest path first，OSPF）协议。OSPF 动态路由选择协议解决了以下几个问题。

（1）网络管理员只需要对路由设备的每个链路网络进行公告，不需要路由器为每个目的网络指明下一跳。

（2）OSPF 协议主要根据链路的状态属性，用相对成熟的算法计算出整个网络的路由选择，网络整体的路由选择算法较之人工计算更合理、更高效。

接下来，我们将通过对 OSPF 的工作过程和配置方法的介绍，来理解 OSPF 协议的应用场景，以及学习如何在园区网中建立起高效、可靠、安全的路由选择。

8.1 链路状态路由选择协议

在 IP 路由基础单元中，按工作机制及算法，动态路由协议可以分为距离矢量路由协议和链路状态路由选择协议（以下简称为链路状态路由协议）两类。

距离矢量路由协议是指网络中的路由器周期性地泛洪自己的路由表，通过路由的交互，每台路由器都从相邻的路由器那里学习到路由，并且加载进自己的路由表中。路由器并不清楚网络的拓扑结构，只是简单的知道要去往某个目的地的方向在哪里，距离有多远。

链路状态路由协议又称为最短路径优先协议或分布式数据库协议，是基于迪杰斯特拉（Dijkstra）算法的最短路径优先（shortest path first，SPF）算法。链路状态路由协议从网络或者网络的限定区域内的所有其他路由器处收集信息，最终每个链路状态路由器上都会有一个相同的有关网络的信息，并且每台路由器都可以独立的计算各自的最优路径，整个计算过程分为以下四个步骤。

（1）LSA 泛洪。如图 8-1 所示，运行链路状态路由协议的路由器之间首先会建立一个邻居关系，然后彼此开始相互进行链路状态通告（link state advertisement，LSA）。LSA 可以简单的理解为每台路由器都产生一个描述自己直连端口状态（包括端口的开销和与邻居路由器之间的关系等）的通告。

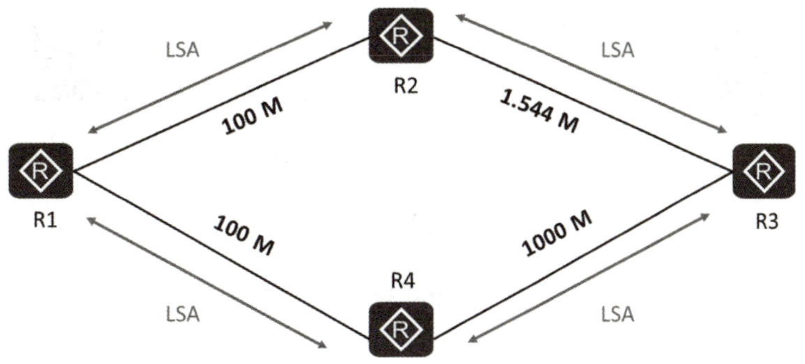

图 8-1 LSA 泛洪

（2）构建 LSDB。每台路由器都会产生 LSA，路由器将接收到的 LSA 放入自己的链路状态数据库（link state data base，LSDB）中。路由器通过 LSDB，掌握了全网的拓扑，如图 8-2 所示。

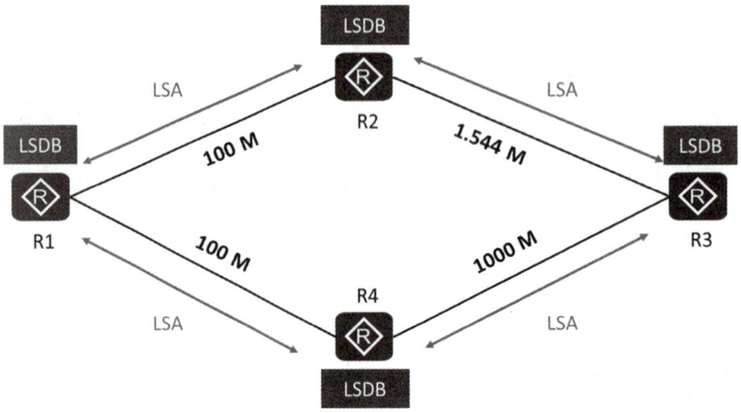

图 8-2 构建 LSDB

（3）SPF 计算。每台路由器基于 LSDB，使用 SPF 算法进行计算。每台路由器都计算出一棵以自己为根的、无环的且拥有最短路径的“树”。有了这棵“树”，路由器就知道了到达网络各个角落的优选路径，如图 8-3 所示。

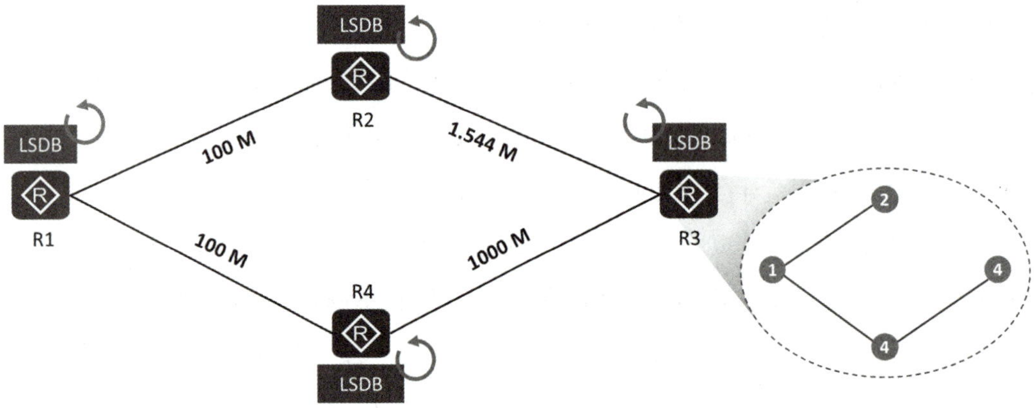

图 8-3 SPF 计算

（4）生成路由表。最后，路由器将计算出来的优选路径，加载进自己的路由表，如图 8-4 所示。

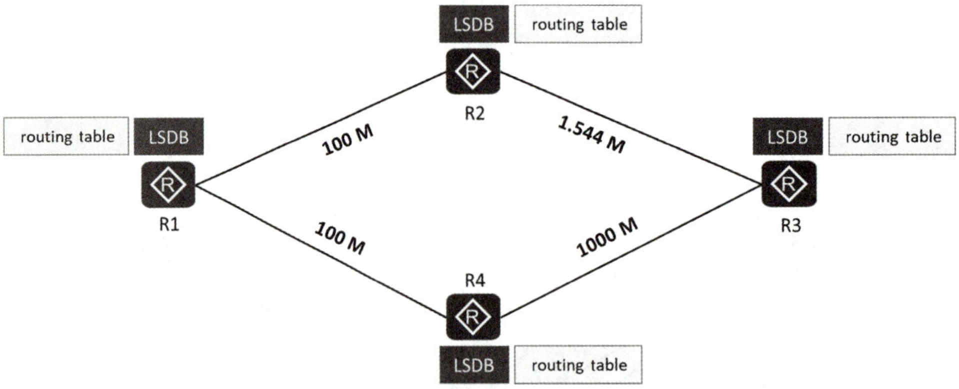

图 8-4 生成路由表

8.2 OSPF 基本术语

开放式最短路径优先（open shortest path first，OSPF）是典型的链路状态路由协议，也是实际工作中 TCP/IP 网络使用非常广泛的 IGP 协议之一。OSPF 支持可变长子网掩码（variable length subnet mask，VLSM），支持手工路由汇总以及 OSPF 多区域等功能。

1. 区域

在 OSPF 协议中，用 area 标识一个区域。区域是从逻辑上将设备划分为不同的组，每个组用区域号(area ID)来标识。

2. Router-ID

Router-ID(router identifier，路由器标识符)用于在一个 OSPF 域中唯一地标识一台路由器。Router-ID 可以通过手工配置的方式，或使用系统自动配置的方式来设定。图 8-5 所示为 OSPF 的 Router-ID。

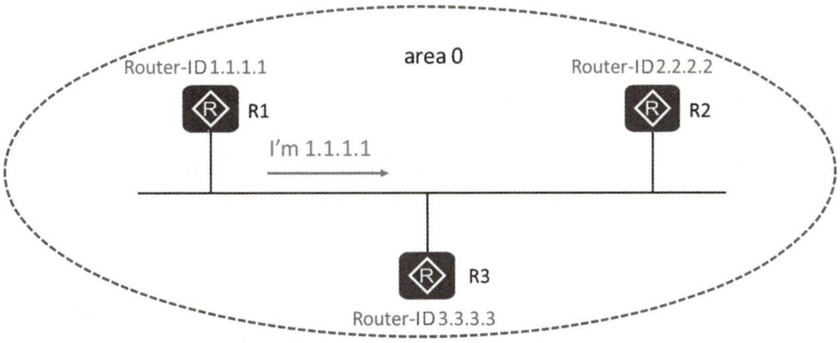

图 8-5　OSPF 的 Router-ID

3. 度量值

OSPF 使用开销(cost)作为路由的度量值。每一个激活了 OSPF 的端口都会维护一个端口的 cost 值，默认状态下端口的 cost 值 $=\dfrac{100\ \text{Mbit/s}}{\text{端口带宽}}$。其中 100 Mbit/s 为 OSPF 指定的默认参考值，该值是可配置的。笼统地说，一条 OSPF 路由的 cost 值可以理解为是从目的网段到本路由器沿途所有入端口的 cost 值累加，如图 8-6 所示。

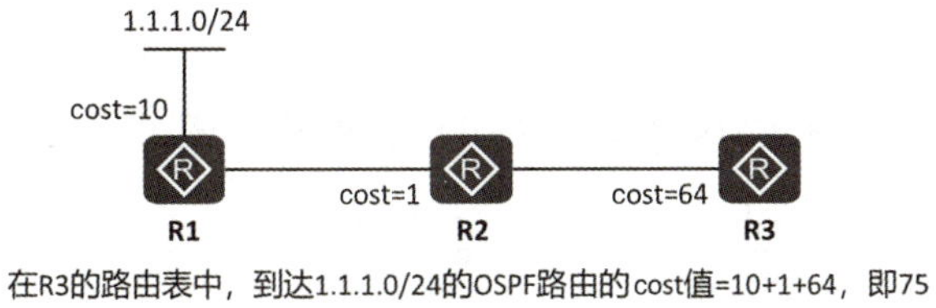

图 8-6　OSPF 的度量值

8.3　OSPF 报文类型

OSPF 有五种类型的协议报文，这些报文在 OSPF 路由器之间的交互中起不同的作用。每种报文类型都是由一个 OSPF 报文头部开始的，并且所有类型的 OSPF 报文头部都是相同的。

1. Hello 报文

Hello 报文周期性发送，用来发现和维护 OSPF 的邻居关系，后期还可用来进行广播以及在 NBMA 网络中进行 DR 和 BDR 的选取。网络结构不同，Hello 报文的工作方式也不同。

2. DD(数据库描述)报文

DD 报文描述了本地 LSDB 的情况，用于两台设备的数据库同步。

3. LSR(链路状态请求)报文

LSR 报文用于向对方请求获得所需要的 LSA。设备只有在 OSPF 邻居双方成功交换 DD 报文后才会向对方发出 LSR 报文。

4. LSU(链路状态更新)报文

LSV 报文是收到 LSA 后的回复报文或更新网络结构时的请示报文。

5. LSAck(链路状态确认)报文

LSAck 报文是用来对收到的 LSA 进行确认的报文。

8.4　OSPF 的三大表项

OSPF 有三个重要的表项,即 OSPF 邻居表、LSDB 表和 OSPF 路由表。

1. OSPF 邻居表

OSPF 在传递链路状态信息之前,需要先建立 OSPF 邻居关系,邻居关系通过交互 Hello 报文建立。OSPF 邻居表显示了 OSPF 路由器之间的邻居状态,可以使用"display ospf peer"命令查看,如图 8-7 所示。

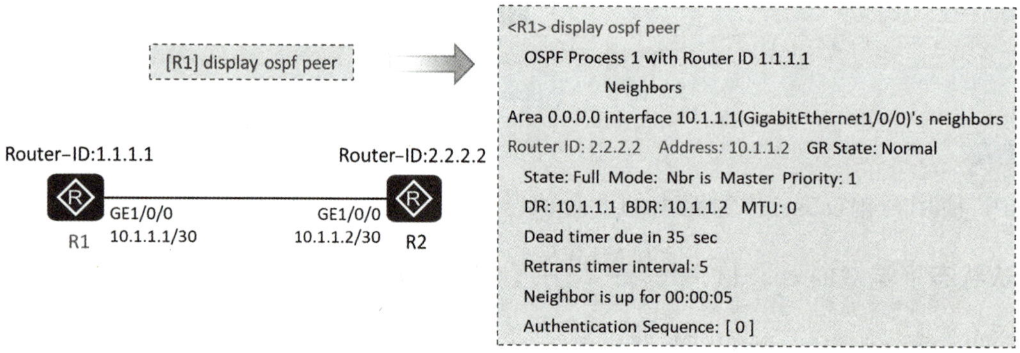

图 8-7　OSPF 邻居表

2. LSDB 表

路由器会把自己产生的以及从邻居那里收到的 LSA 信息都保存到 LSDB 中,可以使用"display ospf lsdb"命令查看 LSDB 表。如图 8-8 所示,R1 的 LSDB 包含了三条 LSA,其中 Type 标识 LSA 的类型,advrouter 标识发送 LSA 的路由器。

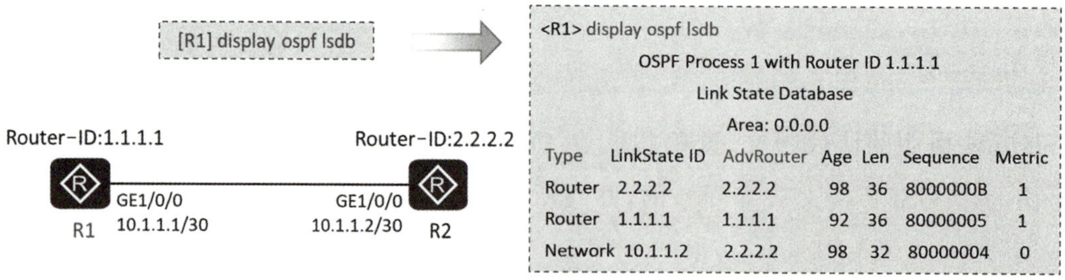

图 8-8　LSDB 表

3. OSPF 路由表

OSPF 路由表和路由器路由表是两个不同的表项。OSPF 路由表包含 destination、cost 和 nexthop 等指导转发的信息,可以使用"display ospf routing"命令查看 OSPF 路由表。如图 8-9 所示,本示例中 OSPF 路由表有 3 条路由。

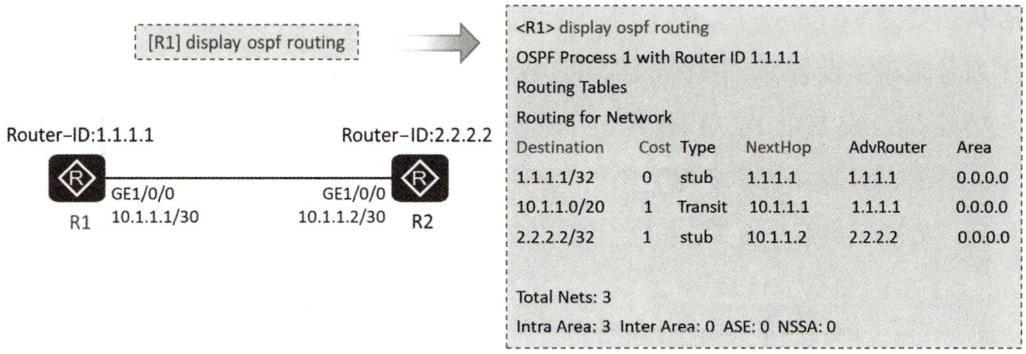


```
<R1> display ospf routing
OSPF Process 1 with Router ID 1.1.1.1
Routing Tables
Routing for Network
Destination     Cost  Type     NextHop     AdvRouter    Area
1.1.1.1/32      0     stub     1.1.1.1     1.1.1.1      0.0.0.0
10.1.1.0/20     1     Transit  10.1.1.1    1.1.1.1      0.0.0.0
2.2.2.2/32      1     stub     10.1.1.2    2.2.2.2      0.0.0.0

Total Nets: 3
Intra Area: 3  Inter Area: 0  ASE: 0  NSSA: 0
```

图 8-9　OSPF 的路由表

8.5　OSPF 工作原理

1. 邻居关系与邻接关系

1）邻居关系

在网络中，若两台路由器直连，并在双方互联端口上激活了 OSPF，路由器会开始发送并侦听 Hello 报文。在通过 Hello 报文发现彼此后，这两台路由器便形成了邻居关系。

2）邻接关系

建立邻居关系只是一个开始，后续会进行 Hello、DD、LSR、LSU 和 LSAck 等报文的交互。当两台路由器 LSDB 同步完成，并开始独立计算路由时，这两台路由器就形成了邻接关系。

OSPF 完成邻接关系的建立有四个步骤：建立双向邻居关系、协商主/从、交互 LSDB 信息和同步 LSDB。

（1）建立双向邻居关系。

当一台 OSPF 路由器收到由其他路由器发来的首个 Hello 报文时，这台路由器会从初始 down 状态切换为 init 状态，当 OSPF 路由器收到的 Hello 报文中的邻居字段里包含自己的 Router-ID 时，这台路由器会从 init 切换 2-way 状态，如图 8-10 所示。

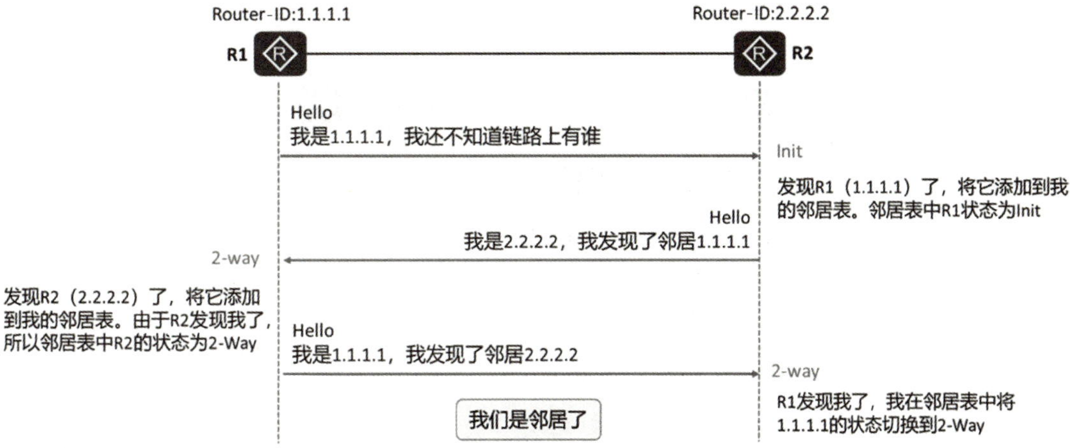

图 8-10　建立双向邻居关系

（2）协商主/从并交互 LSDB 信息。

当邻居状态机从 2-way 转为 exstart 状态后，开始进行主从关系选举。选举规则是比较邻居间的 Router-ID，越大越优。R2 的 Router-ID 比 R1 大，因此 R2 成为真正的主设备。主从关系比较结束后，R1 的状态从 exstart 转变为 exchange。

R1 邻居状态变为 exchange 后，R1 会向 R2 发送一个新的 DD 报文，报文包含 R1 的 LSDB 描述信息，报文序列号采用主设备 R2 的序列号。R2 收到后状态从 exstart 转变为 exchange。

状态转变为 exchange 后的 R2 向 R1 发送一个新的 DD 报文，该报文包含 R2 的 LSDB 描述信息，序列号为 Y+1。R1 作为从路由器需要对主路由 R2 发送的每个 DD 报文进行确认，回复报文的序列号与主路由 R2 一致。发送完最后一个 DD 报文后，R1 将状态切换为 loading。具体过程如图 8-11 所示。

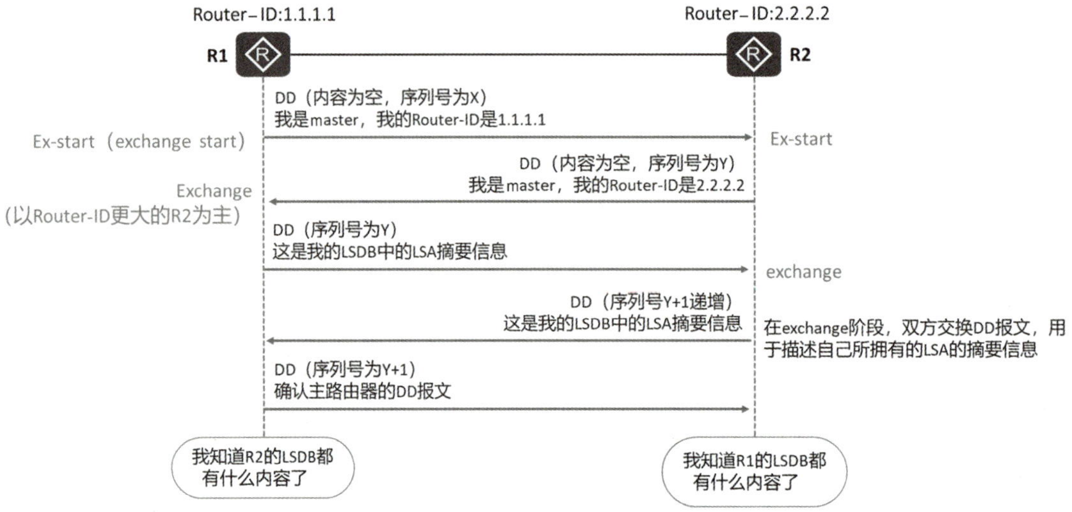

图 8-11　协商主/从，交互 LSDB 信息

（3）更新 LSA、同步双方 LSDB。

邻居状态转变为 loading 后，R1 向 R2 发送 LSR 报文，请求获得那些在 exchange 状态下通过 DD 报文发现的、但是在本地 LSDB 中没有的 LSA 的完整信息。

R2 收到后向 R1 回复 LSU 报文。在 LSU 报文中包含被请求的 LSA 的完整信息。R1 收到 LSU 报文后，向 R2 回复 LSAck 报文，确认已收到，确保信息的可靠性。此过程中 R2 也会向 R1 发送获取 LSA 的请求。当两端 LSDB 完全一致时，邻居状态变为 full，表示成功建立邻接关系。上述过程如图 8-12 所示。

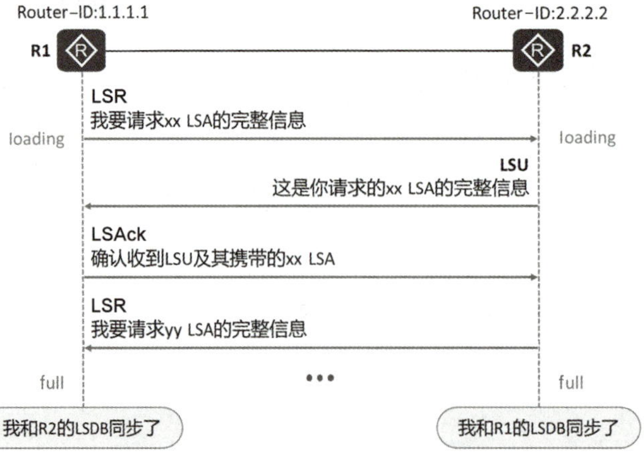

图 8-12　更新 LSA 并同步双方 LSDB

2. OSPF 网络类型

OSPF 网络类型是一个非常重要的端口变量，这个变量将影响 OSPF 在端口上的操作，例如，采用什么方式发送 OSPF 协议报文，是否需要选举 DR、BDR 等。端口默认的 OSPF 网络类型取决于端

口所使用的数据链路层封装协议。一般情况下，链路两端端口的 OSPF 网络类型必须一致，否则双方无法建立邻居关系。

OSPF 主要有四种网络类型，即 P2P、BMA、NBMA 和 2MP。

1）点对点（point-to-point，P2P）

P2P 指的是在一段链路上只能连接两台设备的网络。典型的例子是 PPP 链路，当端口采用 PPP 封装数据时，OSPF 在该端口上采用的默认网络类型为 P2P。

2）广播式多路访问（broadcast multiple access，BMA）

BMA 也被称为 broadcast，指的是一个允许多台设备接入的、支持广播的网络。典型的例子是 ethernet(以太网)，当端口采用 ethernet 封装数据时，OSPF 在该端口上采用的默认网络类型为 BMA。

3）非广播式多路访问（non-broadcast multiple access，NBMA）

NBMA 指的是一个允许多台设备接入且不支持广播的网络。典型的例子是帧中继（frame-relay）网络。

4）点到多点（point to multi-point，P2MP）

P2MP 相当于将多条 P2P 链路的一端进行捆绑得到的网络。目前没有一种链路层协议会默认为是 P2MP 网络类型，该类型的网络必须由其他网络类型手动更改才能获得，常用做法是将非全连通的 NBMA 改为 P2MP 网络。

在 MA 网络中，如果每台 OSPF 路由器都与其他所有的路由器建立 OSPF 邻接关系，便会导致网络中存在过多的 OSPF 邻接关系，这样既增加了设备负担，也增加了网络中泛洪的 OSPF 报文数量。另外，且当网络拓扑结构出现变更时，网络中的 LSA 泛洪也可能会造成带宽的浪费和设备资源的损耗。

为优化 MA 网络中 OSPF 邻接关系，OSPF 指定了三种 OSPF 路由器身份，指定路由器（designated router，DR）、备用指定路由器（backup designated router，BDR）和 DRother 路由器。在 MA 网络中只允许 DR、BDR 与其他 OSPF 路由器建立邻接关系；DRother 之间不会建立全毗邻的 OSPF 邻接关系，双方停滞在 2-way 状态；BDR 会监控 DR 的状态，并在当前 DR 发生故障时接替其角色。

DR/BDR 的选举过程如下。

（1）选举会在本网段内优先级大于 0 的 OSPF 路由器中进行。优先级是端口上的参数，默认值是 1，可以修改。如果一台路由器端口的优先级为 0，则它在该端口所连的网段上不会被选举为 DR 或 BDR。

（2）部分优先级大于 0 的 OSPF 路由器会认为自己是 DR，并发送 OSPF 的 Hello 报文给其他路由器，公告本路由器是 DR。

（3）在所有自称是 DR 的路由器中，优先级最大的当选 DR。若两台路由器的优先级相等，则选举 Router-ID 最大的为 DR。每台路由器将自己选出的 DR 写入 Hello 报文中，发给网段上的其他路由器，如图 8-13 所示。

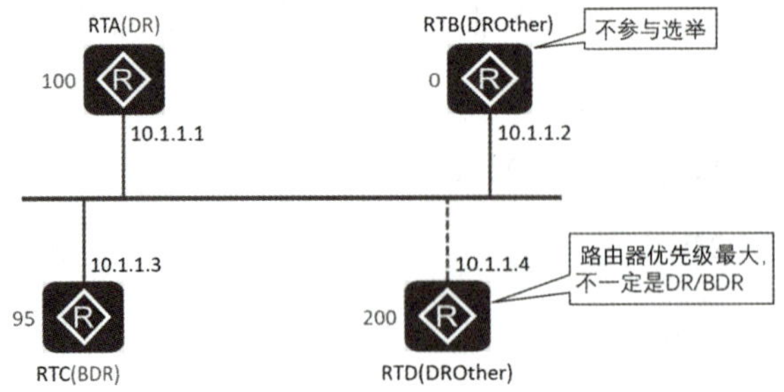

图 8-13　选举 DR 和 BDR

3. OSPF 域和多区域

OSPF 域(domain)是指使用相同策略的和连续的 OSPF 网络设备所构成的网络。

在 OSPF 中，LSA 只能在同一个区域内的网络中泛洪。为了确保在 OSPF 区域中的每台路由器都拥有对网络拓扑结构的一致认知，在域内的路由器需要进行同步 LSDB。如果 OSPF 域仅有一个区域，随着网络规模越来越大，OSPF 路由器的数量就会越来越多，这将导致诸多问题。

(1)OSPF 路由表规模增加，路由器资源消耗增大，设备性能下降，影响数据转发。

(2)庞大的 LSDB 会使路由计算变得困难。

(3)当网络拓扑结构变更时，LSA 全域泛洪和全网 SPF 重计算将会给网络带来巨大负担。

因此，OSPF 引入区域(area)的概念。通过将一个 OSPF 域划分成多个区域，提高了网络可扩展性，可以使 OSPF 支撑更大规模的组网。除此之外，OSPF 多区域的设计减小了 LSA 泛洪的范围，有效的把网络拓扑结构变化的影响控制在区域内，达到网络优化的目的。在区域边界可以做路由汇总，减小了路由表规模。

OSPF 区域分为骨干区域与非骨干区域。骨干区域即 area 0，除 area 0 以外的其他区域均为非骨干区域。基于防止产生区域间环路的考虑，非骨干区域与非骨干区域之间不能直接相连，但所有非骨干区域必须与骨干区域相连。

8.6　OSPF 配置命令

(1)创建并运行 OSPF 进程(系统视图)。

```
[Huawei] ospf [ process-id | router-id ]
```

ospf 命令用于创建并运行 OSPF。porcess-id 用于标识 OSPF 进程，默认进程号为 1。ospf 支持多进程，即在同一台设备上可以运行多个不同的 OSPF 进程，它们之间互不影响，彼此独立。router-id 用于手工指定设备的 ID 号。如果没有通过命令指定 ID 号，系统会从当前端口的 IP 地址中自动选取一个作为设备的 ID 号。Router-ID 的选择顺序：优先从 loopback 地址中选择最大的 IP 地址作为设备的 ID 号；如果没有配置 loopback 端口，则在端口地址中选取最大的 IP 地址作为设备的 ID 号。

(2)创建并进入 OSPF 区域(OSPF 视图)。

```
[Huawei-ospf-1] area area-id
```

“area”命令用来创建 OSPF 区域，并进入 OSPF 区域视图。area-id 参数可以是十进制整数或点分十进制格式。取整数形式时，取值范围在 0～4 294 967 295。

(3)指定运行 OSPF 的端口(OSPF 区域视图)。

```
[Huawei-ospf-1-area-0.0.0.0] network [network-address | wildcard-mask ]
```

“network”命令用来指定运行 OSPF 协议的端口和端口所属的区域。network-address 参数为端口所在的网段地址。wildcard-mask 参数为 IP 地址的反码,相当于将 IP 地址的掩码反转(0 变 1,1 变 0),如0.0.0.255 表示掩码长度为 24 bit。

(4)配置 OSPF 端口开销(端口视图)。

```
[Huawei-GE1/0/1] ospf cost cost
```

“ospf cost”命令用来配置端口上运行 OSPF 协议所需的开销。默认情况下,OSPF 会根据该端口的带宽自动计算其开销值。cost 参数的取值范围是 1~65 535。

(5)设置 OSPF 带宽参考值(OSPF 视图)。

```
[Huawei-ospf-1] bandwidth-reference value
```

“bandwidth-reference”命令用来设置通过公式计算端口开销所依据的带宽参考值。value 参数的取值范围是 1~2147483648,单位是 Mbit/s,默认值是 100 Mbit/s。

(6)设置端口在选举 DR 时的优先级(端口视图)。

```
[Huawei-GigabitEthernet0/0/0] ospf dr-priority priority
```

“ospf dr-priority”命令用来设置端口在选举 DR 时的优先级。priority 参数的值越大,优先级越高,取值范围是 0~255。

(7)配置 OSPF 区域认证(OSPF 区域视图)。

```
[Huawei-ospf-1-area-0.0.0.0] authentication-mode simple {[ plain] plain-text | [ cipher ] cipher-text }
[Huawei-ospf-1-area-0.0.0.0] authentication-mode {md5 | hmac-md5 | hmac-sha256} { key-id [plain] plain-text | [ cipher ] cipher-text }
```

simple:使用简单验证模式。

plain:指定明文类型口令。

plain-text:指定明文验证字。

cipher:指定密文类型口令。

cipher-text:指定密文验证字。

md5:使用 MD5 密文验证模式。

hmac-md5:使用 HMAC MD5 密文验证模式。

hmac-sha256:使用 HMAC-SHA256 验证模式。

key-id:端口密文验证的验证字标识符,必须与对端的验证字标识符一致。

8.7　OSPF 配置示例

例 8.1　OSPF 单区域配置示例

图 8-14 所示为某公司园区网,所有路由器都运行 OSPF 路由协议,并在同一个区域内。

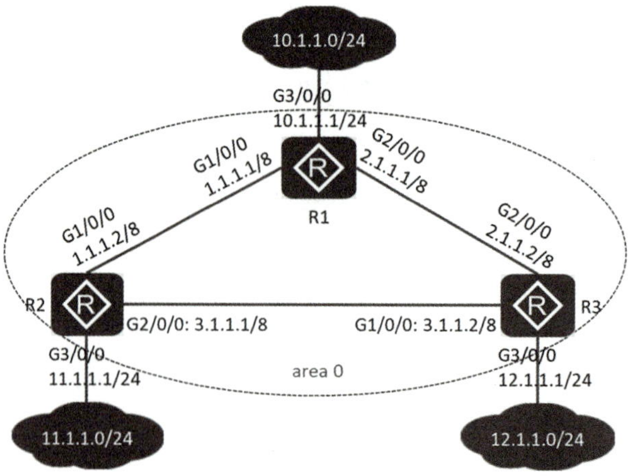

图 8-14　OSPF 单区域网络拓扑结构

(1)路由器启用 OSPF 路由协议,为每个路由器设置 Route-ID。

```
[Huawei] ospf 1 router-id 10.1.1.1
```

其中"route-id 10.1.1.1"为非必要选项,也可以省略。

(2)进入 OSPF 协议的主干域 area 0。

```
[HUAWEI-OSPF-1] area 0
```

(3)在 OSPF 路由协议中公告本路由设备的直连网段。

```
[R1-OSPF-1-area-0.0.0.0] network 1.0.0.0 0.255.255.255
[R1-OSPF-1-area-0.0.0.0] network 2.0.0.0 0.255.255.255
[R1-OSPF-1-area-0.0.0.0] network 10.1.1.0 0.0.0.255
```

例 8.2 OSPF 多区域配置示例

某公司园区网如图 8-15 所示,所有路由器都运行 OSPF 路由协议,整个 OSPF 域分为 2 个区域。

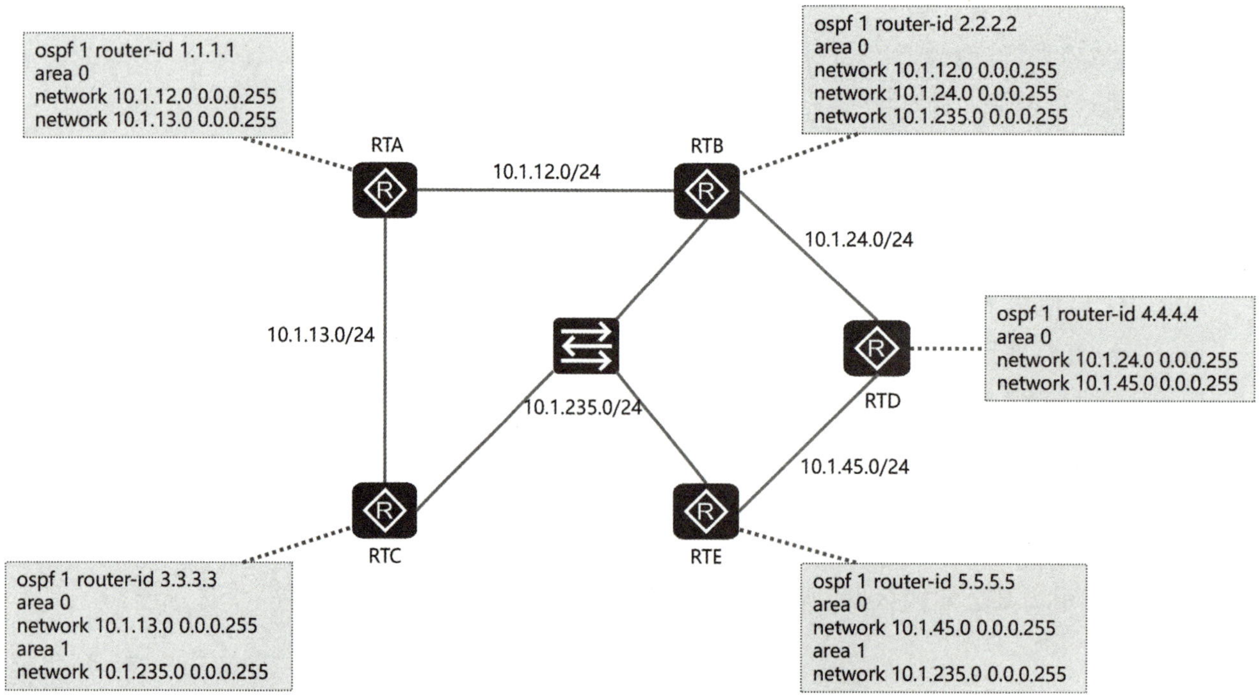

图 8-15　OSPF 多区域网络配置示例

```
# RTA
[RTA]ospf 1 router-id 1.1.1.1
[RTA-OSPF-1] area 0
[RTA-OSPF-1-area-0.0.0.0]network 10.1.12.0 0.0.0.255
[RTA-OSPF-1-area-0.0.0.0]network 10.1.13.0 0.0.0.255
[RTA-OSPF-1-area-0.0.0.0]network 1.1.1.1 0.0.0.0
# RTB
[RTB]ospf 1 router-id 2.2.2.2
[RTB-OSPF-1]area 0
[RTB-OSPF-1-area-0.0.0.0]network 10.1.12.0 0.0.0.255
[RTB-OSPF-1-area-0.0.0.0]network 10.1.24.0 0.0.0.255
[RTB-OSPF-1-area-0.0.0.0]network 10.1.235.0 0.0.0.255
[RTB-OSPF-1-area-0.0.0.0]network 2.2.2.2 0.0.0.0
# RTC
[RTC]ospf 1 router-id 3.3.3.3
[RTC-OSPF-1]area 0
[RTC-OSPF-1-area-0.0.0.0]network 10.1.13.0 0.0.0.255
[RTC-OSPF-1]area 1
[RTC-OSPF-1-area-0.0.0.1]network 10.1.235.0 0.0.0.255
[RTC-OSPF-1-area-0.0.0.1]network 3.3.3.3 0.0.0.0
# RTD
[RTD]ospf 1 router-id 4.4.4.4
[RTD-OSPF-1]area 0
[RTD-OSPF-1-area-0.0.0.0]network 10.1.24.0 0.0.0.255
[RTD-OSPF-1-area-0.0.0.0]network 10.1.45.0 0.0.0.255
[RTD-OSPF-1-area-0.0.0.0]network 4.4.4.4 0.0.0.0
# RTE
[RTE] ospf 1 router-id 5.5.5.5
[RTE-OSPF-1]area 0
[RTE-OSPF-1-area-0.0.0.0]network 10.1.45.0 0.0.0.255
[RTE-OSPF-1]area 1
[RTE-OSPF-1-area-0.0.0.1]network 10.1.235.0 0.0.0.255
[RTE-OSPF-1-area-0.0.0.1]network 5.5.5.5 0.0.0.0
```

例 8.3 同区域路由设备的认证配置示例

当网络拓扑结构比较复杂且包含范围较大时，必定有部分非核心路由设备会架设在公共空间内，为了保证网络的接入安全，路由设备之间可以设置同区域的安全认证。

以图 8-15 为例，路由器 RTC 和路由器 RTE 之间的 area 1 之间使用 MD5 加密，密码设置为“huawei123”。

```
# RTC
[RTC-ospf-1] area 1
[RTC-ospf-1-area-0.0.0.1] authentication-mode md5 1 huawei123
# RTE
[RTE-ospf-1] area 1
[RTE-ospf-1-area-0.0.0.1] authentication-mode md5 1 huawei123
```

项目实战

项目 8-1 园区网 OSPF 单区域配置

项目 8-1 园区网 OSPF 单区域配置

某公司园区网有人事部、市场部和生产中心三个子网，公司园区网络拓扑结构如图 8-16 所示。需要满足如下功能。

(1)不同部门使用网段的 IP 地址：人事部使用 10.0.0.1/24 网段；市场部使用 172.16.1.1/24 网段；生产中心使用 192.168.1.1/24 网段。

(2)不同部门要实现互相通信，使用 OSPF 动态路由协议单区域的模式。

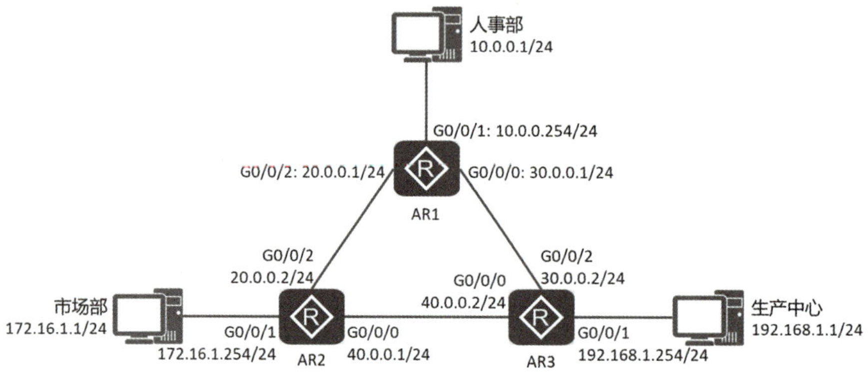

图 8-16 项目 8-1 的网络拓扑结构

项目规划

欲实现上述功能需求，配置思路如下：

(1)配置各个路由器的端口 IP 地址。

(2)启动各个路由器的 OSPF 协议，公告自己的直连网段。

(3)查看各个路由器的路由表，验证 OSPF 协议是否生效。

(4)测试各部门 PC 之间的连通性。

项目实施

步骤 1：配置路由器 AR1、AR2 和 AR3 的端口 IP 地址。

```
#AR1
<Huawei> sys
[Huawei] undo info-center enable
[Huawei] sysname AR1
[AR1] interface GigabitEthernet 0/0/1
[AR1-GigabitEthernet0/0/1] ip address 10.0.0.254 24
[AR1-GigabitEthernet0/0/1] quit
[AR1] interface GigabitEthernet 0/0/2
[AR1-GigabitEthernet0/0/2] ip address 20.0.0.1 24
[AR1-GigabitEthernet0/0/2] quit
[AR1] interface GigabitEthernet 0/0/0
[AR1-GigabitEthernet0/0/0] ip address 30.0.0.1 24
[AR1-GigabitEthernet0/0/0] quit
```

```
#AR2
<Huawei> sys
[Huawei] undo info-center enable
[Huawei] sysname AR2
[AR2] interface GigabitEthernet 0/0/0
[AR2-GigabitEthernet0/0/0] ip address 40.0.0.1 24
[AR2-GigabitEthernet0/0/0] quit
[AR2] interface GigabitEthernet 0/0/1
[AR2-GigabitEthernet0/0/1] ip address 172.16.1.254 24
[AR2-GigabitEthernet0/0/1] quit
[AR2] interface GigabitEthernet 0/0/2
[AR2-GigabitEthernet0/0/2] ip address 20.0.0.2 24
[AR2-GigabitEthernet0/0/2] quit
#AR3
<Huawei> sys
[Huawei] undo info-center enable
[Huawei] sysname AR3
[AR3] interface GigabitEthernet 0/0/0
[AR3-GigabitEthernet0/0/0] ip address 40.0.0.2 24
[AR3-GigabitEthernet0/0/0] quit
[AR3] interface GigabitEthernet 0/0/1
[AR3-GigabitEthernet0/0/1] ip address 192.168.1.254 24
[AR3-GigabitEthernet0/0/1] quit
[AR3] interface GigabitEthernet 0/0/2
[AR3-GigabitEthernet0/0/2] ip address 30.0.0.2 24
[AR3-GigabitEthernet0/0/2] quit
```

步骤 2:路由器 AR1、AR2 和 AR3 都启用 OSPF 协议,加入区域 area 0,公告直连网段。

```
#AR1
[AR1] ospf 1
[AR1-ospf-1] area 0
[AR1-ospf-1-area-0.0.0.0] network 10.0.0.0 0.0.0.255
[AR1-ospf-1-area-0.0.0.0] network 20.0.0.0 0.0.0.255
[AR1-ospf-1-area-0.0.0.0] network 30.0.0.0 0.0.0.255
[AR2-ospf-1-area-0.0.0.0] quit
#AR2
[AR2] ospf 1
[AR2-ospf-1] area 0
[AR2-ospf-1-area-0.0.0.0] network 40.0.0.0 0.0.0.255
[AR2-ospf-1-area-0.0.0.0] network 172.16.1.0 0.0.0.255
[AR2-ospf-1-area-0.0.0.0] network 20.0.0.0 0.0.0.255
```

```
[AR2-ospf-1-area-0.0.0.0] quit
# AR3
[AR3] ospf 1
[AR3-ospf-1] area 0
[AR3-ospf-1-area-0.0.0.0] network 40.0.0.0 0.0.0.255
[AR3-ospf-1-area-0.0.0.0] network 192.168.1.0 0.0.0.255
[AR3-ospf-1-area-0.0.0.0] network 30.0.0.0 0.0.0.255
[AR3-ospf-1-area-0.0.0.0] quit
```

项目验证

(1)查看路由器端口的 IP 状态信息。

①在路由器 AR1 上,查看端口 IP 状态信息,如图 8-17 所示。

```
[AR1]display ip interface brief
*down: administratively down
^down: standby
(l): loopback
(s): spoofing
The number of interface that is UP in Physical is 4
The number of interface that is DOWN in Physical is 0
The number of interface that is UP in Protocol is 4
The number of interface that is DOWN in Protocol is 0

Interface                        IP Address/Mask      Physical   Protocol
GigabitEthernet0/0/0             30.0.0.1/24          up         up
GigabitEthernet0/0/1             10.0.0.254/24        up         up
GigabitEthernet0/0/2             20.0.0.1/24          up         up
```

图 8-17　路由器 AR1 的端口 IP 状态信息

②在路由器 AR2 上查看端口 IP 状态信息,如图 8-18 所示。

```
[AR2]display ip interface brief
*down: administratively down
^down: standby
(l): loopback
(s): spoofing
The number of interface that is UP in Physical is 4
The number of interface that is DOWN in Physical is 0
The number of interface that is UP in Protocol is 4
The number of interface that is DOWN in Protocol is 0

Interface                        IP Address/Mask      Physical   Protocol
GigabitEthernet0/0/0             40.0.0.1/24          up         up
GigabitEthernet0/0/1             172.16.1.254/24      up         up
GigabitEthernet0/0/2             20.0.0.2/24          up         up
```

图 8-18　路由器 AR2 的端口 IP 状态信息

③在路由器 AR3 上查看端口 IP 状态信息,如图 8-19 所示。

```
[AR3]display ip interface brief
*down: administratively down
^down: standby
(l): loopback
(s): spoofing
The number of interface that is UP in Physical is 4
The number of interface that is DOWN in Physical is 0
The number of interface that is UP in Protocol is 4
The number of interface that is DOWN in Protocol is 0

Interface                         IP Address/Mask      Physical    Protocol
GigabitEthernet0/0/0              40.0.0.2/24          up          up
GigabitEthernet0/0/1              192.168.1.254/24     up          up
GigabitEthernet0/0/2              30.0.0.2/24          up          up
```

图 8-19 路由器 AR3 的端口 IP 状态信息

(2)检查各个路由器的路由表

①在路由器 AR1 上查看路由表信息，如图 8-20 所示。

```
[AR1]display ip routing-table protocol ospf
Route Flags: R - relay, D - download to fib
------------------------------------------------------------------------------
Public routing table : OSPF
         Destinations : 3        Routes : 4

OSPF routing table status : <Active>
         Destinations : 3        Routes : 4

Destination/Mask    Proto   Pre  Cost      Flags NextHop         Interface

       40.0.0.0/24  OSPF    10   2           D   30.0.0.2        GigabitEthernet
0/0/0
                    OSPF    10   2           D   20.0.0.2        GigabitEthernet
0/0/2
     172.16.1.0/24  OSPF    10   2           D   20.0.0.2        GigabitEthernet
0/0/2
    192.168.1.0/24  OSPF    10   2           D   30.0.0.2        GigabitEthernet
0/0/0
```

图 8-20 路由器 AR1 的路由表信息

②在路由器 AR2 上，查看路由表信息，如图 8-21 所示。

```
[AR2]display ip routing-table protocol ospf
Route Flags: R - relay, D - download to fib
------------------------------------------------------------------------------
Public routing table : OSPF
         Destinations : 3        Routes : 4

OSPF routing table status : <Active>
         Destinations : 3        Routes : 4

Destination/Mask    Proto   Pre  Cost      Flags NextHop         Interface

       10.0.0.0/24  OSPF    10   2           D   20.0.0.1        GigabitEthernet
0/0/2
       30.0.0.0/24  OSPF    10   2           D   20.0.0.1        GigabitEthernet
0/0/2
                    OSPF    10   2           D   40.0.0.2        GigabitEthernet
0/0/0
    192.168.1.0/24  OSPF    10   2           D   40.0.0.2        GigabitEthernet
0/0/0
```

图 8-21 路由器 AR2 的路由表信息

③在路由器 AR3 上，查看路由表信息，如图 8-22 所示。

```
[AR3]display ip routing-table protocol ospf
Route Flags: R - relay, D - download to fib
------------------------------------------------------------------------------
Public routing table : OSPF
         Destinations : 3        Routes : 4

OSPF routing table status : <Active>
         Destinations : 3        Routes : 4

Destination/Mask    Proto   Pre  Cost      Flags NextHop         Interface

       10.0.0.0/24  OSPF    10   2           D   30.0.0.1        GigabitEthernet
0/0/2
       20.0.0.0/24  OSPF    10   2           D   30.0.0.1        GigabitEthernet
0/0/2
                    OSPF    10   2           D   40.0.0.1        GigabitEthernet
0/0/0
     172.16.1.0/24  OSPF    10   2           D   40.0.0.1        GigabitEthernet
0/0/0
```

图 8-22　路由器 AR3 的路由表信息

(3)用人事部的 PC ping 另两个部门的 PC,测试它们之间的连通性,测试结果如图 8-23 所示。

```
PC>ipconfig

Link local IPv6 address...........: fe80::5689:98ff:feda:7180
IPv6 address......................: :: / 128
IPv6 gateway......................: ::
IPv4 address......................: 10.0.0.1
Subnet mask.......................: 255.255.255.0
Gateway...........................: 10.0.0.254
Physical address..................: 54-89-98-DA-71-80
DNS server........................:

PC>ping 172.16.1.1 -c 2

Ping 172.16.1.1: 32 data bytes, Press Ctrl_C to break
From 172.16.1.1: bytes=32 seq=1 ttl=126 time=16 ms
From 172.16.1.1: bytes=32 seq=2 ttl=126 time=31 ms

--- 172.16.1.1 ping statistics ---
  2 packet(s) transmitted
  2 packet(s) received
  0.00% packet loss
  round-trip min/avg/max = 16/23/31 ms

PC>ping 192.168.1.1 -c 2

Ping 192.168.1.1: 32 data bytes, Press Ctrl_C to break
From 192.168.1.1: bytes=32 seq=1 ttl=126 time=16 ms
From 192.168.1.1: bytes=32 seq=2 ttl=126 time=15 ms
```

图 8-23　终端 PC 之间的通信测试结果

项目 8-2　园区网 OSPF 多区域配置

项目 8-2　园区网 OSPF 多区域配置

园区网有 3 个区域,分别是中心区域、高新技术区域和工业园区域,园区网络拓扑结构如图 8-24 所示,需要满足如下功能。

(1)使用 OSPF 连接不同区域的网络。为了提高网络效率,为不同的园区划分对应的区域,中心区域为 area 0,高新技术区为 area 1,工业园区为 area 2。

(2)每个路由器设置一个 loopback(L0)0 地址作为该路由器的 router-id。AR1 是 10.0.0.1/24,AR2 是 20.0.0.1/24,AR3 是 30.0.0.1/24,AR4 是 40.0.0.1/24。

(3)AR3 设置一个 Lo 1 地址 192.168.20.1/24 作为网络测试地址,AR4 设置一个 Lo 1 地址 192.168.40.1/24 作为网络测试地址。

(4)区域 area 1 使用 MD5 加密,密码使用“huawei123”;区域 area 2 使用明文加密,密码使用“12345678”。

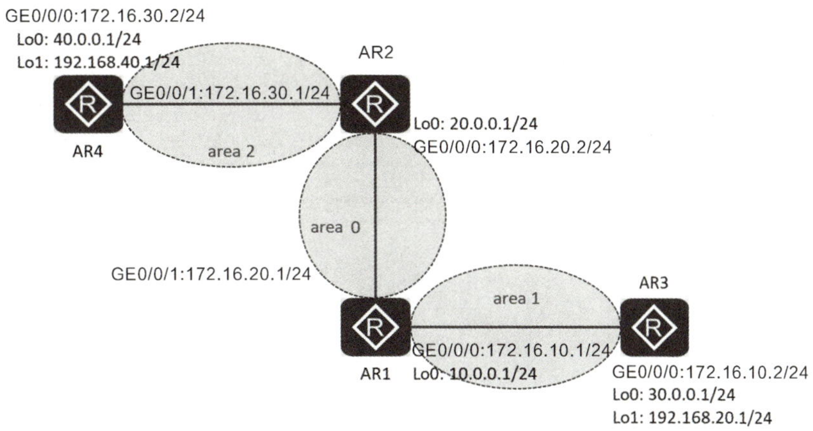

图 8-24 项目 8-2 的网络拓扑结构

项目规划

欲实现上述功能需求，配置思路如下：

(1)配置各个路由器物理端口的 IP 地址和 loopback 端口的 IP 地址。

(2)为各个路由器配置 OSPF 协议，以及在各个 area 中公告直连网段。

(3)检查各个路由器的物理端口 IP 地址状态、路由表。

(4)各个路由器之间使用 ICMP 协议进行测试和验证。

(5)为区域 area 1 设置 MD5 加密验证，为区域 area 2 分别设置明文验证；完成后再检查各个路由器的路由表并使用 ICMP 进行验证。

项目实施

步骤 1：路由器 AR1、AR2 和 AR3 的端口配置 IP 地址。

```
#AR1
<Huawei> sys
[Huawei] undo info-center enable
[Huawei] sysname AR1
[AR1] interface GigabitEthernet 0/0/0
[AR1-GigabitEthernet0/0/0] ip address 172.16.10.1 24
[AR1-GigabitEthernet0/0/0] quit
[AR1] interface GigabitEthernet 0/0/1
[AR1-GigabitEthernet0/0/1] ip address 172.16.20.1 24
[AR1-GigabitEthernet0/0/1] quit
[AR1] interface LoopBack 0
[AR1-LoopBack0] ip address 10.0.0.1 24
#AR2
<Huawei> sys
[Huawei] undo info-center enable
[Huawei] sysname AR2
[AR2] interface GigabitEthernet 0/0/0
[AR2-GigabitEthernet0/0/0] ip address 172.16.20.2 24
[AR2-GigabitEthernet0/0/0] quit
[AR2] interface GigabitEthernet 0/0/1
```

```
[AR2-GigabitEthernet0/0/1] ip address 172.16.30.1 24
[AR2-GigabitEthernet0/0/1] quit
[AR2] interface LoopBack 0
[AR2-LoopBack0] ip address 20.0.0.1 24
#AR3
<Huawei> sys
[Huawei] undo info-center enable
[Huawei] sysname AR3
[AR3] interface GigabitEthernet 0/0/0
[AR3-GigabitEthernet0/0/0] ip address 172.16.10.2 24
[AR3-GigabitEthernet0/0/0] quit
[AR3] interface LoopBack 0
[AR3-LoopBack0] ip address 30.0.0.1 24
[AR3-LoopBack0] quit
[AR3] interface LoopBack 1
[AR3-LoopBack1] ip address 192.168.20.1 24
#AR4
<Huawei> sys
[Huawei] undo info-center enable
[Huawei] sysname AR4
[AR4] interface GigabitEthernet 0/0/0
[AR4-GigabitEthernet0/0/0] ip address 172.16.30.2 24
[AR4-GigabitEthernet0/0/0] quit
[AR4] interface LoopBack 0
[AR4-LoopBack0] ip address 40.0.0.1 24
[AR4-LoopBack0] quit
[AR4] interface LoopBack 1
[AR4-LoopBack1] ip address 192.168.10.1 24
```

步骤 2:各路由器启动 OSPF 协议,把各个路由器所设置的 loopback 0 的 IP 地址作为 OSPF 的 Route-ID,并划分正确的区域,分别是 area 0,area 1 和 area 2。

```
#AR1
[AR1]ospf 1 router-id 10.0.0.1
[AR1-ospf-1]area 0
[AR1-ospf-1-area-0.0.0.0]network 172.16.20.0 0.0.0.255
[AR1-ospf-1-area-0.0.0.0]network 10.0.0.1 0.0.0.0
[AR1-ospf-1-area-0.0.0.0]quit
[AR1-ospf-1]area 1
[AR1-ospf-1-area-0.0.0.1]network 172.16.10.0 0.0.0.255
[AR1-ospf-1-area-0.0.0.1]quit
[AR1-ospf-1]quit
```

```
#AR2
[AR2]ospf 1 router-id 20.0.0.1
[AR2-ospf-1]area 0
[AR2-ospf-1-area-0.0.0.0]network 172.16.20.0 0.0.0.255
[AR2-ospf-1-area-0.0.0.0]network 20.0.0.1 0.0.0.0
[AR2-ospf-1-area-0.0.0.0]quit
[AR2-ospf-1]area 2
[AR2-ospf-1-area-0.0.0.2]network 172.16.30.0 0.0.0.255
[AR2-ospf-1-area-0.0.0.2]quit
#AR3
[AR3]ospf 1 router-id 30.0.0.1
[AR3-ospf-1]area 1
[AR3-ospf-1-area-0.0.0.1]network 172.16.10.0 0.0.0.255
[AR3-ospf-1-area-0.0.0.1]network 192.168.20.0 0.0.0.255
[AR3-ospf-1-area-0.0.0.1]network 30.0.0.1 0.0.0.0
[AR3-ospf-1-area-0.0.0.1]quit
[AR3-ospf-1]quit
#AR4
[AR4]ospf 1 router-id 40.0.0.1
[AR4-ospf-1]area 2
[AR4-ospf-1-area-0.0.0.2]network 172.16.30.0 0.0.0.255
[AR4-ospf-1-area-0.0.0.2]network 192.168.10.0 0.0.0.255
[AR4-ospf-1-area-0.0.0.2]network 40.0.0.1 0.0.0.0
[AR4-ospf-1-area-0.0.0.2]quit
[AR4-ospf-1]quit
```

步骤 3:区域 area 1 加密验证,密码使用 MD5 加密,密码为 huawei123。

```
#AR1
[AR1] ospf 1 router-id 10.0.0.1
[AR1-ospf-1] area 1
[AR1-ospf-1-area-0.0.0.1] authentication-mode md5 1 huawei123
[AR1-ospf-1-area-0.0.0.1] quit
[AR1-ospf-1] quit
#AR3
[AR3] ospf 1 router-id30.0.0.1
[AR3-ospf-1] area 1
[AR3-ospf-1-area-0.0.0.1] authentication-mode md5 1 huawei123
[AR3-ospf-1-area-0.0.0.1] quit
[AR3-ospf-1] quit
```

步骤 4:区域 area 2 加密验证,密码使用明文加密,密码为 12345678。

```
#AR2
[AR2] ospf 1 router-id20.0.0.1
[AR2-ospf-1] area 2
[AR2-ospf-1-area-0.0.0.2] authentication-mode simple 12345678
[AR2-ospf-1-area-0.0.0.2] quit
[AR2-ospf-1] quit
#AR4
[AR4] ospf 1 router-id 40.0.0.1
[AR4-ospf-1] area 2
[AR4-ospf-1-area-0.0.0.2] authentication-mode simple 12345678
[AR4-ospf-1-area-0.0.0.2] quit
[AR4-ospf-1] quit
```

▷项目验证

区域 area 1、区域 area 2 启用验证前

(1)检查各个路由器端口的 IP 状态信息。

①查看路由器 AR1 的端口状态信息,如图 8-25 所示。

```
[AR1]display ip interface brief
*down: administratively down
^down: standby
(l): loopback
(s): spoofing
The number of interface that is UP in Physical is 4
The number of interface that is DOWN in Physical is 1
The number of interface that is UP in Protocol is 4
The number of interface that is DOWN in Protocol is 1

Interface                         IP Address/Mask      Physical   Protocol
GigabitEthernet0/0/0              172.16.10.1/24       up         up
GigabitEthernet0/0/1              172.16.20.1/24       up         up
GigabitEthernet0/0/2              unassigned           down       down
LoopBack0                         10.0.0.1/24          up         up(s)
NULL0                             unassigned           up         up(s)
```

图 8-25 路由器 AR1 的端口状态信息

②查看路由器 AR2 的端口状态信息,如图 8-26 所示。

```
[AR2]display ip interface brief
*down: administratively down
^down: standby
(l): loopback
(s): spoofing
The number of interface that is UP in Physical is 4
The number of interface that is DOWN in Physical is 1
The number of interface that is UP in Protocol is 4
The number of interface that is DOWN in Protocol is 1

Interface                         IP Address/Mask      Physical   Protocol
GigabitEthernet0/0/0              172.16.20.2/24       up         up
GigabitEthernet0/0/1              172.16.30.1/24       up         up
GigabitEthernet0/0/2              unassigned           down       down
LoopBack0                         20.0.0.1/24          up         up(s)
NULL0                             unassigned           up         up(s)
```

图 8-26 路由器 AR2 的端口状态信息

③查看路由器 AR3 的端口状态信息,如图 8-27 所示。

```
[AR3]display ip interface brief
*down: administratively down
^down: standby
(l): loopback
(s): spoofing
The number of interface that is UP in Physical is 4
The number of interface that is DOWN in Physical is 2
The number of interface that is UP in Protocol is 4
The number of interface that is DOWN in Protocol is 2

Interface                         IP Address/Mask      Physical   Protocol
GigabitEthernet0/0/0              172.16.10.2/24       up         up
GigabitEthernet0/0/1              unassigned           down       down
GigabitEthernet0/0/2              unassigned           down       down
LoopBack0                         30.0.0.1/24          up         up(s)
LoopBack1                         192.168.20.1/24      up         up(s)
NULL0                             unassigned           up         up(s)
```

图 8-27　路由器 AR3 的端口状态信息

④查看路由器 AR4 的端口状态信息，如图 8-28 所示。

```
[AR4]display ip interface brief
*down: administratively down
^down: standby
(l): loopback
(s): spoofing
The number of interface that is UP in Physical is 4
The number of interface that is DOWN in Physical is 2
The number of interface that is UP in Protocol is 4
The number of interface that is DOWN in Protocol is 2

Interface                         IP Address/Mask      Physical   Protocol
GigabitEthernet0/0/0              172.16.30.2/24       up         up
GigabitEthernet0/0/1              unassigned           down       down
GigabitEthernet0/0/2              unassigned           down       down
LoopBack0                         40.0.0.1/24          up         up(s)
LoopBack1                         192.168.10.1/24      up         up(s)
NULL0                             unassigned           up         up(s)
```

图 8-28　路由器 AR4 的端口状态信息

＃ 区域 area 1、区域 area 2 启用验证后

(2)检查各个路由器的路由表。

①查看路由器 AR1 的路由表信息，如图 8-29 所示。

```
[AR1]display ip routing-table protocol ospf
Route Flags: R - relay, D - download to fib
------------------------------------------------------------------------------
Public routing table : OSPF
         Destinations : 6        Routes : 6

OSPF routing table status : <Active>
         Destinations : 6        Routes : 6

Destination/Mask    Proto   Pre  Cost      Flags NextHop         Interface

       20.0.0.1/32  OSPF    10   1           D   172.16.20.2     GigabitEthernet
0/0/1
       30.0.0.1/32  OSPF    10   1           D   172.16.10.2     GigabitEthernet
0/0/0
       40.0.0.1/32  OSPF    10   2           D   172.16.20.2     GigabitEthernet
0/0/1
    172.16.30.0/24  OSPF    10   2           D   172.16.20.2     GigabitEthernet
0/0/1
   192.168.10.1/32  OSPF    10   2           D   172.16.20.2     GigabitEthernet
0/0/1
   192.168.20.1/32  OSPF    10   1           D   172.16.10.2     GigabitEthernet
0/0/0
```

图 8-29　路由器 AR1 的路由表信息

②查看路由器 AR2 的路由表信息，如图 8-30 所示。

```
[AR2]display ip routing-table protocol ospf
Route Flags: R - relay, D - download to fib
------------------------------------------------------------------------------
Public routing table : OSPF
         Destinations : 6        Routes : 6

OSPF routing table status : <Active>
         Destinations : 6        Routes : 6

Destination/Mask    Proto   Pre  Cost      Flags NextHop         Interface

       10.0.0.1/32  OSPF    10   1           D   172.16.20.1     GigabitEthernet
0/0/0
       30.0.0.1/32  OSPF    10   2           D   172.16.20.1     GigabitEthernet
0/0/0
       40.0.0.1/32  OSPF    10   1           D   172.16.30.2     GigabitEthernet
0/0/1
    172.16.10.0/24  OSPF    10   2           D   172.16.20.1     GigabitEthernet
0/0/0
   192.168.10.1/32  OSPF    10   1           D   172.16.30.2     GigabitEthernet
0/0/1
   192.168.20.1/32  OSPF    10   2           D   172.16.20.1     GigabitEthernet
0/0/0
```

图 8-30　路由器 AR2 的路由表信息

③查看路由器 AR3 的路由表信息，如图 8-31 所示。

```
[AR3]display ip routing-table protocol ospf
Route Flags: R - relay, D - download to fib
------------------------------------------------------------------------------
Public routing table : OSPF
         Destinations : 6        Routes : 6

OSPF routing table status : <Active>
         Destinations : 6        Routes : 6

Destination/Mask    Proto   Pre  Cost      Flags NextHop         Interface

       10.0.0.1/32  OSPF    10   1           D   172.16.10.1     GigabitEthernet
0/0/0
       20.0.0.1/32  OSPF    10   2           D   172.16.10.1     GigabitEthernet
0/0/0
       40.0.0.1/32  OSPF    10   3           D   172.16.10.1     GigabitEthernet
0/0/0
    172.16.20.0/24  OSPF    10   2           D   172.16.10.1     GigabitEthernet
0/0/0
    172.16.30.0/24  OSPF    10   3           D   172.16.10.1     GigabitEthernet
0/0/0
   192.168.10.1/32  OSPF    10   3           D   172.16.10.1     GigabitEthernet
0/0/0
```

图 8-31　路由器 AR3 的路由表信息

④查看路由器 AR4 的路由表信息，如图 8-32 所示。

```
[AR4]display ip routing-table protocol ospf
Route Flags: R - relay, D - download to fib
------------------------------------------------------------------------------
Public routing table : OSPF
         Destinations : 6        Routes : 6

OSPF routing table status : <Active>
         Destinations : 6        Routes : 6

Destination/Mask    Proto   Pre  Cost      Flags NextHop         Interface

       10.0.0.1/32  OSPF    10   2           D   172.16.30.1     GigabitEthernet
0/0/0
       20.0.0.1/32  OSPF    10   1           D   172.16.30.1     GigabitEthernet
0/0/0
       30.0.0.1/32  OSPF    10   3           D   172.16.30.1     GigabitEthernet
0/0/0
    172.16.10.0/24  OSPF    10   3           D   172.16.30.1     GigabitEthernet
0/0/0
    172.16.20.0/24  OSPF    10   2           D   172.16.30.1     GigabitEthernet
0/0/0
   192.168.20.1/32  OSPF    10   3           D   172.16.30.1     GigabitEthernet
0/0/0
```

图 8-32　路由器 AR4 的路由表信息

(3)当路由器 AR1 的 area 1 启用验证且路由器 AR3 的 area 1 未启用验证时,路由器 AR1 的路由表丢失 area 1 中路由器 AR3 的直连网段信息。区域验证通过前,路由器 AR1 的路由表信息如图 8-33 所示。

```
[AR1]disp ip routing-table protocol ospf
Route Flags: R - relay, D - download to fib
------------------------------------------------------------------------------
Public routing table : OSPF
         Destinations : 4        Routes : 4

OSPF routing table status : <Active>
         Destinations : 4        Routes : 4

Destination/Mask    Proto   Pre  Cost      Flags NextHop         Interface

       20.0.0.1/32  OSPF    10   1           D   172.16.20.2     GigabitEthernet
0/0/1
       40.0.0.1/32  OSPF    10   2           D   172.16.20.2     GigabitEthernet
0/0/1
    172.16.30.0/24  OSPF    10   2           D   172.16.20.2     GigabitEthernet
0/0/1
   192.168.10.1/32  OSPF    10   2           D   172.16.20.2     GigabitEthernet
0/0/1
```

图 8-33　区域验证通过前路由器 AR1 的路由表信息

(4)在路由器 AR3 的 area 1 也加载了区域验证信息后,路由器 AR1 的路由表恢复原来的信息,AR1 路由表包含 area 1 中路由器 AR3 的直连网段信息。区域验证通过后,路由器 AR1 的路由表信息如图 8-34 所示。

```
[AR1]disp ip routing-table protocol ospf
Route Flags: R - relay, D - download to fib
------------------------------------------------------------------------------
Public routing table : OSPF
         Destinations : 6        Routes : 6

OSPF routing table status : <Active>
         Destinations : 6        Routes : 6

Destination/Mask    Proto   Pre  Cost      Flags NextHop         Interface

       20.0.0.1/32  OSPF    10   1           D   172.16.20.2     GigabitEthernet
0/0/1
       30.0.0.1/32  OSPF    10   1           D   172.16.10.2     GigabitEthernet
0/0/0
       40.0.0.1/32  OSPF    10   2           D   172.16.20.2     GigabitEthernet
0/0/1
    172.16.30.0/24  OSPF    10   2           D   172.16.20.2     GigabitEthernet
0/0/1
   192.168.10.1/32  OSPF    10   2           D   172.16.20.2     GigabitEthernet
0/0/1
   192.168.20.1/32  OSPF    10   1           D   172.16.10.2     GigabitEthernet
0/0/0
```

图 8-34　区域验证通过后路由器 AR1 的路由表信息

(5)路由器 AR2 和路由器 AR4 关于区域 area 2 的操作与步骤 3 和步骤 4 相似。

单元总结

本单元详细介绍了链路状态路由选择协议的工作原理及应用,主要学习了以下知识内容。

(1)OSPF 是典型的链路状态路由选择协议,是目前业内使用非常广泛的 IGP 协议之一。

(2)运行 OSPF 的路由器之间交互的是 LSA,而不是直接交互路由。LSA 是 OSPF 能够正常进行拓扑及路由计算的关键信息。

(3)OSPF 路由器将网络中的 LSA 收集起来,存储在 LSDB 中。OSPF 路由器都清楚区域内的网络拓扑结构,这有助于路由器计算无环路径。

(4)每台 OSPF 路由器都采用 SPF 算法计算达到目的地的最短路径。路由器依据这些路径形成的路由加载到路由表中。

(5)OSPF 支持可变长子网掩码(variable length subnet mask,VLSM),支持手工路由汇总。

(6)多区域的设计使得 OSPF 能够支持更大规模的网络。

巩固练习

一、单选题

1. 下列选项中,具备有动态路由功能的设备是(　　)。

A. 二层交换机　　B. 集线器　　C. 无线 AP　　D. 三层交换机

2. 动态路由协议 OSPF 中,主区域是(　　)。

A. area 0　　B. area 1　　C. area 2　　D. area x

3. OSPF 协议主干域子模式下,正确公告直连网段信息的命令是(　　)。

A. network 10.0.0.1　　B. network 10.0.0.0 0.0.0.255

C. network 10.0.0.0　　D. network 0.0.0.0 0.0.0.0

4. 一台运行了 OSPF 的路由器,其物理端口 IP 地址分别为 1.1.1.1/24、5.5.5.5/24,loopback 0 的 IP 地址为 3.3.3.3/24,loopback 1 的 IP 地址为 4.4.4.4/24,该路由器的 Router-ID 值是(　　)。

A. 1.1.1.1　　B. 3.3.3.3　　C. 4.4.4.4　　D. 5.5.5.5

5. 动态路由协议 OSPF 在华为路由器的路由表默认优先级(pre)的值是(　　)。

A. 0　　B. 10　　C. 110　　D. 1

二、多选题

1. 动态路由协议 OSPF 的区域认证中,认证的模式有(　　)。

A. 明文密码验证　　B. RSA 加密验证

C. DES 加密验证　　D. MD5 加密验证

2. 下列关于动态路由协议 OSPF 的说法,正确的有(　　)。

A. OSPF 是一种距离矢量动态路由协议

B. OSPF 路由协议只能适用于小型网络

C. OSPF 动态路由协议中,必须要有主干区域 area 0

D. OSPF 是一种链路状态动态路由协议

3. 下列关于动态路由协议 OSPF 的说法,正确的有(　　)。

A. 动态路由协议 OSPF 支持变长子网掩码的网络

B. 动态路由协议 OSPF 协议中 Hello 数据包用于发现邻居路由器

C. 动态路由器协议 OSPF 算法不会产生环路路由信息

D. 动态路由协议 OSPF 中,当某个路由器某个端口出现故障后,整个网络都无法通信

4. 下列关于 DR 与 BDR 的选举规则,叙述错误的是(　　)。

A. 在同一个网络中 DR 和 BDR 不能是同一台路由器

B. 如果一个路由器的优先级为 0,则不参加 DR 或 BDR 的选举。

C. 路由器优先级的值越小优先级越高,优先级最大的路由器将成为 DR

D. 如果两台路由器优先级一样,则 Router-ID 值较小的路由器将成为 DR

5. 下列关于 OSPF 动态路由协议中区域的说法,正确的是(　　)。

A. 可以有多个主干域　　B. 只能有一个主干域

C. 相同区域的设备可以设置认证　　D. 区域认证的密码不可以加密

三、简答题

1. OSPF 路由协议如何计算出最优路由选择路径?
2. OSPF 路由协议的主干区域的 ID 是什么,这个区域是否能缺省?
3. OSPF 路由协议相同区域的路由器是否可以使用认证技术?
4. OSPF 路由协议配置过程中,网段的子网掩码是否需要输入,使用什么表示方法?
5. OSPF 路由协议路由表的默认优先值是多少,与静态路由相比谁更优先?

广域网技术模块

2022 年 8 月 26 日，合肥量子城域网正式开通。该网含 8 个核心节点和 159 个接入节点，量子密钥分发网络光纤全长 1147 公里，可以为市、区两级党政机关提供量子安全接入服务和数据传输加密服务，全面提升电子政务安全防护水平。未来，在合肥量子城域网的基础上，还将与物联网、大数据、云计算和人工智能等前沿领域深度融合，进一步打造丰富的量子安全应用产品。

单元9 广域网技术

单元导航

现代科技的迅速发展，缩小了地球上的时空距离，使整个地球如同茫茫宇宙中的一个小村落，而“地球村”的形成离不开广域网技术的支撑。广域网是一种跨地区的数据通信网络。本单元主要介绍广域网的基本概念、广域网中常见技术(PPP、PAP、CHAP 和 PPPoE)的工作原理和基本配置方法。

学习目标

知识目标

(1)了解广域网的基本概念。

(2)理解 PPP 的基本概念和工作原理。

(3)理解 PAP 和 CHAP 的工作原理。

(4)理解 PPPoE 协议的基本概念和报文格式。

技能目标

(1)掌握 PPP 的配置方式。

(2)掌握 PAP 验证的配置方法。

(3)掌握 CHAP 验证的配置方法。

(4)掌握 PPPoE 的基本配置方法。

素养目标

(1)培养认真负责、严谨细致的工作态度和工作作风。

(2)培养创新能力和创新思维。

(3)提高标准意识、操作规范意识、服务质量意识、尊重产权意识及环境保护意识。

学习准备

随着经济全球化、数字化的加速变革，企业规模不断扩大，使其出现了越来越多的分支机构，这些分支机构可以分布在不同的地理位置。每个分支机构所在的网络都被认为是一个局域网(local area network，LAN)，总部和各分支机构之间的通信需要跨越地理位置。因此，企业需要通过广域网(wide area network，WAN)将这些分散在不同地理位置的分支机构连接起来，以便更好地开展业务，如图 9-1 所示。

广域网技术的发展伴随着带宽的不断升级。早期的 X.25 只能提供 64 kbit/s 的带宽。之后，数字数据网(digital data network，DDN)和帧中继(frame relay，FR)将提供的带宽提高到了 2 Mbit/s。后来，同步数字结构(synchronous digital hierachy，SDH)和异步传输模式(asynchronous transfer mode，ATM)进一步把带宽提升到了 10 Gbit/s。当前(2022 年 11 月)以 IP 为基础的广域网络普遍达到 10 Gbit/s 甚至更高的带宽。

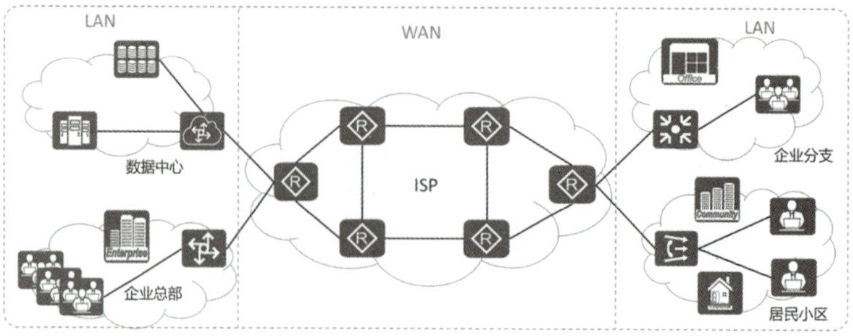

图 9-1　广域网

广域网常见的数据链路层标准协议有高级数据链路控制(high-level data link control，HDLC)、点到点协议(point-to-point protocol，PPP)、帧中继(frame relay，FR)和异步传输模式(ATM)等。

PPP 主要用在支持全双工的同、异步链路上，进行点到点之间的数据传输。它提供用户认证，易于扩充，并且支持同、异步通信，因而在广域网中得到了广泛的应用。

PPP 解决了以下几大网络问题。

(1)具有动态分配地址的能力，解决了 IPv4 地址资源不足，而部分闲置时间段终端占用地址的问题。

(2)可以支持多种不同的网络通信协议，解决使用不同网络通信协议终端之间(如 TCP/IP 与 NWLINK 之间的终端)出现的多种问题。

(3)网络开销小，速度快，且具有身份验证功能，很适合普通用户接入互联网的业务。

(4)支持不同传输媒介。从传统的串行电缆、铜线、双绞线到更先进的光电和无线传输等都支持 PPP。

接下来，我们将通过学习 PPP 的工作原理、安全验证模式和相关配置命令等知识内容，实现局域网接入广域网的部署。

9.1　广域网

广域网，也称为 WAN，是指跨越很大地域范围的数据通信网络。广域网通常使用因特网服务提供商(ISP)提供的设备作为信息传输平台，对网络通信的要求较高。广域网对应的 OSI 三层模型如图 9-2 所示。

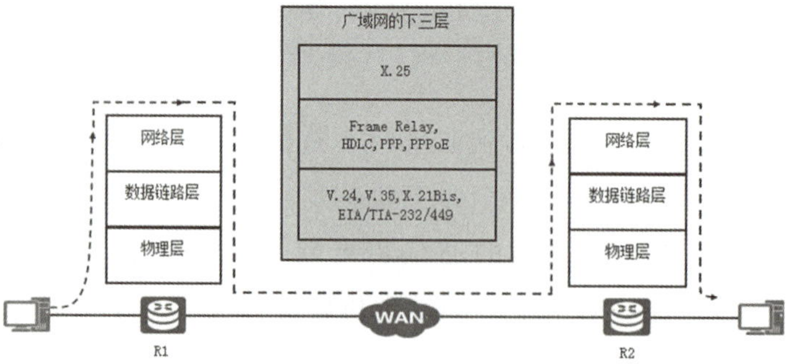

图 9-2　广域网对应的 OSI 三层模型

广域网的接入方式有以下 3 种。

1. DDN 接入

DDN 是数字数据网(digital data network)的简称。它由光纤、数字微波或卫星等数字传输通道和数字交叉复用设备组成，为用户提供高质量的数据传输通道，方便传送各种数据业务。

2. PSTN 接入

PSTN 是公共电话交换网（public switched telephone network）的简称，其优点是覆盖区域广、易于使用、价格较低；缺点是网络线路质量较差、传输速率较低。

3. DSL 远程接入

DSL 是数字用户线（digital subscriber line）的简称，其远程接入方式是通过 DSL 调制解调器实现用户数据在传统电话线上的高速传输。DSL 技术常见的类型包括 ADSL、VDSL、SDSL、HDSL 和 ISDN DSL 等。其中，ASDL 已经成为实际应用中广域网接入的主要技术。

9.2　PPP 协议

PPP 是 point-to-point protocol 的简称，也称为 P2P，是 TCP/IP 网络中最重要的点到点数据链路层协议，如图 9-3 所示。

图 9-3　PPP 连接

9.2.1　PPP 成员协议

（1）链路控制协议（link control protocol，LCP）。LCP 主要用于通信两端设备间的数据链路连接的建立、拆除和监控 PPP 数据链路，完成二层协商。LCP 主要协商通信双方的最大接收单元（maximum receive unit，MRU）、认证方式和魔术字（magic number）等选项。

（2）网络控制协议（network control protocol，NCP）。NCP 主要用于协商在该链路上所传输的数据包的格式与类型，以便于建立和配置不同网络层协议。

9.2.2　PPP 帧的结构

PPP 帧是面向字符的，如图 9-4 所示，帧的结构包含以下内容。

（1）标志字段。标志字段由二进制序列 01111110 组成，16 进制表示为 0x7E，指示帧的开始或者结束。

（2）地址字段。地址字段由二进制序列 11111111 组成，16 进制表示为 0xFF。如果是标准的广播地址，PPP 不会指定单个设备的地址。

（3）控制字段。控制字段由二进制序列 00000011 组成，16 进制表示为 0x03，用户数据采用无序帧方式传输。

（4）协议字段。协议字段长度为 1 至 2 byte，用于标识被封装于帧中的数据字段里的协议类型。

（5）信息字段。信息字段又称为数据字段，长度为 0 至多个 byte，默认不超过 1500 byte，该字段包含了符合协议字段中指定协议的数据。

（6）帧校验序列。帧校验序列通常为 2 byte，用于 PPP 帧差错控制。

1B	1B	1B	1B	<1500B	2B	1B
标志字段 (Flag) 01111110	地址字段 (Address)	控制字段 (Control)	协议字段 (Protocol)	信息字段 (Informatica)	帧校验序列 (FCS)	标志字段 (Flag) 01111110

图 9-4　PPP 帧的结构

9.2.3　PPP 的工作过程

PPP 的工作过程分为以下几个阶段。

1. 链路不可用阶段

链路不可用阶段也称为物理层不可用阶段，所有的 PPP 链路都需从这个阶段开始和结束。当通信两端设备检测到物理链路处于激活状态时，就会从当前阶段切换到下一阶段(链路建立阶段)。

2. 链路建立阶段

链路建立阶段是 PPP 协议中最复杂的阶段。这个阶段主要是通过发送配置报文来配置数据链路的，该报文中的参数不包括网络层协议所需的参数。一旦完成了报文的交换之后，设备间的链路就会进入下一阶段的状态，下一阶段可能是验证阶段，也可能是网络层协议阶段。在链路建立阶段中，LCP 的状态机会发生两次改变。当链路不可用时，LCP 的状态机处于 initial 或者 starting 的状态。当检测到链路可用时，物理层会向链路层发送 1 个 UP 事件，链路层收到该事件之后，LCP 的状态机会从当前状态一端的设备改变为 Request-Sent 状态，这是链路建立阶段 LCP 状态的第 1 次改变，此时状态机的 LCP 会进行相应的动作，即开始发送 Config-Request 报文来配置数据链路；当数据链路配置成功后，另一端设备会发送 Config-Ack 报文，无论这条链路的哪一端设备接收到了 Config-Ack 报文，LCP 的状态机都会发生改变，即从当前状态改变为 opened 状态，这是链路建立阶段 LCP 状态的第 2 次改变。当一端进入 opened 状态后，另一端会收到本端发送的 Config-Ack 报文并转变为 open 状态，这意味着完成了当前阶段，应该向下一个阶段跃迁。必须注意的是在链路配置阶段，双方的链路配置操作过程是相互独立的。如果在该阶段收到了非 LCP 数据报文，则会的将这些报文丢弃。

3. 验证阶段

默认情况下，PPP 链路是不进行认证的。如果需要验证，在链路建立阶段需指定验证协议。在该阶段支持 PAP 和 CHAP 两种认证方式，验证方式的选择是依据在链路建立阶段双方进行协商的结果。然而，链路质量的检测也会在这个阶段同时发生，但协议规定不会让链路质量的检测无限制的延迟验证过程。在这个阶段仅支持链路控制协议、验证协议和质量检测数据报文，其它的数据报文都会被丢弃，如果在这个阶段设备再次收到了 Config-Request 报文，则会返回到链路建立阶段。

4. 网络层协议阶段

一旦 PPP 完成了前面几个阶段，每种网络层协议(IP、IPX 和 AppleTalk)会通过各自相应的网络控制协议进行配置，每个 NCP 协议可在任何时间打开和关闭。当 NCP 的状态机变成 opened 状态后，PPP 就可以开始在链路上承载网络层的数据包了。如果在个阶段设备收到了 Config-Request 报文，则又会返回到链路建立阶段。

5. 网络终止阶段

PPP 能在任何时候终止链路。当发生载波丢失、授权失败、链路质量检测失败和管理员人为关闭链路等情况时，会导致链路终止。链路建立阶段可通过交换 LCP 的链路终止报文来关闭链路，当链路关闭时，链路层会通知网络层做相应的操作，并会通过物理层强制关闭链路。对于 NCP 协议来说，它不会也没有必要去关闭 PPP 链路。

PPP 协议工作过程如图 9-5 所示。

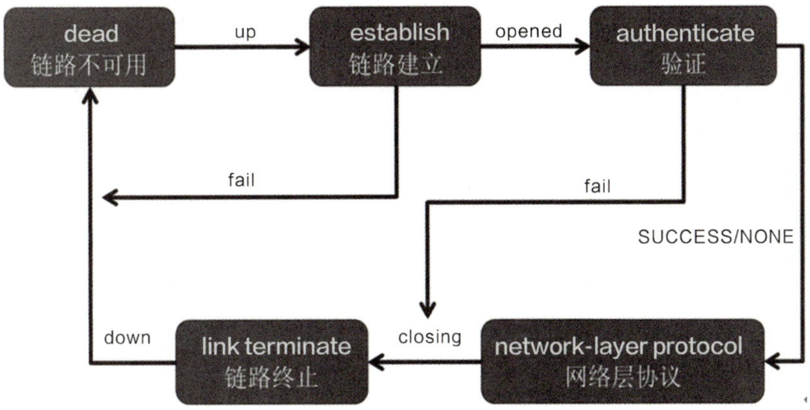

图 9-5　PPP 协议过程状态图

9.3　PAP 和 CHAP 认证

PPP 协议提供了可选的认证配置参数选项，默认情况下，点对点通信的两端是不需要认证的，但是一般都会设置认证模式，路由设备一般具备两种认证方式，分别是 PAP 和 CHAP。

9.3.1　PAP 认证

口令验证协议（password authentication protocol，PAP）是一种简单的明文验证方式。网络接入服务器（network access server，NAS）要求用户提供用户名和口令，PAP 以明文方式返回用户信息。

PAP 验证是两次握手验证。在链路建立阶段，如果设备配置了 PAP 认证，则验证方在发送配置请求报文时会携带认证配置参数选项，对于被验证方则不需要，被验证方只需要在收到配置请求报文后根据自身情况给对端返回报文即可。PAP 协议具体过程如图 9-6 所示。

图 9-6　PAP 协议具体过程

PAP 这种明文验证方式的安全性较差，第三方可以很容易的获取被传送的明文中的用户名和口令，然后利用这些信息与 NAS 建立连接并获取 NAS 提供的所有资源。所以，一旦用户密码被第三方窃取，PAP 无法提供免受第三方攻击的保障措施。

例 9.1 以图 9-6 为例，假设 HUAWEI-1 是验证方，HUAWEI-2 是被验证方。

验证方建立本地用户数据库，验证被验证方设备是否可以建立连接。

```
[HUAWEI-1] aaa
[HUAWEI-1-aaa] local-user huawei password cipher huawei@123
[HUAWEI-1-aaa] local-user huawei service-type ppp
```

（1）验证方启用 PAP 认证。

```
[HUAWEI-1-Serial0/0/0] ppp authentication-mode pap
```

(2)被验证方配置验证方提供的验证信息，包含用户名、密码和加密模式等。

```
[HUAWEI-2] interface Serial0/0/0
[HUAWEI-2-Serial0/0/0] link-protocol ppp
[HUAWEI-2-Serial0/0/0] ppp pap local-user huawei password cipher huawei@123
```

9.3.2 CHAP 认证

挑战握手身份认证协议(challengehandshake authentication protocol，CHAP)是加密的验证方式，能够避免建立连接时传送用户的真实密码。NAS 向远程用户发送 1 个挑战(challenge)口令，其中包括会话 ID 和 1 个任意生成的挑战字串(arbitrary challenge string)。远程客户必须使用 MD5 单向哈希算法(one-way hashing algorithm)返回用户名和加密的挑战口令，加密的挑战口令包括会话 ID 以及用户口令，其中用户名以非哈希方式发送。

CHAP 的验证过程比 PAP 验证安全许多。验证方在本地加密当前用户的密码为密码散列，然后以明文的方式发送自己的账号给被验证方。被验证方收到验证方的验证请求后，取出验证方发送的主机名，然后根据该主机名在被验证方设备的后台数据库中查找相同的用户名记录，一旦找到该记录，则根据该用户名对应的密钥、报文 ID 和验证方发送的随机报文，使用 MD5 加密算法生成应答，并将应答和自己的主机名送回。验证方收到被验证方发送的回应后，提取被验证方的用户名，然后查找本地数据库，当找到与被验证方一致的用户名后，根据该用户名所对应的密钥、保留报文 ID 和随机报文，使用 MD5 加密算法生成结果，与刚刚被验证方所返回的应答进行比较，如果相同则返回确认(Ack)，否则返回否认(Nak)。CHAP 协议过程如图 9-7 所示。

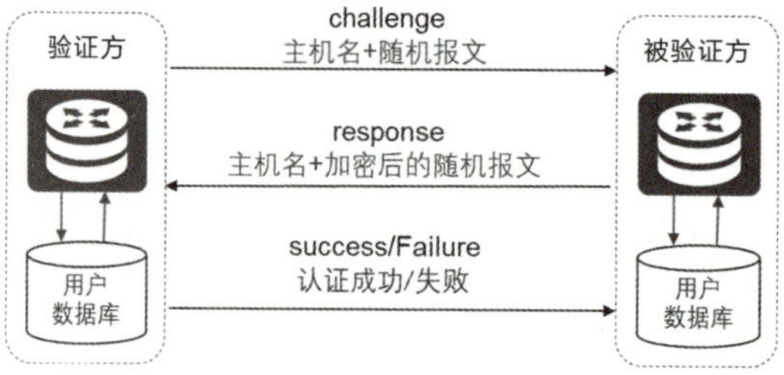

图 9-7 CHAP 协议过程

例 9.2 以图 9-7 为例，假设 HUAWEI-1 是验证方，HUAWEI-2 被验证方。

(1)验证方建立本地认证数据库。

```
[HUAWEI-1] aaa
[HUAWEI-1-aaa] local-user huawei password cipher huawei@123
[HUAWEI-1-aaa] local-user huawei service-type ppp
```

(2)被验证方要求进行 CHAP 认证。

```
[HUAWEI-2] interface Serial0/0/0
[HUAWEI-2-Serial0/0/0] link-protocol ppp
[HUAWEI-2-Serial0/0/0] ppp chap user huawei
[HUAWEI-2-Serial0/0/0] ppp chap password cipher huawei@123
```

9.4 PPPoE

以太网上的点对点协议(point-to-point protocol over ethernet，PPPoE)是将点对点协议(PPP)封

装在以太网(ethernet)框架中的一种网络隧道协议。由于协议中集成了 PPP 协议,所以实现了传统以太网不能提供的身份验证、加密以及压缩等功能,也可用于缆线调制解调器(cable modem)和数字用户线路(DSL)等用以太网协议向用户提供接入服务的协议体系。PPPoE 的网络模型如图 9-8 所示。

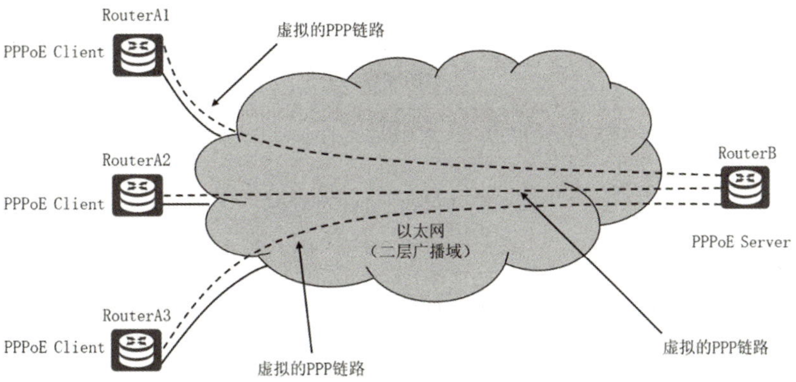

图 9-8　PPPoE 网络模型

9.4.1　PPPoE 的工作过程

PPPoE 的工作过程分为 3 个阶段,如图 9-9 所示,其工作过程如下所示。

(1)发现阶段(discovery)。

在这个阶段,由于客户端不知道服务端的 MAC 地址,所以客户端将使用类似 ARP 解析过程的机制来获取服务端 MAC 地址,并建立连接。这个过程主要分为如下 4 个步骤。

①发送 PADI(PPPoE active discovery initiation)报文:客户端拨号之前,在以太网内只能使用 MAC 地址进行通信,客户端这时会在以太网上广播 1 个 PADI 报文,这个报文包含有客户端的 MAC 地址。

②发送 PADO(PPPoE active discovery offer)报文:当客户端广播了 PADI 报文之后,PPPoE 服务端收到该报文后,会回复 1 个 PADO 报文,这个报文包含了服务端的 MAC 地址和名称等信息。

③发送 PADR(PPPoE active discovery request)报文:客户端收到服务端的 PADO 报文后,会发送 1 个 PADR 报文给服务端,确认接受服务端 PADO 报文提供的 PPPoE 连接。

④发送 PADS(PPPoE active discovery session configuration)报文:客户端发送的 PADR 报文由服务端接收后,服务端会发送 PADS 报文进行再确认,并携带 1 个会话 ID,此时该阶段完成。

(2)会话阶段(session)。

一旦服务端和客户端都知道对端的 MAC 地址之后,就进入会话阶段。它可分为 PPP 协商阶段和 PPP 报文传输阶段两部分。PPP 协商阶段和普通 PPP 协商方式一致,具体流程见 PPP 协商流程(见图 9-5)。PPPoE session 的 PPP 协商成功后,就可以承载 PPP 数据包的传输了。需注意在这一阶段传输的数据包中必须包含在发现阶段确定的 session ID,并保持不变。

(3)会话终结阶段。

在 PPPoE 中定义了 1 个 PADT 报文用来结束会话,PPPoE 客户端或者 PPPoE 服务端可以在会话开始后的任何时候通过发送 PADT 报文来结束会话。

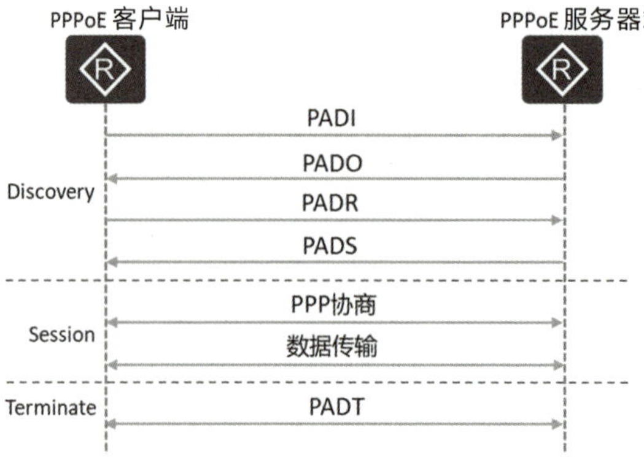

图 9-9 PPPoE 工作过程图

9.5 PPP 协议配置命令

(1)配置端口封装 PPP。

```
[Huawei-Serial0/0/0] link-protocol ppp
```

(2)配置协商超时时间间隔。

```
[Huawei-Serial0/0/0] ppp timer negotiate seconds
```

(3)配置验证方以 PAP 方式验证对端。

```
[Huawei-aaa] local-user user-name password {cipher | irreversible-cipher} password
[Huawei-aaa] local-user user-name service-type ppp
[Huawei-Serial0/0/0] ppp authentication-mode pap
```

(4)配置被验证方以 PAP 方式被对端验证。

```
[Huawei-Serial0/0/0] ppp pap local-user user-name password {cipher | simple} password
```

(5)配置验证方以 CHAP 方式验证对端。

```
[Huawei-aaa] local-user user-name password {cipher | irreversible-cipher} password
[Huawei-aaa] local-user user-name service-type ppp
[Huawei-Serial0/0/0] ppp authentication-mode chap
```

(6)配置被验证方以 CHAP 方式被对端验证。

```
[Huawei-Serial0/0/0] ppp chap user user-name
[Huawei-Serial0/0/0] ppp chap password {cipher | simple} password
```

项目实战

项目 9-1 基于 PAP 安全认证的园区网总部与分部的互联

项目 9-1 基于 PAP 安全认证的园区网总部与分部的互联

某公司园区网因业务扩展新增了 1 个分公司,并增加了专用线路与总公司进行互联。为了确保通信安全,分公司与总公司连接路由器需要使用 PAP 验证,公司园区网络拓扑结构如图 9-10 所示。具体要求如下。

(1)总公司路由器 AR1 使用端口 S0/0/0 与分公司路由器进行连接。

(2)路由器 AR1 的端口 S0/0/0 启用 PPP,并使用 PAP 验证分公司的连接。

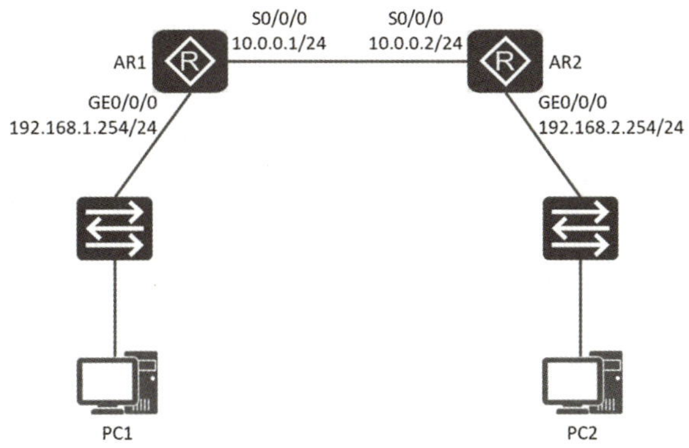

图 9-10　项目 9-1 网络拓扑结构

项目规划

欲实现上述功能需求，配置思路如下：

(1)根据题目要求为两端路由器的端口配置合适的 IP 地址。

(2)为两端路由器配置默认路由。

(3)验证方路由器 AR1 在端口 S0/0/0 启用 PPP 协议和 PAP 验证。

(4)被验证方路由器 AR2 在端口 S0/0/0 配置 PAP 验证方式。

项目实施

步骤 1：为两端路由器配置端口 IP 地址。

```
#AR1
<AR1> sys
[AR1] interface Serial0/0/0
[AR1-Serial0/0/0] ip address 10.0.0.1 24
[AR1] interface GigabitEthernet 0/0/0
[AR1-GigabitEthernet0/0/0] ip address 192.168.1.254 24
#AR2
<AR2> sys
[AR2] interface Serial0/0/0
[AR2-Serial0/0/0] ip address 10.0.0.2 24
[AR2-Serial0/0/0] quit
[AR2] interface GigabitEthernet 0/0/0
[AR2-GigabitEthernet0/0/0] ip address 192.168.2.254 24
```

步骤 2：为两端路由器配置默认路由，下一跳指向对端路由器。

```
#AR1
[AR1] ip route-static 0.0.0.0 0 10.0.0.2
#AR2
[AR2] ip route-static 0.0.0.0 0 10.0.0.1
```

步骤 3：两端的路由器启用 PAP 认证。路由器 AR1 启用 aaa 用户认证，认证模式是 PAP，认证密码是“test@123”；AR2 则使用路由器 AR1 的认证模式进行匹配验证。

当路由器 AR2 设置完毕之后，链路需要断开，因为之前的 PPP 链路已经连接了，需要重新物理连接才会使用最新的验证信息。

```
#AR1
[AR1] aaa
[AR1-aaa] local-user huawei password cipher test@123
[AR1-aaa] local-user huawei service-type ppp
[AR1-aaa] quit
[AR1] interface Serial0/0/0
[AR1-Serial0/0/0] link-protocol ppp
[AR1-Serial0/0/0] ppp authentication-mode pap
[AR1-Serial0/0/0] shutdown
[AR1-Serial0/0/0] undo shutdown
#AR2
[AR2] interface Serial0/0/0
[AR2-Serial0/0/0] link-protocol ppp
[AR2-Serial0/0/0] ppp pap local-user huawei password cipher test@123
[AR2-Serial0/0/0] shutdown
[AR2-Serial0/0/0] undo shutdown
```

项目验证

(1)检查路由器 AR1 的端口 IP 状态,结果如图 9-11 所示。

```
[AR1]display ip int b
*down: administratively down
!down: FIB overload down
^down: standby
(l): loopback
(s): spoofing
(d): Dampening Suppressed
The number of interface that is UP in Physical is 3
The number of interface that is DOWN in Physical is 8
The number of interface that is UP in Protocol is 3
The number of interface that is DOWN in Protocol is 8

Interface                    IP Address/Mask      Physical   Protocol
Ethernet0/0/0                unassigned           down       down
Ethernet0/0/1                unassigned           down       down
GigabitEthernet0/0/0         192.168.1.254/24     up         up
GigabitEthernet0/0/1         unassigned           down       down
GigabitEthernet0/0/2         unassigned           down       down
GigabitEthernet0/0/3         unassigned           down       down
NULL0                        unassigned           up         up(s)
Serial0/0/0                  10.0.0.1/24          up         up
Serial0/0/1                  unassigned           down       down
```

图 9-11　路由器 AR1 的端口 IP 状态

(2)检查路由器 AR1 的路由表信息,结果如图 9-12 所示。

```
[AR1]display ip routing-table
Route Flags: R - relay, D - download to fib
------------------------------------------------------------------------------
Routing Tables: Public
         Destinations : 8        Routes : 8

Destination/Mask    Proto   Pre  Cost      Flags NextHop         Interface

       10.0.0.0/24  Direct  0    0           D   10.0.0.1        Serial0/0/0
       10.0.0.1/32  Direct  0    0           D   127.0.0.1       Serial0/0/0
       10.0.0.2/32  Direct  0    0           D   10.0.0.2        Serial0/0/0
      127.0.0.0/8   Direct  0    0           D   127.0.0.1       InLoopBack0
      127.0.0.1/32  Direct  0    0           D   127.0.0.1       InLoopBack0
    192.168.1.0/24  Direct  0    0           D   192.168.1.254   GigabitEthernet
0/0/0
  192.168.1.254/32  Direct  0    0           D   127.0.0.1       GigabitEthernet
0/0/0
    192.168.2.0/24  OSPF    10   1563        D   10.0.0.2        Serial0/0/0
```

图 9-12　路由器 AR1 的路由表信息

(3)检查路由器 AR2 的端口 IP 状态,结果如图 9-13 所示。

```
[AR2]display ip interface brief
*down: administratively down
!down: FIB overload down
^down: standby
(l): loopback
(s): spoofing
(d): Dampening Suppressed
The number of interface that is UP in Physical is 3
The number of interface that is DOWN in Physical is 8
The number of interface that is UP in Protocol is 3
The number of interface that is DOWN in Protocol is 8

Interface                         IP Address/Mask      Physical   Protocol
Ethernet0/0/0                     unassigned           down       down
Ethernet0/0/1                     unassigned           down       down
GigabitEthernet0/0/0              192.168.2.254/24     up         up
GigabitEthernet0/0/1              unassigned           down       down
GigabitEthernet0/0/2              unassigned           down       down
GigabitEthernet0/0/3              unassigned           down       down
NULL0                             unassigned           up         up(s)
Serial0/0/0                       10.0.0.2/24          up         up
Serial0/0/1                       unassigned           down       down
```

图 9-13　路由器 AR2 的端口 IP 状态

(4)检查路由器 AR2 的路由表信息,结果如图 9-14 所示。

```
[AR2]display ip routing-table
Route Flags: R - relay, D - download to fib
------------------------------------------------------------------------------
Routing Tables: Public
         Destinations : 8        Routes : 8

Destination/Mask    Proto   Pre  Cost      Flags NextHop         Interface

       10.0.0.0/24  Direct  0    0           D   10.0.0.2        Serial0/0/0
       10.0.0.1/32  Direct  0    0           D   10.0.0.1        Serial0/0/0
       10.0.0.2/32  Direct  0    0           D   127.0.0.1       Serial0/0/0
      127.0.0.0/8   Direct  0    0           D   127.0.0.1       InLoopBack0
      127.0.0.1/32  Direct  0    0           D   127.0.0.1       InLoopBack0
    192.168.1.0/24  OSPF    10   1563        D   10.0.0.1        Serial0/0/0
    192.168.2.0/24  Direct  0    0           D   192.168.2.254   GigabitEthernet
0/0/0
  192.168.2.254/32  Direct  0    0           D   127.0.0.1       GigabitEthernet
0/0/0
```

图 9-14　路由器 AR2 的路由表信息

(5)用 PC1 ping PC2,通信测试结果如图 9-15 所示。

```
PC>ipconfig

Link local IPv6 address...........: fe80::5689:98ff:feec:77d0
IPv6 address......................: :: / 128
IPv6 gateway......................: ::
IPv4 address......................: 192.168.1.1
Subnet mask.......................: 255.255.255.0
Gateway...........................: 192.168.1.254
Physical address..................: 54-89-98-EC-77-D0
DNS server........................:

PC>ping 192.168.2.1 -c 2

Ping 192.168.2.1: 32 data bytes, Press Ctrl C to break
From 192.168.2.1: bytes=32 seq=1 ttl=126 time=110 ms
From 192.168.2.1: bytes=32 seq=2 ttl=126 time=125 ms
```

图 9-15　PC1 与 PC2 通信测试结果

项目 9-2　基于 CHAP 安全认证的园区网总部与分部的互联

项目 9-2　基于 CHAP 安全认证的园区网总部与分部的互联

某公司园区网因业务扩展新增了 1 个分公司,并增加了专用线路与总公司进行互联。为了确保通信安全,分公司与总公司连接路由器需要使用 CHAP 验证,公司园区网络拓扑结构如图 9-16 所示。具体要求如下:

(1)总公司路由器 AR1 使用端口 S0/0/0 与分公司路由器进行连接。

(2)路由器 AR1 的端口 S0/0/0 启用 PPP,并使用 CHAP 验证分公司的连接。

(3)确保公司总部的终端与分公司的终端可以稳定地通信。

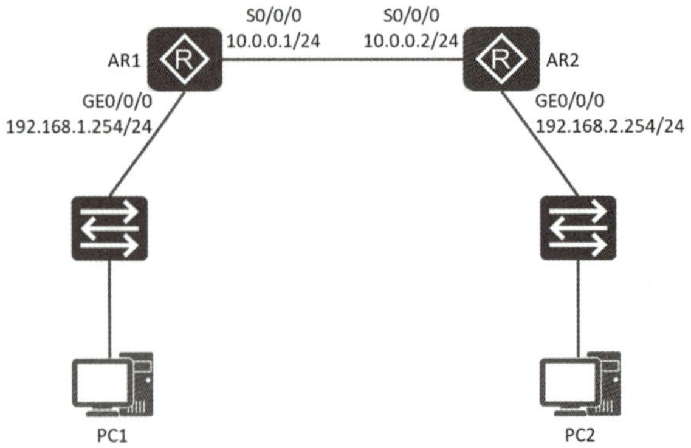

图 9-16　项目 9-2 网络拓扑结构

项目规划

欲实现上述功能需求，配置思路如下：

(1)根据题目要求为两端路由器的端口配置合适的 IP 地址。

(2)为两端路由器配置默认路由。

(3)验证方路由器 AR1 的端口 S0/0/0 启用 PPP 和 CHAP 验证。

(4)被验证方路由器 AR2 在端口 S0/0/0 配置 CHAP 验证方式。

项目实施

步骤 1：为两端路由器配置端口 IP 地址。

```
#AR1
<AR1> sys
[AR1] interface Serial0/0/0
[AR1-Serial0/0/0] ip address 10.0.0.1 24
[AR1-Serial0/0/0] quit
[AR1]interface GigabitEthernet 0/0/0
[AR1-GigabitEthernet0/0/0] ip address 192.168.1.254 24
#AR2
<AR2> sys
[AR2] interface Serial0/0/0
[AR2-Serial0/0/0] ip address 10.0.0.2 24
[AR2-Serial0/0/0] exit
[AR2-Serial0/0/0] quit
[AR2] interface GigabitEthernet 0/0/0
[AR2-GigabitEthernet0/0/0] ip address 192.168.2.254 24
```

步骤 2：为两端路由器配置默认路由，下一跳地址指向对端路由器。

```
#AR1
[AR1] ip route-static 0.0.0.0 0 10.0.0.2
#AR2
[AR2] ip route-static 0.0.0.0 0 10.0.0.1
```

步骤3:两端的路由器启动CHAP认证。路由器AR1启用aaa用户认证,认证模式是CHAP,认证密码是“test@123”;AR2则使用路由器AR1指定的认证模式进行认证。

路由器AR2设置完毕后,链路需要断开,因为之前的PPP链路已经连接了,需要重新连接才会进行CHAP认证。

```
#AR1
[AR1] aaa
[AR1-aaa] local-user huawei password cipher test@123
[AR1-aaa] local-user huawei service-type ppp
[AR1-aaa] quit
[AR1] interface Serial0/0/0
[AR1-Serial0/0/0] link-protocol ppp
[AR1-Serial0/0/0] ppp authentication-modechap
[AR1-Serial0/0/0] shutdown
[AR1-Serial0/0/0] undo shutdown
#AR2
[AR2] interface Serial0/0/0
[AR2-Serial0/0/0] link-protocol ppp
[AR2-Serial0/0/0] ppp chap user huawei
[AR2-Serial0/0/0] ppp chap password cipher test@123
[AR2-Serial0/0/0] shutdown
[AR2-Serial0/0/0] undo shutdown
```

▷项目验证

(1)检查路由器AR1的端口IP状态,结果如图9-17所示。

```
[AR1]display ip interface brief
*down: administratively down
!down: FIB overload down
^down: standby
(l): loopback
(s): spoofing
(d): Dampening Suppressed
The number of interface that is UP in Physical is 3
The number of interface that is DOWN in Physical is 8
The number of interface that is UP in Protocol is 3
The number of interface that is DOWN in Protocol is 8

Interface                    IP Address/Mask      Physical   Protocol
Ethernet0/0/0                unassigned           down       down
Ethernet0/0/1                unassigned           down       down
GigabitEthernet0/0/0         192.168.1.254/24     up         up
GigabitEthernet0/0/1         unassigned           down       down
GigabitEthernet0/0/2         unassigned           down       down
GigabitEthernet0/0/3         unassigned           down       down
NULL0                        unassigned           up         up(s)
Serial0/0/0                  10.0.0.1/24          up         up
Serial0/0/1                  unassigned           down       down
```

图9-17 路由器AR1的端口IP状态

(2)检查路由器 AR1 的路由表信息,结果如图 9-18 所示。

```
[AR1]display ip routing-table
Route Flags: R - relay, D - download to fib
------------------------------------------------------------------------------
Routing Tables: Public
         Destinations : 8        Routes : 8

Destination/Mask    Proto   Pre  Cost      Flags NextHop         Interface

        0.0.0.0/0   Static  60   0          RD   10.0.0.2        Serial0/0/0
       10.0.0.0/24  Direct  0    0           D   10.0.0.1        Serial0/0/0
       10.0.0.1/32  Direct  0    0           D   127.0.0.1       Serial0/0/0
       10.0.0.2/32  Direct  0    0           D   10.0.0.2        Serial0/0/0
      127.0.0.0/8   Direct  0    0           D   127.0.0.1       InLoopBack0
      127.0.0.1/32  Direct  0    0           D   127.0.0.1       InLoopBack0
    192.168.1.0/24  Direct  0    0           D   192.168.1.254   GigabitEthernet
0/0/0
  192.168.1.254/32  Direct  0    0           D   127.0.0.1       GigabitEthernet
0/0/0
```

图 9-18 路由器 AR1 的路由表信息

(3)检查路由器 AR2 的端口 IP 状态,结果如图 9-19 所示。

```
[AR2]display ip interface brief
*down: administratively down
!down: FIB overload down
^down: standby
(l): loopback
(s): spoofing
(d): Dampening Suppressed
The number of interface that is UP in Physical is 3
The number of interface that is DOWN in Physical is 8
The number of interface that is UP in Protocol is 3
The number of interface that is DOWN in Protocol is 8

Interface                         IP Address/Mask      Physical   Protocol
Ethernet0/0/0                     unassigned           down       down
Ethernet0/0/1                     unassigned           down       down
GigabitEthernet0/0/0              192.168.2.254/24     up         up
GigabitEthernet0/0/1              unassigned           down       down
GigabitEthernet0/0/2              unassigned           down       down
GigabitEthernet0/0/3              unassigned           down       down
NULL0                             unassigned           up         up(s)
Serial0/0/0                       10.0.0.2/24          up         up
Serial0/0/1                       unassigned           down       down
```

图 9-19 路由器 AR2 的端口 IP 状态

(4)检查路由器 AR2 的路由表信息,结果如图 9-20 所示。

```
[AR2]display ip routing-table
Route Flags: R - relay, D - download to fib
------------------------------------------------------------------------------
Routing Tables: Public
         Destinations : 8        Routes : 8

Destination/Mask    Proto   Pre  Cost      Flags NextHop         Interface

        0.0.0.0/0   Static  60   0          RD   10.0.0.1        Serial0/0/0
       10.0.0.0/24  Direct  0    0           D   10.0.0.2        Serial0/0/0
       10.0.0.1/32  Direct  0    0           D   10.0.0.1        Serial0/0/0
       10.0.0.2/32  Direct  0    0           D   127.0.0.1       Serial0/0/0
      127.0.0.0/8   Direct  0    0           D   127.0.0.1       InLoopBack0
      127.0.0.1/32  Direct  0    0           D   127.0.0.1       InLoopBack0
    192.168.2.0/24  Direct  0    0           D   192.168.2.254   GigabitEthernet
0/0/0
  192.168.2.254/32  Direct  0    0           D   127.0.0.1       GigabitEthernet
0/0/0
```

图 9-20 路由器 AR2 的路由表信息

(5)用 PC1 ping PC2,测试结果,如图 9-21 所示。

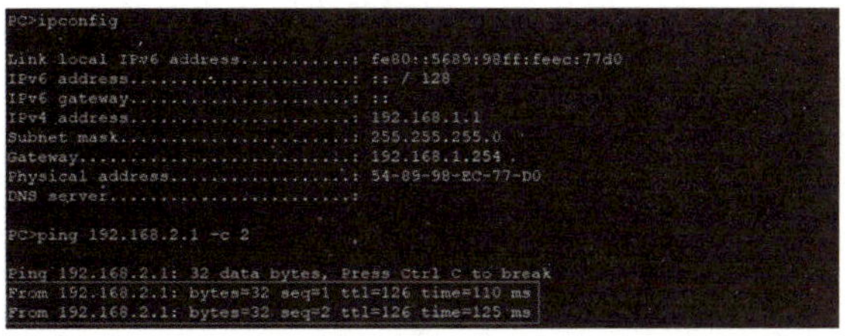

```
PC>ipconfig

Link local IPv6 address...........: fe80::5689:98ff:feec:77d0
IPv6 address......................: :: / 128
IPv6 gateway......................: ::
IPv4 address......................: 192.168.1.1
Subnet mask.......................: 255.255.255.0
Gateway...........................: 192.168.1.254
Physical address..................: 54-89-98-EC-77-D0
DNS server........................:

PC>ping 192.168.2.1 -c 2

Ping 192.168.2.1: 32 data bytes, Press Ctrl C to break
From 192.168.2.1: bytes=32 seq=1 ttl=126 time=110 ms
From 192.168.2.1: bytes=32 seq=2 ttl=126 time=125 ms
```

图 9-21　PC1 与 PC2 通信测试结果

项目 9-3　基于 PPPoE 认证出口路由配置

项目 9-3　基于 PPPoE 认证出口路由配置

某公司向 ISP 服务提供商申请了 1 条专用线路用于互联网接入，接入方式采用 PPPoE。现需配置出口路由器，使内网使用共享出口路由器访问互联网，公司网络拓扑结构如图 9-22 所示。具体要求如下：

(1)公司出口路由器采用 G0/0/0 端口与 ISP 认证服务器互联。

(2)公司内网通过 1 个交换机互联，实现客户端与网关的通信。

(3)测试 PPPoE 路由器的 IP 与端口信息。

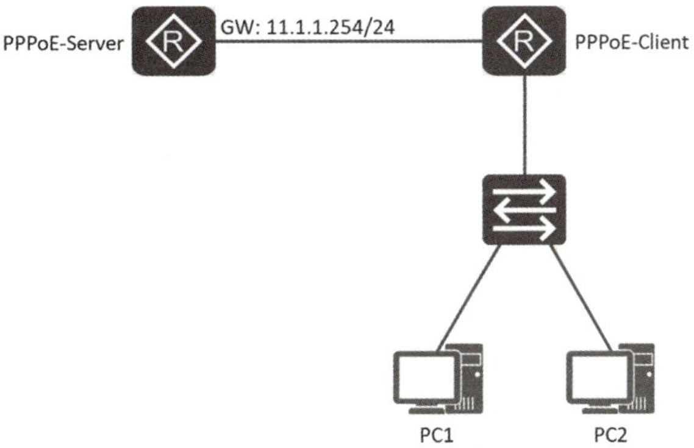

图 9-22　项目 9-3 网络拓扑结构

项目规划

欲实现上述功能需求，配置思路如下：

(1)根据要求为 PPPoE 服务端路由器设置分配拨号客户端的动态地址池。

(2)为 PPPoE 服务端路由器配置基于拨号 CHAP 验证的用户名和密码，并配置虚拟模板信息。

(3)将 PPPoE 服务端路由器的虚拟模板绑定到物理端口上，并配置虚拟模板端口的默认路由。

(4)为 PPPoE 客户端路由器配置拨号规则，允许 IP 数据包通过拨号规则。

(5)为 PPPoE 客户端路由器配置拨号端口，添加拨号的用户、密码、验证模式以及客户端获取 IP 的模式等信息。

(6)为 PPPoE 客户端路由器绑定拨号端口与物理端口，添加默认路由跳转端口为拨号端口。

(7)PPPoE 客户端发送 1 个基于 OSI 第 3 层的 IP 数据包与 PPPoE 服务端通信，激活 PPPoE 链路，获取 PPPoE 分配的 IP 地址并进行检查和测试。

项目实施

步骤 1：首先，为 PPPoE 服务端路由器配置拨号地址池，然后基于 CHAP 验证配置拨号的用户名和密码，配置拨号的虚拟模板并将其绑定到路由器的物理端口上。

(1)服务器 IP 地址池网段为 11.1.1.0/24，网关网段为 11.1.1.254，DNS 服务器网段为 114.114.114.114。

(2)PPPoE 的验证模式设置为 CHAP,用户名是“huawei”,密码是“huawei@123”。

```
[Huawei] sysname PPPoE-Server
[PPPoE-Server] ip pool PPPoE
[PPPoE-Server-ip-pool-PPPoE] network 11.1.1.0 mask 255.255.255.0
[PPPoE-Server-ip-pool-PPPoE] gateway-list 11.1.1.254 24
[PPPoE-Server-ip-pool-PPPoE] dns-list 114.114.114.114
[PPPoE-Server-ip-pool-PPPoE] quit
[PPPoE-Server] aaa
[PPPoE-Server-aaa] local-user huawei password cipher huawei@123
[PPPoE-Server-aaa] local-user huawei service-type ppp
[PPPoE-Server-aaa] quit
[PPPoE-Server] interface Virtual-Template 1
[PPPoE-Server-Virtual-Template1] ip address 11.1.1.0 24
[PPPoE-Server-Virtual-Template1] remote address pool PPPoE
[PPPoE-Server-Virtual-Template1] ppp authentication-mode chap
[PPPoE-Server-Virtual-Template1] quit
[PPPoE-Server] interface GigabitEthernet 0/0/0
[PPPoE-Server-GigabitEthernet0/0/0] PPPoE-Server bind virtual-template 1
[PPPoE-Server-GigabitEthernet0/0/0] quit
[PPPoE-Server] ip route-static 0.0.0.0 0 Virtual-Template 1
```

步骤 2:PPPoE 客户端路由器配置拨号端口的用户名、密码、验证模式和 IP 获取方式等信息,并定义拨号端口数据包规则且绑定到物理端口上。

(1)设置拨号规则,允许 IP 数据包通过。拨号端口设置 IP 获取方式为 PPP 协商,拨号用户为“huawei”,拨号密码为“huawei@123”。

(2)把物理端口 G0/0/0 绑定在 PPPoE 拨号逻辑端口,设置默认通过该逻辑端口跳转。

```
[Huawei] sysname PPPoE-Client
[PPPoE-Client] dialer-rule
[PPPoE-Client-dialer-rule] dialer-rule 1 ip permit
[PPPoE-Client-dialer-rule] quit
[PPPoE-Client] interface Dialer 1
[PPPoE-Client-Dialer1] ip address ppp-negotiate
[PPPoE-Client-Dialer1] dialer user huawei
[PPPoE-Client-Dialer1] dialer bundle 1
[PPPoE-Client-Dialer1] ppp chap user huawei
[PPPoE-Client-Dialer1] ppp chap password cipher huawei@123
[PPPoE-Client-Dialer1] quit
[PPPoE-Client] interface GigabitEthernet 0/0/0
[PPPoE-Client-GigabitEthernet0/0/0] PPPoE-Client dial-bundle-number 1
[PPPoE-Client-GigabitEthernet0/0/0] quit
[PPPoE-Client] ip route-static 0.0.0.0 0 Dialer 1
```

项目验证

(1) PPPoE 客户端使用 ICMP 协议与 PPPoE 拨号模板端口通信，获取服务端的 IP 地址，结果如图 9-23 所示。

```
[PPPoE-Client]ping -c 2 11.1.1.254
  PING 11.1.1.254: 56  data bytes, press CTRL_C to break
    Reply from 11.1.1.254: bytes=56 Sequence=1 ttl=255 time=20 ms
    Reply from 11.1.1.254: bytes=56 Sequence=2 ttl=255 time=30 ms
```

图 9-23　PC1 与 PC2 通信测试结果

(2)查看 PPPoE 客户端路由器拨号端口的 IP 地址，结果如图 9-24 所示。

```
[PPPoE-Client]display ip interface brief
*down: administratively down
^down: standby
(l): loopback
(s): spoofing
The number of interface that is UP in Physical is 4
The number of interface that is DOWN in Physical is 1
The number of interface that is UP in Protocol is 2
The number of interface that is DOWN in Protocol is 3

Interface                          IP Address/Mask      Physical   Protocol
Dialer1                            11.1.1.253/32        up         up(s)
GigabitEthernet0/0/0               unassigned           up         down
```

图 9-24　PPPoE 客户端路由器端口 IP 地址

(3)查看 PPPoE 客户端路由器会话状态信息，结果如图 9-25 所示。

```
[PPPoE-Client]display pppoe-client session summary
PPPoE Client Session:
ID   Bundle  Dialer  Intf            Client-MAC      Server-MAC     State
1    1       1       GE0/0/0         00e0fc5a036d    00e0fc6628bf   UP
```

图 9-25　客户端路由器 PPPoE 会话状态信息

单元总结

本单元详细介绍了广域网常见协议的工作原理及应用，主要学习了以下知识内容。

(1)PPP 协议广泛应用于广域网与局域网的链接，其安全验证模式有 2 种，分别是 PAP 协议和 CHAP 协议。

(2)CHAP 协议的加密模式比 PAP 协议更加安全可靠，实际应用中以 CHAP 验证为主。

(3)PPPoE 协议应用广泛，大量应用于计费上网，用户认证等形式的网络。

(4)PPPoE 协议可以防止 ARP 欺骗对网络的影响，提高网络的可靠性。

巩固练习

一、单选题

1. PPP 协议验证模式有(　　)。

A. DES　　B. PAP　　C. MD5　　D. RSA

2. PPP 协议中 CHAP 模式使用的加密方式是(　　)。

A. MD5　　B. RSA　　C. PAP　　D. DES

3. 下列命令中可以用来检查 PPPoE 客户端会话状态的是(　　)。

A. display PPPoE-Client session summary

B. display current-configuartion

C. display PPPoE-Client session packet

D. display ip interface brief

4. PPP 使用(　　)协议。

A. IP　　B. TCP　　C. 802.3　　D. 光猫拨号

5. PPP 协议中使用 CHAP 验证模式的正确命令是(　　)。

A. ppp authentication-mode pap

B. ppp authentication-mode chap

C. ppp chap user Huawei

D. ppp chap passwd Huawei

二、多选题

1. PPP 的成员有(　　)。

A. NCP　　B. LCP　　C. CHAP　　D. PAP

2. PPP 比 HDLC 更安全可靠,是因为 PPP 支持(　　)。

A. PAP　　B. MD5　　C. CHAP　　D. SSH

3. PPPoE 的 Discovery 阶段会使用到(　　)。

A. PADI 报文　　B. PADO 报文

C. PADR 报文　　D. PADS 报文

4. 网络管理员在华为路由器 RTA 上进行如下所示的配置:

[RTA] aaa

[RTA-aaa] local-user Huawei passwd cipher test@123

[RTA-aaa] local-user pokes service-type ppp

以下叙述正确的有(　　)。

A. 用户 Huawei 可以用于路由器 RTA 的 CHAP

B. 用户 Huawei 可以用于路由器 RTA 的 PAP

C. 用户 Huawei 可以用于路由器 RTA 的 PPP

D. 用户 Huawei 可以用于路由器 RTA 的 PPPoE

5. 关于 PPP,以下说法中正确的有(　　)。

A. LCP 是 PPP 的 1 个成员协议　　B. PAP 是 PPP 的 1 个成员协议

C. IPCP 是 PPP 的 1 个成员协议　　D. IPCP 是 1 种 NCP

三、简答题

1. PPP 的验证模式有几种,分别是什么?

2. CHAP 验证和 PAP 验证的区别是什么?

3. PPPoE 客户端如何获取 IP 地址?

4. PPPoE 服务端与客户端的通信过程分别是哪些阶段?

网络安全模块

要树立正确的网络安全观，加强信息基础设施网络安全防护，加强网络安全信息统筹机制、手段、平台建设，加强网络安全事件应急指挥能力建设，积极发展网络安全产业，做到关口前移，防患于未然。要落实关键信息基础设施防护责任，行业、企业作为关键信息基础设施运营者承担主体防护责任，主管部门履行好监管责任。要依法严厉打击网络黑客、电信网络诈骗、侵犯公民个人隐私等违法犯罪行为，切断网络犯罪利益链条，持续形成高压态势，维护人民群众合法权益。要深入开展网络安全知识技能宣传普及，提高广大人民群众网络安全意识和防护技能。

——2018 年 4 月，习近平在全国网络安全和信息化工作会议上的讲话

（摘自《习近平：没有网络安全就没有国家安全》，新华网，2022 年 9 月 6 日）

单元10 访问控制列表

单元导航

“没有网络安全就没有国家安全”，习总书记在全国网络安全和信息化工作会议上指出了网络安全对国家的重要意义。个人和企业都要加强网络安全防护意识，访问控制列表(access control list，ACL)技术就是网络安全保障手段之一。本单元主要讲述 ACL 的基本原理、应用和基本配置方法。

学习目标

知识目标

(1)了解 ACL 的应用场景。

(2)理解 ACL 的基本原理和基本作用。

(3)能够区分 ACL 的不同种类及特点。

(4)理解 ACL 规则的基本组成结构和匹配顺序。

技能目标

(1)掌握基本 ACL 和高级 ACL 的配置方法。

(2)掌握 ACL 在端口下的应用方法。

(3)掌握 ACL 中通配符的使用方法。

(4)掌握 ACL 流量过滤的典型应用。

素养目标

(1)培养分析和排除故障的能力。

(2)树立团队意识、协作意识，增强表达能力和文档能力。

(3)增强网络安全意识。

学习准备

随着网络的快速普及和网络应用的深入发展，各种增值业务得到了广泛部署，但是一旦网络中断就可能会导致大量业务出现异常，造成重大经济损失。因此，作为承载业务主体的基础网络，其可靠性已成为备受关注的关键问题，其中网络安全和网络服务质量(quality of service，QoS)的问题尤为突出。

(1)园区内网重要的服务器资源被随意访问，园区机密信息容易泄露，造成安全隐患。

(2)网络攻击和 Internet 病毒肆意侵略园区内网，网络环境的安全性堪忧。

(3)网络带宽被各类业务随意挤占，服务质量要求最高的语音、视频业务的带宽常常得不到保障，造成用户体验差。

以上 3 种问题对正常的网络通信造成了极大影响。而 ACL 技术的出现，有效地解决了上述问题，切实地保障了网络的安全性、数据传输的稳定性和可靠性。

例如，某公司的园区网拓扑如图 10-1 所示，为保证财务数据的安全，公司禁止研发部门访问财务部服务器，但总裁办公室不受限制。

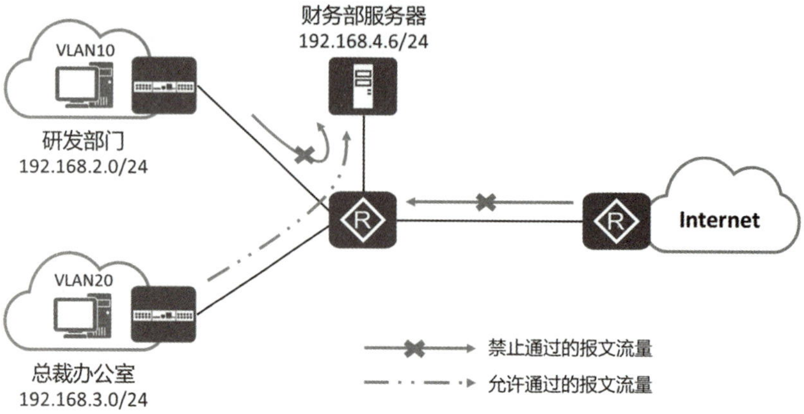

图 10-1　网络流量过滤

要实现此功能需求，可通过 ACL 技术在网络上实施不同流量的过滤。

ACL 通过一系列规则对报文进行分类。具体来说，就是将这些规则应用到网络设备上，网络设备根据这些规则判断哪些报文可以接收，哪些报文需要拒绝接收，从而极大地提升了网络的安全性。

ACL 通常应用在企业的出口控制上，通过实施 ACL，可以有效地部署企业网络的出网安全策略，控制对局域网内部资源的访问能力，进而保障内网资源的安全性以及内外网通信的可靠性。总体来说，ACL 具有以下功能和作用。

(1)限制网络流量，提高网络性能。

(2)提供网络访问的基本安全手段。

(3)应用在网络设备出端口处，决定哪种类型的通信流量被转发或被阻塞。

接下来，我们将通过学习 ACL 的基本原理和作用、ACL 的不同种类及特点、ACL 的基本组成和匹配顺序、通配符的使用方法以及 ACL 的相关配置命令等知识内容，完成 ACL 在典型应用场景下的部署。

10.1　ACL 的基本原理

10.1.1　ACL 的概念

ACL 是一种基于数据包过滤的网络安全访问控制技术，它可以根据设定的条件对端口上的数据包进行过滤，允许其通过或丢弃。

ACL 被广泛地应用于路由器和三层交换机上，通过部署 ACL 可以有效地控制用户对网络的访问，从而最大程度地保障网络安全。

10.1.2　ACL 的组成

ACL 是由一系列规则组成的集合，ACL 通过这些规则对报文进行分类，从而使设备可以对不同类型的报文进行不同地处理。在华为设备上，ACL 的组成结构如图 10-2 所示。

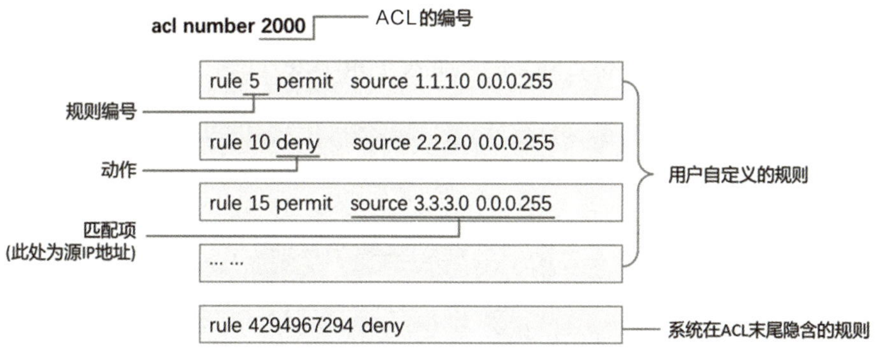

图 10-2 ACL 的组成结构

从上图可以看出，1 个 ACL 由 ACL 编号和多条 rule 语句构成，各组成部分的含义如下所示。

(1)ACL 编号：在网络设备上配置 ACL 时，每个 ACL 都需要分配 1 个编号，称为 ACL 编号，用来标识 ACL。

(2)规则：1 个 ACL 通常由若干条“permit/deny”语句组成，每条语句就是该 ACL 的 1 条规则。

(3)规则编号：每条规则都有 1 个相应的编号，称为规则编号，用来标识 ACL 规则。规则编号可以自定义，也可以由系统自动分配。ACL 规则的编号范围为 0～4294967294，所有规则均按照规则编号从小到大进行排序。

(4)动作：每条规则中的“permit”或“deny”，就是与这条规则相对应的处理动作。“permit”表示“允许”，“deny”表示“拒绝”。因为 ACL 一般是结合其他技术使用的，所以不同的场景下，处理动作的含义也有所不同。比如，ACL 如果与流量过滤技术结合使用，“permit”就是“允许通行”的意思，“deny”就是“拒绝通行”的意思。

(5)匹配项：ACL 定义了极其丰富的匹配项。例如，二层以太网帧头信息（如源 MAC、目的 MAC 和以太帧协议类型）、三层报文信息（如目的地址和协议类型）以及四层报文信息（如 TCP/UDP 端口号）等。

10.1.3 ACL 的规则编号

从上面 ACL 的组成结构可以看出，ACL 的规则编号可以自定义，也可以系统自动分配。当系统自动为 ACL 规则分配编号时，每个相邻规则编号之间会有 1 个差值，这个差值称为“步长”。默认步长为 5，所以规则编号就是 5/10/15……以此类推。

步长可以调整，如果将步长改为 2，系统则会自动从当前步长值开始重新排列规则编号，规则编号就改为 2/4/6……

需要注意的是，如果手工指定了 1 条规则，但未指定规则编号，系统就会使用大于当前 ACL 内最大规则编号且是步长整数倍的最小整数作为这条规则的规则编号。

那么步长起什么作用呢，能否直接使用“rule 1/2/3/4……”呢？

例 10.1 有一个 ACL 2000，采用系统自动编号，其内容为：

```
acl number 2000
rule    5     deny      source    10.1.1.1  0
rule    10    deny      source    10.1.1.2  0
rule    15    permit    source    10.1.1.0  0.0.0.255
```

如果希望在该 ACL 中增加 1 条规则，要求新规则的位置介于 rule 10 与 rule 15 之间，那么应该如何处理呢？

答案是，可以在 rule 10 和 rule 15 之间，手工加入 1 条 rule 11。

```
rule 11 deny source 10.1.1.3 0
```

命令执行后，ACL 变成：

```
acl number 2000
  rule   5    deny     source    10.1.1.1   0
  rule   10   deny     source    10.1.1.2   0
  rule   11   deny     source    10.1.1.3   0
  rule   15   permit   source    10.1.1.0   0.0.0.255
```

因此，设置一定长度步长的作用是方便后续在旧规则之间插入新的规则。

10.1.4 ACL 的通配符掩码

从 ACL 的组成结构，我们可以看到每条规则的匹配项都有 1 个与网络掩码类似的掩码，该掩码是什么，又起什么作用呢？

每条规则，当需要进行 IP 地址匹配时，后面都会跟着 1 个 32 位的掩码，称为通配符掩码，用于指示 IP 地址中，哪些比特位需要严格匹配，哪些比特位无需匹配。

通配符掩码通常采用类似网络掩码的点分十进制形式表示，但是含义却与网络掩码完全不同。通配符掩码换算成二进制后，“0”表示“匹配”，“1”表示“不关心”。

例 10.2 如果要精确匹配 192.168.1.1/24 这个 IP 地址对应的网段地址，通配符掩码是多少？

解：网络位需要严格匹配，主机位可为任意值，因此通配符为 0.0.0.11111111，也就是 192.168.1.xxxxxxxx 的后 8 位可以为任意值，所以该通配符匹配的是 192.168.1.0/24 网段。

例 10.3 如果想匹配 192.168.1.0/24 网段中的奇数 IP 地址，通配符掩码是多少呢？

解：先看一看奇数 IP 地址都有哪些：192.168.1.1；192.168.1.3；192.168.1.5……将后 8 位写成二进制：192.168.1.00000001；192.168.1.00000011；192.168.1.00000101……通过对比可以看出共同点：最后 8 位的高 7 位是任意值，最低位固定为 1，因此答案是：192.168.1.1 0.0.0.254（0.0.0.11111110），如图 10-3 所示。

图 10-3 通配符的计算

由此可得出通配符的特点：通配符中的 1 或 0 是可以不连续的。

此外，在 ACL 的规则中，还有两个特殊的通配符 0 和 any 也很常用。

（1）通配符为 0：当与 IP 地址匹配的通配符全为 0 时，表示精确匹配某个 IP 地址，如精确匹配

192.168.1.1 这个 IP 地址，表示为：192.168.1.1 0.0.0.0，可简化为 192.168.1.1.0。

(2)通配符为 any：当与 IP 地址匹配的通配符全为 1 时，表示匹配所有 IP 地址，如匹配所有 IP 地址，表示为：0.0.0.0 255.255.255，可简化为 any。

思考

如果希望只匹配网络 192.168.10.0/24 和 192.168.11.0/24，通配符掩码该是多少呢？

10.1.5 ACL 规则的匹配机制

1. 匹配流程

当报文到达配置了 ACL 的设备时，设备从报文中提取信息，将该信息与 ACL 中的规则进行匹配，并遵循“一旦命中规则即停止匹配”的机制，整个匹配流程如图 10-4 所示。

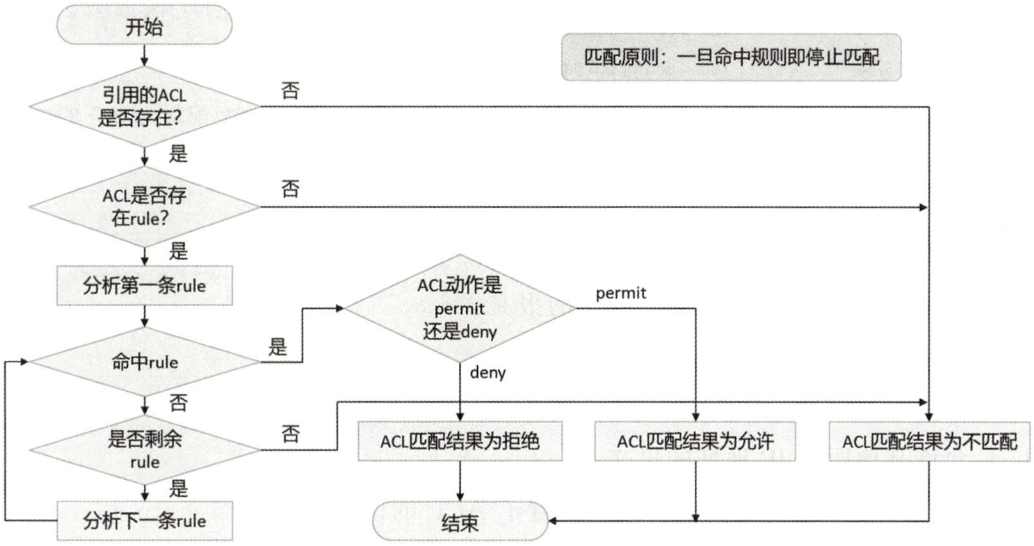

图 10-4 ACL 规则匹配流程

从 ACL 规则匹配流程图可以看出，首先系统会查找设备上是否配置了 ACL。

(1)如果 ACL 不存在，则返回 ACL 匹配结果”不匹配”。

(2)如果 ACL 存在，则查找设备是否配置了 ACL 规则：

① 如果规则不存在，则返回 ACL 匹配结果”不匹配”。

② 如果规则存在，则系统会从 ACL 中编号最小的规则开始查找。

◆ 如果匹配上了 permit 规则，则停止查找，并返回结果”匹配(允许)”。

◆ 如果匹配上了 deny 规则，则停止查找，并返回结果“匹配(拒绝)”。

◆ 如果没有匹配上规则，则继续查找下一条规则，以此循环。如果一直查找到最后一条规则，报文仍未匹配上，则返回结果“不匹配”。

从以上整个 ACL 匹配流程可以看出，报文与 ACL 规则匹配后，只会产生 2 种匹配结果：“匹配”和“不匹配”。

2. 匹配顺序

由于 1 条 ACL 可以由多条语句组成，每条语句描述 1 条规则，这些规则可能存在包含关系，也可能有重复或矛盾的地方，因此 ACL 的匹配顺序就显得十分重要了。

华为设备支持两种匹配顺序：自动排序(auto)模式和配置顺序(config)模式。默认的 ACL 匹配顺序是 config 模式。

(1)自动排序。自动排序是指系统使用“深度优先”原则,将规则按照精确度从高到低进行排序,并按照精确度从高到低的顺序进行报文匹配。

(2)配置顺序。配置顺序是指系统按照 ACL 规则编号从小到大的顺序进行报文匹配,规则编号越小越容易被匹配。如果后面又添加了 1 条规则,则这条规则会被加入到相应的位置,报文仍然会按照从小到大的顺序进行匹配。

例 10.4 配置顺序如图 10-5 所示,以 192.168.1.3/24 的报文匹配为例。

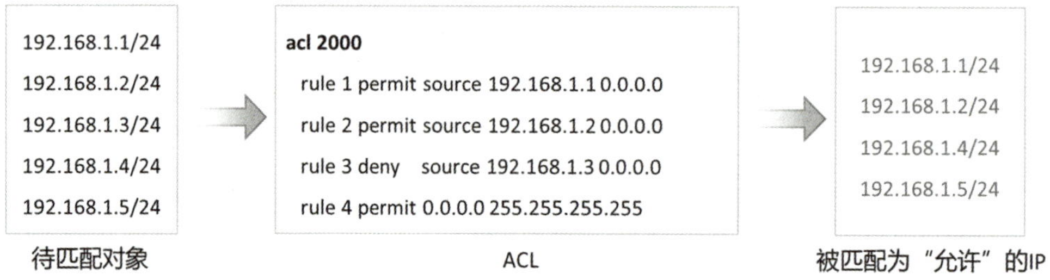

图 10-5 匹配顺序示例

首先理解 ACL 2000 的含义:

◆ rule 1:允许源 IP 地址为 192.168.1.1 的报文。

◆ rule 2:允许源 IP 地址为 192.168.1.2 的报文。

◆ rule 3:拒绝源 IP 地址为 192.168.1.2 的报文。

◆ rule 4:允许其他所有 IP 地址的报文。

当源 IP 地址为 192.168.1.3 的报文经过配置了 ACL 的设备时:

◆ 首先查看 rule 1,发现不匹配。

◆ 继续查看 rule 2,发现仍不匹配。

◆ 继续查看 rule 3,发现匹配,且是“拒绝”动作。

结果是:192.168.1.3 的报文被 ACL 匹配上,并丢弃。

3. 匹配位置

当我们创建好 ACL,并定义了相应的规则后,如何让 ACL 在设备(如路由器)上生效呢?对于配置了 ACL 的设备而言,可以在数据报文进入设备或者从设备出去的端口上执行 ACL,如图 10-6 和图 10-7 所示。

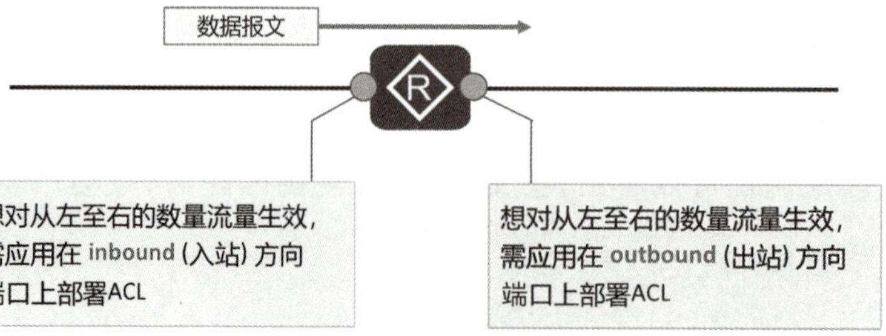

图 10-6 ACL 匹配位置

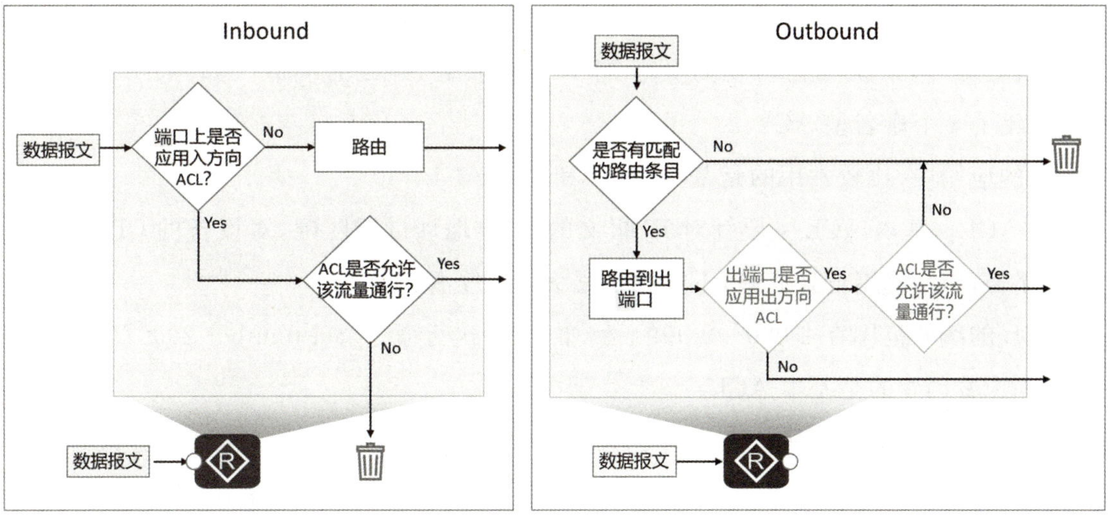

图 10-7　ACL 的入站和出站

10.1.6　ACL 的分类与标识

根据 ACL 所具备的特性不同，ACL 存在如下 2 种不同方式的分类。

(1)基于 ACL 规则定义方式的分类。

基于 ACL 规则定义方式的分类分为基本 ACL、高级 ACL、二层 ACL、用户自定义 ACL 和用户 ACL 这 5 种类型，如表 10-1 所示。

表 10-1　基于 ACL 规则定义方式的分类

分类	编号范围	规则定义描述
基本 ACL	2 000～2 999	仅使用报文的源 IP 地址、分片信息和生效时间段信息来定义规则
高级 ACL	3 000～3 999	可使用 IPv4 报文的源 IP 地址、目的 IP 地址、IP 协议类型、ICMP 类型、TCP 源/目的端口号和 UDP 源/目的端口号、生效时间段等来定义规则
二层 ACL	4 000～4 999	使用报文的以太网帧头信息来定义规则，如根据源 MAC 地址、目的 MAC 地址、802.1P 优先级和链路层协议类型等
用户自定义 ACL	5 000～5 999	使用报文头、偏移位置、字符串掩码和用户自定义字符串来定义规则
用户 ACL	6 000～6 999	既可以使用 IPv4 报文的源 IP 地址或源 UCL(user control list)组，也可使用目的 IP 地址或目的 UCL 组、IP 协议类型、ICMP 类型、TCP 源端口/目的端口和 UDP 源端口/目的端口号等来定义规则

(2)基于 ACL 标识方法的分类。

基于 ACL 标识方法的分类分为数字型 ACL 和命名型 ACL 这 2 种类型，如表 10-2 所示。

表 10-2　基于 ACL 标识方法的分类

分类	规则定义描述
数字型 ACL	传统的 ACL 标识方法。创建 ACL 时，指定一个唯一的数字标识该 ACL
命名型 ACL	通过名称代替编号来标识 ACL

我们知道，用户在创建 ACL 时可以为其指定编号，不同的编号对应不同类型的 ACL。为了便于记忆和识别，用户还可以创建命名型 ACL，即在创建 ACL 时为其设置名称。

命名型 ACL，也可以是以“名称 数字”的形式命名，即在定义命名型 ACL 时，同时指定 ACL 编号。如果不指定编号，系统则会自动为其分配 1 个数字型 ACL 的编号。如“acl name to_internet 2000”就是创建了 1 个命名型 ACL。

在 ACL 的应用中，比较常用的是基本 ACL 和高级 ACL。

(1)基本 ACL。基本 ACL 主要针对 IP 报文的源 IP 地址进行匹配，对设备的 CPU 消耗较少，可用于简单的部署，但是使用场景有限，不能提供强大的安全保障。

基本 ACL 的编号范围在 2 000～2 999。例如，如果执行命令“acl number 2000”(可省略 number 关键字)，就意味着创建的是基本 ACL。

(2)高级 ACL。相较于基本 ACL，高级 ACL 提供更高的扩展性。高级 ACL 不仅可以对流量进行更精细的匹配，还可以阻止特定主机或者整个网段的源 IP 地址或者目标 IP 地址访问。除此之外，高级 ACL 还可以使用协议信息(IP、ICMP、TCP 和 UDP)去过滤相应的流量。可以理解为基本 ACL 是高级 ACL 的 1 个子集，而高级 ACL 相较于基本 ACL 可以定义出更精确、更复杂、更灵活的规则。

高级 ACL 编号范围为 3 000～3 999。例如，如果执行命令“acl number 3000”(可省略 number 关键字)，就意味着创建的是高级 ACL。

10.2 ACL 的应用场景

基于强大的数据报文过滤功能，ACL 可以应用于众多网络控制场景下，下面介绍一些典型的应用场景。

10.2.1 SNMP 中应用 ACL 过滤非法网管

ACL 应用在 SNMP 模块中，可以使网管对设备的管理权限得到控制，从而有效防止非法网管操作设备。

管理员在 Router 上配置了 SNMP Agent 服务，Agent 服务可以及时地向网管报告设备的当前状态信息，使网管可以远端控制设备。同时，管理员配置了基于 ACL 的网管访问权限限制，确保只有可信任的网管(NMS2)才能管理该设备，如图 10-8 所示。

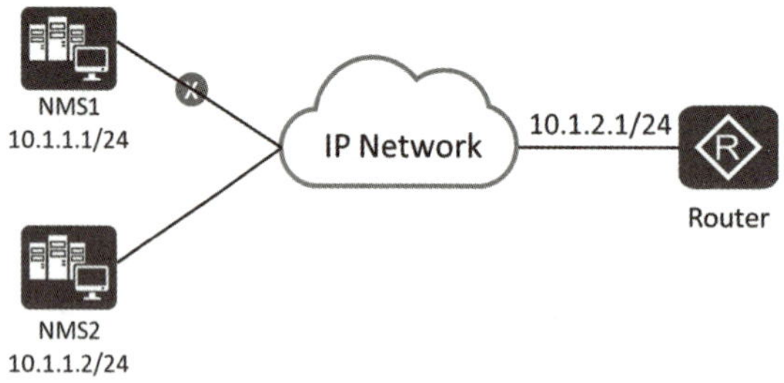

图 10-8 SNMP 中应用 ACL 过滤非法网管

10.2.2 使用 ACL 限制不同网段用户的互访

ACL 应用在 QoS 的流策略/简化流策略中，可以实现不同网段用户之间访问权限的设置，从而避免用户之间随意访问造成安全隐患。

某公司为财务部门和市场部门规划了 2 个网段的 IP 地址。为了避免 2 个部门之间相互访问造成公司机密的泄露，管理员在 2 个部门连接 Router 的端口(Interface 1 和 Interface 2)的入方向上应用了绑定 ACL 的流策略/简化流策略，禁止 2 个部门的互访，如图 10-9 所示。

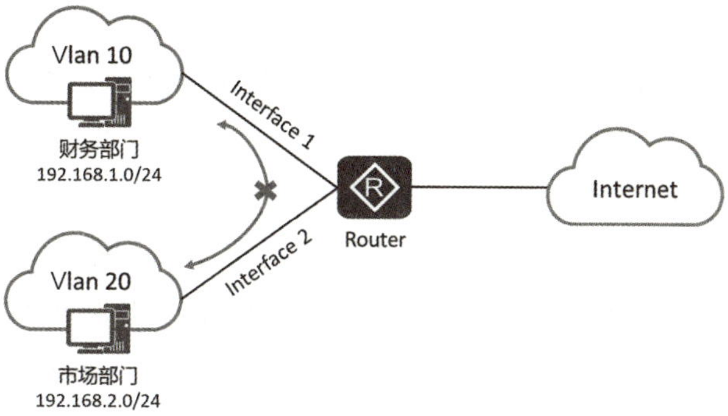

图 10-9　使用 ACL 限制不同网段用户的互访

10.2.3　使用 ACL 禁止特定用户主机在特定时间内上网

ACL 应用在 QoS 的流策略/简化流策略中，可以实现对特定用户主机在特定时间范围内上网权限的限制。

如图 10-10 所示，某公司通过 Router 连接到 Internet。部分员工经常在上班时间访问与工作无关的网站，导致工作效率低下。所以，管理员配置了基于时间的 ACL，并在这些用户连接 Router 的端口（Interface 1）的入方向上应用了绑定 ACL 的流策略/简化流策略，禁止这些用户在工作时间内上网，其余时间均可以上网。

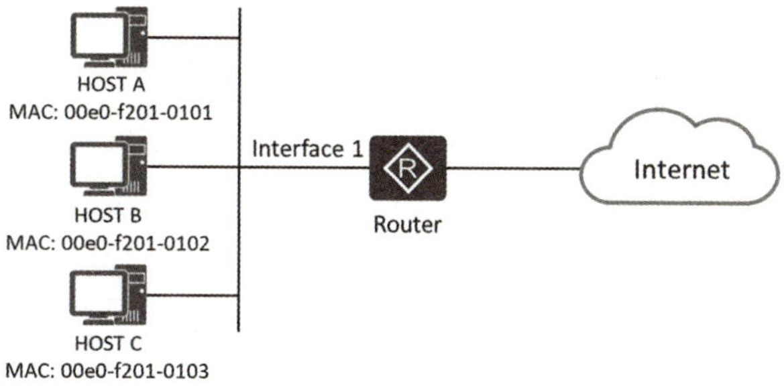

图 10-10　使用 ACL 禁止特定用户主机在特定时间内上网

10.2.4　在 QoS 中使用 ACL 实施流量监管

ACL 应用在 QoS 的流策略/简化流策略中，可以实现对不同流量进入网络的速率的监管。ACL 可以对超出的部分流量进行“惩罚”，使进入的流量被限制在一个合理的范围之内，从而保护网络资源和用户权益。

某公司的数据业务、视频业务和语音业务分别属于 VLAN 100、VLAN 110 和 VLAN 120。由于语音业务对服务质量的要求最高，视频业务次之，数据业务要求最低，所以管理员配置了基于 ACL 的流量监管功能，使设备可以对该公司不同的业务流按照 VLAN ID 进行分类，并对匹配 ACL 规则的报文进行限速，从而将不同业务的流量限制在一个合理的范围之内，保证各业务的带宽需求，如图 10-11 所示。

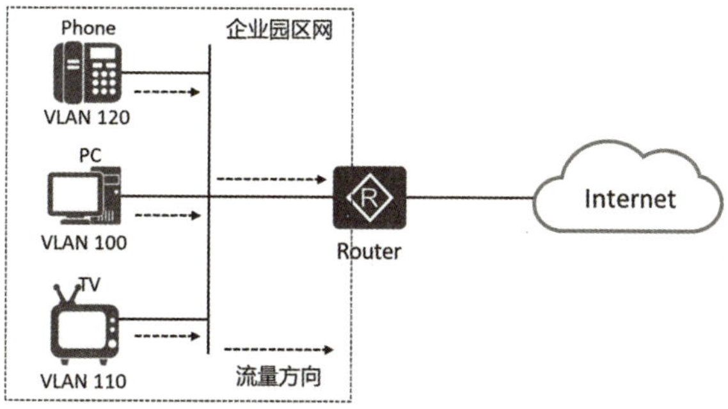

图 10-11　在 QoS 中使用 ACL 实施流量监管

10.2.5 在 OSPF 中使用 ACL 过滤路由信息

ACL 可以应用在各种动态路由协议中，对路由协议发布和接收的路由信息进行过滤。

在运行 OSPF 协议的网络中，RouterA 从 Internet 网络接收路由，并为 OSPF 网络提供了 Internet 路由。现要求 OSPF 网络中只能访问 172.16.17.0/24、172.16.18.0/24 和 172.16.19.0/24 网段的网络，其中 RouterC 连接的网络只能访问 172.16.18.0/24 网段的网络，如图 10-12 所示。

管理员可以在 RouterA 上配置 ACL 和路由策略，使其在路由发布时运用路由策略，仅提供路由 172.16.17.0/24、172.16.18.0/24、172.16.19.0/24 给 RouterB，实现 OSPF 网络中只能访问 172.16.17.0/24、172.16.18.0/24 和 172.16.19.0/24 网段网络的要求；并且在 RouterC 上配置 ACL 和路由策略，使其在路由引入时运用路由策略，仅接收路由 172.16.18.0/24，实现 RouterC 连接的网络只能访问 172.16.18.0/24 网段网络的要求。

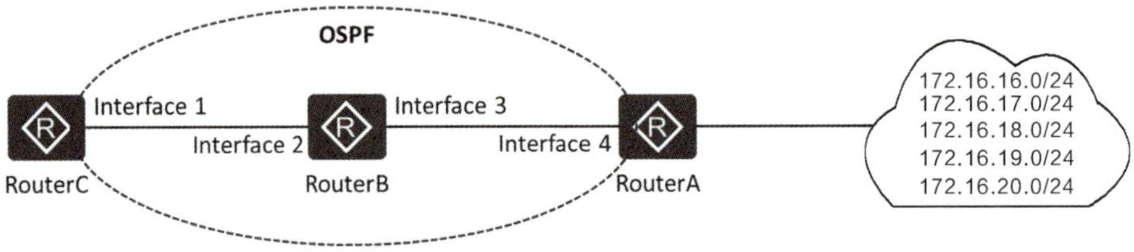

图 10-12 在 OSPF 中使用 ACL 过滤路由信息

10.2.6 在 NAT 中使用 ACL 过滤流量

ACL 可以应用在 NAT 过滤功能中，让 NAT 设备对外网发送到内网的流量进行过滤。NAT 过滤是指 NAT 设备对外网发到内网的流量进行过滤。

私网用户 PC-1 通过 NAT 设备与外网用户 PC-2 进行通信。数据报文 1 代表私网主机 PC-1 访问公网主机 PC-2；PC-1 使用的端口号为 1111，访问 PC-2 的端口 2222，经过 NAT 设备时，源 IP 转换为 3.3.3.3，如图 10-13 所示。

数据报文 2′代表公网服务器 PC-2(与报文 1 的目的地址相同)访问私网主机 PC-1。数据报文 2 的目的端口号为 1111，源端口号为 2222(与报文 1 的目的端口相同)，这属于外部地址和端口都相关的 NAT 过滤行为，是默认的过滤行为，不配置或者配置任何类型的 NAT 过滤行为，都允许此报文通过，不会被过滤掉。

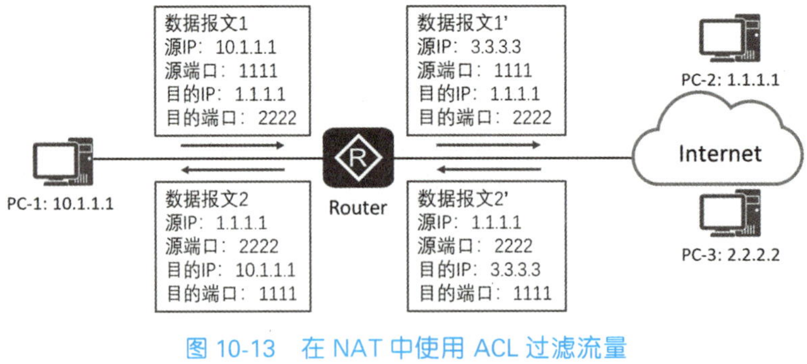

图 10-13 在 NAT 中使用 ACL 过滤流量

10.2.7 在防火墙中使用 ACL

在内外网络边缘处使用防火墙，防止外部网络对内部网络的入侵，也可以用来保护网络内部大型机和重要的资源(如数据等)。

只允许外部特定主机 PC-A 访问内部网络中的数据中心，其他访问都不允许。在 Router 上部署防火墙并配置 ACL，就可以达到这个要求，如图 10-14 所示。

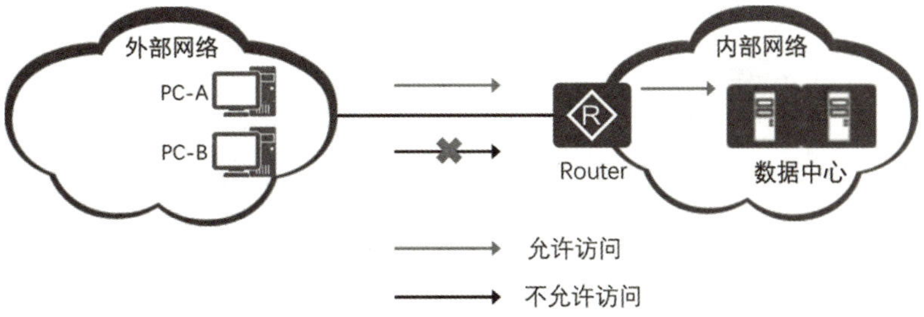

图 10-14　在防火墙中使用 ACL

10.3　ACL 的配置

10.3.1　配置基本 ACL

(1)创建基本 ACL。

①使用编号(2 000～2 999)创建一个数字型的基本 ACL,并进入基本 ACL 视图。

```
[Huawei] acl [ number ] acl-number [ match-order config ]
```

◆ acl-number:指定 ACL 的编号。

◆ match-order config:指定 ACL 规则的匹配顺序,config 表示配置顺序。

②使用名称创建一个命名型的基本 ACL,并进入基本 ACL 视图。

```
[Huawei] acl name acl-name {basic | acl-number} [ match-order config ]
```

◆ acl-name:指定创建的 ACL 的名称。

◆ basic:指定 ACL 的类型为基本 ACL。

(2)配置基本 ACL 的规则。

在基本 ACL 视图下,通过此命令来配置基本 ACL 的规则。

```
[Huawei-acl-basic-2000] rule [ rule-id ] {deny | permit} [ source {source-address
source-wildcard | any} | time-range time-name ]
```

◆ rule-id:指定 ACL 的规则 ID。

◆ deny:指定拒绝符合条件的报文。

◆ permit:指定允许符合条件的报文。

◆ source {source-address source-wildcard | any}:指定 ACL 规则匹配报文的源地址信息。如果不配置,表示报文的任何源地址都匹配。

- source-address 指定报文的源地址。
- source-wildcard 指定源地址通配符。
- any 表示报文的任意源地址,相当于 source-address 为 0.0.0.0 或者 source-wildcard 为 255.255.255.255。

◆ time-range time-name:指定 ACL 规则生效的时间段。其中,time-name 表示 ACL 规则生效时间段名称。如果不指定时间段,表示任何时间都生效。

例 10.5 使用基本 ACL 过滤数据流量示例,网络拓扑如图 10-15 所示。

1. 网络拓扑

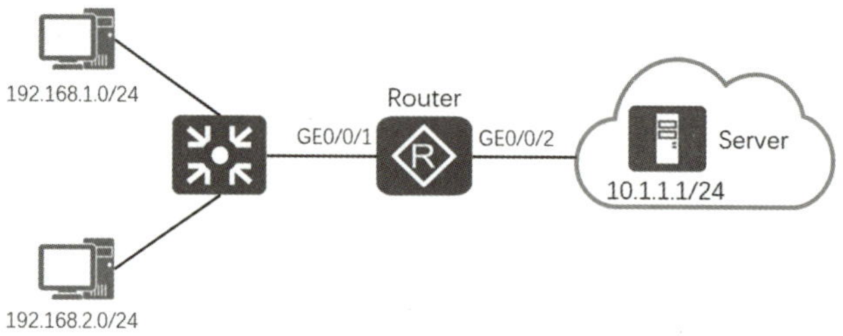

图 10-15　基本 ACL 的应用

2. 配置需求

在 Router 上部署基本 ACL，将试图穿越 Router 的且源地址为 192.168.1.0/24 网段的数据包过滤掉，从而禁止 192.168.1.0/24 网段的用户访问 Router 右侧的服务器网络，而 192.168.2.0/24 等其他网段的流量则不受影响。

3. 配置思路

配置基本 ACL 和流量过滤，使设备可以对特定网段的报文进行过滤。

4. 配置步骤

(1)完成如图 10-15 所示的路由器端口 IP 地址及路由的相关配置(略)。

(2)在 Router 上创建基本 ACL，禁止 192.168.1.0/24 网段访问服务器所在网络，允许其他网段的报文通过。

```
[Router] acl 2000
[Router-acl-basic-2000] rule deny source 192.168.1.0 0.0.0.255
[Router-acl-basic-2000] rule permit source any
```

(3)由于数据流量从端口 GE0/0/1 进入 Router，所以在端口 GE0/0/1 的入方向配置流量过滤。

```
[Router] interface GigabitEthernet 0/0/1
[Router-GigabitEthernet0/0/1] traffic-filter inbound acl 2000
```

备注

traffic-filter 命令是用来在端口上配置 ACL 对报文进行过滤，其命令格式为：

traffic-filter {inbound | outbound} acl {acl-number | name acl-name}

- inbound：指定在端口入方向上配置报文过滤。
- outbound：指定在端口出方向上配置报文过滤。
- acl：指定基于 IPv4 ACL 对报文进行过滤。

10.3.2　配置高级 ACL

(1)创建高级 ACL。

使用编号(3 000～3 999)创建一个数字型的高级 ACL，并进入高级 ACL 视图。

```
[Huawei] acl [ number ] acl-number [ match-order config ]
```

- acl-number：指定 ACL 的编号。

◆ match-order config：指定 ACL 规则的匹配顺序，config 表示配置顺序。

使用名称创建一个命名型的高级 ACL，并进入高级 ACL 视图。

```
[Huawei] acl name acl-name {advance | acl-number} [ match-order config ]
```

◆ acl-name：指定创建的 ACL 的名称。

◆ advance：指定 ACL 的类型为高级 ACL。

(2)配置高级 ACL 的规则。

根据 IP 承载的协议类型不同，可以在设备上配置不同的高级 ACL 规则。对于不同的协议类型，有不同的参数组合。

①当参数 protocol 为 IP 时，在高级 ACL 视图下，配置其规则的命令格式如下所示。

```
rule [ rule-id ] {deny | permit} ip [ destination {destination-address destination-wildcard | any}
| source {source-address source-wildcard | any} | time-range time-name | [ dscp dscp | [ tos tos | precedence
precedence ] ] ]
```

◆ ip：指定 ACL 规则匹配报文的协议类型为 IP。

◆ destination {destination-address destination-wildcard | any}：指定 ACL 规则匹配报文的目的地址信息。如果不配置，表示报文的任何目的地址都匹配。

◆ dscp *dscp* ：指定 ACL 规则匹配报文时，区分服务代码点，取值范围为 0～63。

◆ tos *tos* ：指定 ACL 规则匹配报文时，依据服务类型字段进行过滤，取值范围为 0～15。

◆ precedence *precedence* ：指定 ACL 规则匹配报文时，依据优先级字段进行过滤。precedence 表示优先级字段值，取值为 0～7。

②当参数 protocol 为 TCP 时，在高级 ACL 视图下，配置其规则的命令格式为：

```
rule [ rule-id ] {deny | permit} {protocol-number | tcp} [ destination {destination-address
destination-wildcard | any} | destination-port {eq port | gt port | lt port | range port-start port-end} | source
{source-address source-wildcard | any} | source-port {eq port | gt port | lt port | range port-start port-end} | tcp-flag {ack
| fin | syn} * | time-range time-name ] *
```

◆ protocol-number | tcp：指定 ACL 规则匹配报文的协议类型为 TCP。可以采用数值 6 表示指定 TCP 协议

◆ destination-port {eq port | gt port | lt port | range port-start port-end}：指定 ACL 规则匹配报文的 UDP 或者 TCP 报文的目的端口，仅在报文协议是 TCP 或者 UDP 时有效。如果不指定，表示 TCP/UDP 报文的任何目的端口都匹配。

- eq *port* ：指定等于目的端口。
- gt *port* ：指定大于目的端口。
- lt *port* ：指定小于目的端口。
- range *port-start port-end* ：指定源端口的范围。

◆ tcp-flag：指定 ACL 规则匹配报文的 TCP 报文头中 SYN Flag。

例 10.6 使用高级 ACL 限制不同网段的用户互访示例，网络拓扑结构如图 10-16 所示。

1. 网络拓扑

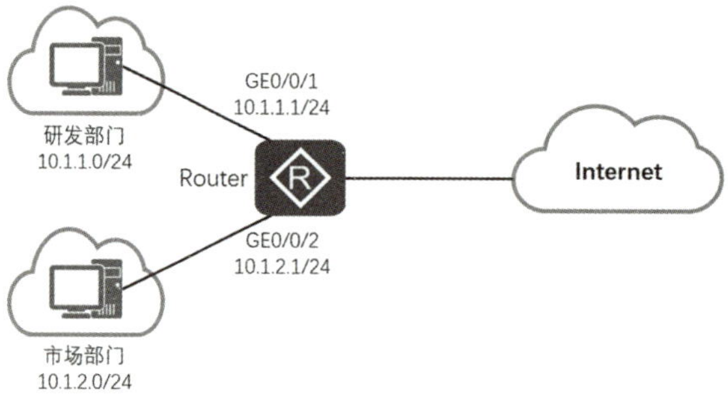

图 10-16 高级 ACL 的应用

2. 配置需求

(1)某公司通过 Router 实现各部门之间的互连。为方便管理网络，管理员为公司的研发部和市场部规划了 2 个网段的 IP 地址。

(2)现要求 Router 能够限制 2 个网段之间互访，防止公司机密泄露。

3. 配置思路

配置高级 ACL 和流量过滤，使设备可以对研发部与市场部互访的报文进行过滤。

4. 配置步骤

(1)完成上图所示的路由器端口 IP 地址及路由的相关配置(略)。

(2)创建高级 ACL 3001 并配置 ACL 规则，拒绝研发部访问市场部的报文通过。

```
[Router] acl 3001
[Router-acl-adv-3001] rule deny ip source 10.1.1.0 0.0.0.255 destination 10.1.2.0 0.0.0.255
```

(3)创建高级 ACL 3002 并配置 ACL 规则，拒绝市场部访问研发部的报文通过。

```
[Router] acl 3002
[Router-acl-adv-3002] rule deny ip source 10.1.2.0 0.0.0.255 destination 10.1.1.0 0.0.0.255
```

(4)由于研发部和市场部互访的流量分别从端口 GE0/0/1 和 GE0/0/2 进入 Router，所以在端口 GE0/0/1 和 GE0/0/2 的入方向配置流量过滤。

```
[Router] interface GigabitEthernet 0/0/1
[Router-GigabitEthernet0/0/1] traffic-filter inbound acl 3001
[Router-GigabitEthernet0/0/1] quit
[Router] interface GigabitEthernet 0/0/2
[Router-GigabitEthernet0/0/2] traffic-filter inbound acl 3002
```

拓展阅读

安全性更高的新型通信技术——量子通信

量子通信是指利用量子纠缠效应进行信息传递的一种新型的通信方式。这种通信技术最激动人心的地方在于其“绝不泄密”的本事，独特的加密方式使密钥具有不可复制性和绝对安全性，一旦有人窃取密钥，整个通信信息会“自毁”并告知使用者。

量子通信具有很多特点，与传统的通信方式相比，它最大的优势就是不可比拟的高安全性和高效率性。首先，传统通信方式采用加密方式保证信息的安全，比较容易被破解。量子通信利用光量子不可复制的特性，其密钥不是固定的，充满随机性，即使密钥被截获也无法破译。因此，理论上量子通信可以做到绝对安全。其次，量子编码的效率非常高，不仅是“有”和“无”2 种状态（对应于“1”和“0”），而且可以是 2 个量子自旋态的组合态。因此，用少量光子可以传输大量的信息。此外，量子通信还有较强的抗干扰能力、很好的隐蔽性能及较低的噪声比等特点。

因其传输高效和绝对安全等特点，量子信息被认为可能是下一代 IT 技术的支撑性研究，并成为全球物理学研究的前沿与焦点领域，有科学家甚至预计，10 年内有望实现全球化量子通信。不过，值得一提的是，量子通信虽然具有革命性的力量，但并不是为了取代传统通信而生。量子通信和传统通信是 2 种不同的通信形式，量子通信是为了让传统的数字通信变得更安全。

着眼国内，我国已出台多项政策助力量子通信发展。2020 年 10 月，习近平总书记在中央政治局第二十四次专题集体学习时做出把握量子科技大趋势，下好先手棋的系列重要指示，为加快我国量子信息技术领域的发展提供了战略指引和根本遵循。2021 年 3 月，“十四五”规划纲要正式发布，明确提出在量子信息领域组建国家实验室、实施重大科技项目、谋划布局未来产业和加强基础学科交叉创新等一系列规划部署。可以预见，在未来 5～10 年，量子通信仍将处于不断高速发展阶段。

内容来自于人民邮电/2022 年/9 月/29 日/第 006 版

项目实战

项目 10-1　园区网基本 ACL 配置

项目 10-1　园区网基本 ACL 配置

某公网园区网的拓扑结构如图 10-17 所示，网络需求如下所示。

（1）出于网络安全考虑，IP 地址范围为 192.168.1.16～192.168.1.253 的普通员工在工作日的 8:30 到 12:00 和 14:00 到 17:30 两个时间段禁止访问 Internet。

（2）其他范围 IP 地址的 PC 机任意时间均可访问 Internet。

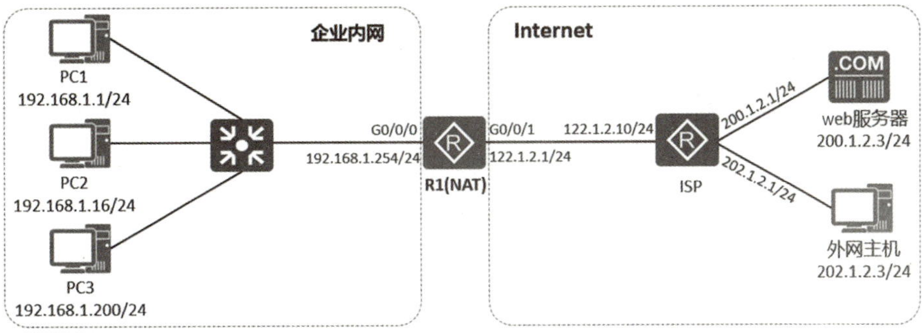

图 10-17　项目 10-1 网络拓扑结构

项目规划

欲实现上述功能需求，配置思路如下所示。

（1）配置设备的端口 IP。

（2）配置路由，使得网络可达。

（3）在路由器 R1 上创建基本 ACL，制定基本 ACL 规则。

(4)在路由器 R1 的 GE0/0/0 端口上应用所配置的基本 ACL 服务,实施流量过滤。

项目实施

步骤 1:配置各设备的端口 IP 地址和路由。

```
# R1:
[R1] interface g0/0/0
[R1-GigabitEthernet0/0/0] ip add 192.168.1.254 24
[R1-GigabitEthernet0/0/0] quit
[R1] interface g0/0/1
[R1-GigabitEthernet0/0/1] ip add 122.1.2.1 24
[R1-GigabitEthernet0/0/1] quit
[R1] ip route-static 0.0.0.0.0 122.1.2.10
# ISP:
[ISP] interface g0/0/0
[ISP-GigabitEthernet0/0/0] ip add 122.1.2.10 24
[ISP-GigabitEthernet0/0/0] quit
[ISP] interface g0/0/1
[ISP-GigabitEthernet0/0/1] ip add 200.1.2.1 24
[ISP-GigabitEthernet0/0/1] quit
[ISP] interface g0/0/2
[ISP-GigabitEthernet0/0/2] ip add 202.1.2.1 24
[ISP-GigabitEthernet0/0/2] quit
[ISP] ip route-static 0.0.0.0 0 122.1.2.1
```

步骤 2:在路由器 R1 上创建基本 ACL,制定基本 ACL 规则,进行流量过滤。

```
[R1] time-range work_time 8:30 to 12:00 working-day
[R1] time-range work_time14:00 to 17:30 working-day
[R1] acl 2000
[R1-acl-basic-2000] rule deny source 192.168.1.16 0.0.0.15 time-range work_time
[R1-acl-basic-2000] rule deny source 192.168.1.32 0.0.0.31 time-range work_time
[R1-acl-basic-2000] rule deny source 192.168.1.64 0.0.0.63 time-range work_time
[R1-acl-basic-2000] rule deny source 192.168.1.128 0.0.0.127 time-range work_time
[R1-acl-basic-2000] rule permit source any
```

步骤 3:在 R1 的 GE0/0/0 端口的入方向上进行流量过滤,实现网络功能。

```
[R1] int g0/0/0
[R1-GigabitEthernet0/0/0] traffic-filter inbound acl 2000
```

项目验证

(1)在 R1 上使用“display acl 2000”命令查看 ACL 2000 匹配信息，匹配结果如图 10-18 所示。

```
[R1]display acl 2000
Basic ACL 2000, 5 rules
Acl's step is 5
 rule 5 deny source 192.168.1.16 0.0.0.15 time-range work_day(Active)
 rule 10 deny source 192.168.1.32 0.0.0.31 time-range work_day(Active)
 rule 15 deny source 192.168.1.64 0.0.0.63 time-range work_day(Active)
 rule 20 deny source 192.168.1.128 0.0.0.127 time-range work_day(Active)
 rule 25 permit (6 matches)
```

图 10-18　查看 R1 上 ACL 2000 的匹配信息

(2)在 PC2 上 ping Internet 上的 web 服务器 200.1.2.3，结果如图 10-19 所示。

```
PC>ipconfig

Link local IPv6 address...........: fe80::5689:98ff:fe8f:32cf
IPv6 address......................: :: / 128
IPv6 gateway......................: ::
IPv4 address......................: 192.168.1.16
Subnet mask.......................: 255.255.255.0
Gateway...........................: 192.168.1.254
Physical address..................: 54-89-98-8F-32-CF
DNS server........................:

PC>ping 200.1.2.3

Ping 200.1.2.3: 32 data bytes, Press Ctrl_C to break
Request timeout!
Request timeout!
Request timeout!
Request timeout!
Request timeout!
```

图 10-19　PC2 与 web 服务器的通信结果

(3)在 R1 上重新查看 ACL 2000 匹配信息，结果如图 10-20 所示。

```
[R1]display acl 2000
Basic ACL 2000, 5 rules
Acl's step is 5
 rule 5 deny source 192.168.1.16 0.0.0.15 time-range work_day(Active) (5 matches
)
 rule 10 deny source 192.168.1.32 0.0.0.31 time-range work_day(Active)
 rule 15 deny source 192.168.1.64 0.0.0.63 time-range work_day(Active)
 rule 20 deny source 192.168.1.128 0.0.0.127 time-range work_day(Active)
 rule 25 permit (120 matches)
```

图 10-20　PC2 与 Web 服务器通信后 R1 上 ACL 2000 的匹配信息

(4)在 PC1 上 ping Internet 上的 web 服务器 200.1.2.3，结果如图 10-21 所示。

```
PC>ipconfig

Link local IPv6 address...........: fe80::5689:98ff:fed4:7a2d
IPv6 address......................: :: / 128
IPv6 gateway......................: ::
IPv4 address......................: 192.168.1.1
Subnet mask.......................: 255.255.255.0
Gateway...........................: 192.168.1.254
Physical address..................: 54-89-98-D4-7A-2D
DNS server........................:

PC>ping 200.1.2.3 -c 2

Ping 200.1.2.3: 32 data bytes, Press Ctrl_C to break
From 200.1.2.3: bytes=32 seq=1 ttl=253 time=47 ms
From 200.1.2.3: bytes=32 seq=2 ttl=253 time=31 ms
```

图 10-21　PC1 与 web 服务器的通信结果

(5)在 R1 上再次查看 ACL 2000 匹配信息，结果如图 10-22 所示。

```
[R1]display acl 2000
Basic ACL 2000, 5 rules
Acl's step is 5
 rule 5 deny source 192.168.1.16 0.0.0.15 time-range work_day(Active) (5 matches
)
 rule 10 deny source 192.168.1.32 0.0.0.31 time-range work_day(Active)
 rule 15 deny source 192.168.1.64 0.0.0.63 time-range work_day(Active)
 rule 20 deny source 192.168.1.128 0.0.0.127 time-range work_day(Active)
 rule 25 permit (299 matches)
```

图 10-22　PC1 与 web 服务器通信后 R1 上 ACL 2000 的匹配信息

项目 10-2　园区网高级 ACL 配置

项目 10-2　园区网高级 ACL 配置

某公司园区网的拓扑结构如图 10-23 所示。R3 为 telnet 服务器和 FTP 服务器，R1 为客户端，客户端与服务器之间路由可达。其中 R1 和 R2 间互联物理端口地址分别为 10.1.1.1/24 和 10.1.1.2/24，R2 和 R3 间互联物理端口地址分别为 10.1.2.1/24 和 10.1.2.2/24。另外，R1 上创建 2 个逻辑端口 loopback 0 和 loopback 1 分别模拟 2 个客户端用户，地址分别为 192.168.2.1/24 和 192.168.1.1/24。网络需求如下所示。

(1)客户端 R1 的 loopback 0 端口地址只能够进行 telnet 对 R3 进行远程管理，用户通过密码登录，并配置基于 ACL 的安全策略，保证只有符合安全策略的用户才能登录设备。

(2)客户端 R1 的 loopback 1 端口地址只能够访问 R3 的 FTP 服务，用户通过密码登录，并配置基于 ACL 的安全策略，保证只有符合安全策略的用户才能登录设备。

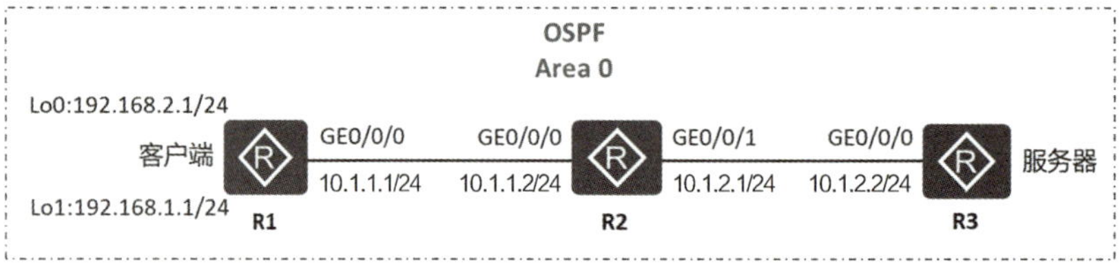

图 10-23　项目 10-2 网络拓扑结构

项目规划

欲实现上述功能需求，配置思路如下所示。

(1)配置设备的端口 IP。

(2)配置 OSPF，使得网络路由可达。

(3)在路由器 R2 上创建高级 ACL 服务。

(4)在路由器 R2 的 GE0/0/0 端口入方向和 VTY(virtual type terminal)上应用所配置的高级 ACL 服务，实施流量过滤。

项目实施

步骤 1：配置各设备的端口 IP 地址。

```
# R1:
[R1] interface g0/0/0
[R1-GigabitEthernet0/0/0] ip add 10.1.1.1 24
[R1-GigabitEthernet0/0/0] quit
[R1] interface LoopBack 0
[R1-LoopBack0] ip address 192.168.2.1 24
[R1-LoopBack0] quit
[R1] interface LoopBack 1
[R1-LoopBack1] ip address 192.168.1.1 24
[R1-LoopBack1] quit
# R2:
[R2] interface g0/0/0
[R2-GigabitEthernet0/0/0] ip add 10.1.1.2 24
[R2-GigabitEthernet0/0/0] quit
[R2] interface g0/0/1
[R2-GigabitEthernet0/0/1] ip add 10.1.2.1 24
# R3:
[R3] interface g0/0/0
[R3-GigabitEthernet0/0/0] ip add 10.1.2.2 24
```

步骤 2:配置 OSPF,使网络互通。

```
# R1:
[R1] ospf
[R1-ospf-1] area 0
[R1-ospf-1-area-0.0.0.0] network 10.1.1.1 0.0.0.0
[R1-ospf-1-area-0.0.0.0] network 192.168.1.1 0.0.0.0
[R1-ospf-1-area-0.0.0.0] network 192.168.2.1 0.0.0.0
[R1-ospf-1-area-0.0.0.0] return
# R2:
[R2] ospf
[R2-ospf-1] area 0
[R2-ospf-1-area-0.0.0.0] network 10.1.1.2 0.0.0.0
[R2-ospf-1-area-0.0.0.0] network 10.1.2.1 0.0.0.0
[R2-ospf-1-area-0.0.0.0] return
# R3:
[R3] ospf
[R3-ospf-1] area 0
[R3-ospf-1-area-0.0.0.0] network 10.1.2.2 0.0.0.0
[R3-ospf-1-area-0.0.0.0] return
```

步骤 3:配置 R3 为 telnet 服务器和 FTP 服务器。

(1)在 R3 上使能 telnet 功能,配置用户权限等级为 3 级,登录密码为 Test@123。

(2)在 R3 上使能 FTP 功能,配置默认 FTP 目录,配置用户权限等级为 3 级,登录账号 Test1,登录密码为 Test@123,防止非法用户访问 FTP 服务器,降低安全风险。

```
# Telnet:
[R3] telnet server enable
[R3] user-interface vty 0 4
[R3-ui-vty0-4] user privilege level 3
[R3-ui-vty0-4] set authentication password cipher Test@123
# FTP:
[R3] ftp server enable
[R3] set default ftp-directory flash:/    #设置默认 FTP 目录
[R3] aaa
[R3-aaa] local-user test1 password cipher Test@123
[R3-aaa] local-user test1 privilege level 3
[R3-aaa] local-user test1 ftp-directory flash:
```

步骤 4:路由器 R3 上配置高级 ACL 服务,进行流量过滤,允许 R1 的 lookback0 访问 R3 的 telnet 服务,允许 lookback1 访问 R3 的 FTP 服务。

```
[R3] acl 3000
[R3-acl-adv-3000] rule 5 permit tcp source 192.168.1.1 0.0.0.0 destination 10.1.2.2 0.0.0.0 destination-port eq 23
[R3-acl-adv-3000] rule 10 permit tcp source 192.168.2.1 0.0.0.0 destination 10.1.2.2 0.0.0.0 destination-port
range 20 21
[R3-acl-adv-3000] rule 15 deny tcp source any
```

步骤 5:在 R3 的 GE0/0/0 端口的入方向上和 VTY 端口的入方向上进行流量过滤。

```
[R3] interface GigabitEthernet0/0/0
[R3-GigabitEthernet0/0/0] traffic-filter inbound acl 3000
[R3-GigabitEthernet0/0/0] quit
[R3] user-interface vty 0 4
[R3-ui-vty0-4] acl 3000 inbound
```

项目验证

(1)在 R3 上使用“display acl 3000”命令来查看 ACL 3000 匹配信息,查询结果如图 10-24 所示。

```
[R3]display acl 3000
Advanced ACL 3000, 3 rules
Acl's step is 5
 rule 5 permit tcp source 192.168.1.1 0 destination 10.1.2.2 0 destination-port
eq telnet
 rule 10 permit tcp source 192.168.2.1 0 destination 10.1.2.2 0 destination-port
 range ftp-data ftp
 rule 15 deny tcp
```

图 10-24　查看 R3 上 ACL 3000 的匹配信息

(2)检测 telnet 访问，验证 ACL 配置结果。在 R1 上带源地址 192.168.1.1 telnet 到服务器 R3，验证结果如图 10-25 所示。

```
<R1>telnet -a 192.168.1.1 10.1.2.2
  Press CTRL_] to quit telnet mode
  Trying 10.1.2.2 ...
  Connected to 10.1.2.2 ...

Login authentication


Password: 输入密码test@123
<R3> ←— 出现该提示符表明远程Telnet成功！
```

图 10-25　查看 R1 上带源地址(192.168.1.1)telnet 到服务器 R3 的结果

(3)在 R1 上带源地址(192.168.2.1)telnet 到服务器 R3，发现无法正常登录，如图 10-26 所示。

```
<R1>telnet -a 192.168.2.1 10.1.2.2
  Press CTRL_] to quit telnet mode
  Trying 10.1.2.2 ...
  Error: Can't connect to the remote host
<R1>
```

图 10-26　查看 R1 上带源地址(192.168.2.1)telnet 到服务器 R3 的结果

(4)在 R1 上带源地址(192.168.2.1)ftp 到服务器 R3，发现可以正常登录，如图 10-27 所示。

```
<R1>ftp -a 192.168.2.1 10.1.2.2
Trying 10.1.2.2 ...

Press CTRL+K to abort
Connected to 10.1.2.2.
220 FTP service ready.
User(10.1.2.2:(none)):test1 ←— 登录账号test1
331 Password required for test1.
Enter password:输入登录密码Test@123
230 User logged in. ←— 登录账号密码无误后，登录成功！

[R1-ftp]
```

图 10-27　查看 R1 上带源地址(192.168.2.1)ftp 到服务器 R3 的结果

(5)在 R1 上带源地址(192.168.1.1)ftp 到服务器 R3，发现无法正常登录，结果如图 10-28 所示。

```
<R1>ftp -a 192.168.1.1 10.1.2.2
Trying 10.1.2.2 ...

Press CTRL+K to abort
Error: Failed to connect to the remote host.
```

图 10-28　查看 R1 上带源地址(192.168.1.1)ftp 到服务器 R3 的结果

单元总结

本单元详细介绍了 ACL 技术的基本原理、应用场景及配置步骤，主要学习了以下知识内容。

(1)ACL 是一种基于包过滤的网络安全访问控制技术，它可以根据设定的条件对端口上的数据包进行过滤，允许其通过或丢弃。

(2)ACL 技术通常是与防火墙、路由策略、QoS、流量过滤及 NAT 等其他技术结合使用。

(3)一个 ACL 通常由若干条语句(rule)组成，每条语句就是该 ACL 的 1 条规则，每条语句中的“permit”或“deny”就是与这条规则对应的处理动作。

(4)常见的 ACL 分为基本 ACL 和高级 ACL。基本 ACL 只使用源地址进行过滤，根据数据包的源 IP 地址来允许或拒绝数据包。而高级 ACL 则基于源地址、目的地址、传输层协议和应用端口号进行过滤，每条规则都必须匹配，才会执行允许或拒绝动作，使用扩展 ACL 可实现更加精确的流量控制。

(5)当进行 IP 地址匹配的时候，后面会跟着 32 位的通配符掩码。通配将掩码用于指示 IP 地址中，哪些 bit 需要严格匹配，哪些 bit 无需匹配，其中 0 表示匹配，1 表示不关心。

(6)ACL 在现有网络中有非常多的应用场景，典型场景有使用 ACL 限制 telnet 登录权限、在 SNMP 中应用 ACL 过滤非法网管、使用 ACL 限制不同网段用户的互访、使用 ACL 禁止特定用户主机在特定时间内上网、在 QoS 中使用 ACL 实施流量监管、在 OSPF 中使用 ACL 过滤路由信息、在 NAT 中使用 ACL 过滤流量以及在防火墙中使用 ACL 等。

(7)ACL 的使用分为 2 个步骤。第 1 步创建 ACL 并定义相关的过滤规则，第 2 步在准备应用 ACL 的网络设备端口(inbound 或 outbound 方向)上调用第 1 步创建的 ACL 进行数据包的过滤。

巩固练习

一、单选题

1. 下列选项中，(　　)是一条合法的基本 ACL 的规则。

A. rule permit ip

B. rule deny ip

C. rule permit source any

D. rule deny tcp source any

2. 如果希望利用基本 ACL 来识别源 IP 地址为 172.16.10.0/24 网段的 IP 报文并执行允许的动作，那么应该采用的规则是(　　)。

A. rule permit source 172.16.10.0 0.0.0.0

B. rule permit source172.16.10.0255.255255.255

C. rule permit source 172.16. 10.00.0.255.255

D. rule permit source 172.16.10.0 0.0.0.255

3. 如果希望利用高级 ACL 来识别源 IP 地址为 172.16.10.1、目的 IP 地址是 172.16.20.0/24 网段的 IP 报文并执行拒绝的动作，那么应该采用的规则是(　　)。

A. rule deny source 172.16.10.1 0.0.0.0

B. rule deny source 172.16.10.1 0.0.0.0 destination 172.16.20.0 0.0.0.255

C. rule deny tcp source 172.16. 10. 1 0.0.0.0 destination 172.16.20.0 0.0.0.255

D. rule deny ip source 172. 16.10. 1 0.0.0.0 destination 172.16.20.0 0.0.0.255

4. 下列参数中，不能用于高级 ACL 的是(　　)。

A. 物理端口　　B. 目的端口号　　C. 协议号　　D. 时间范围

5. ACL 配置中，操作符"gt portnumber"表示控制的是(　　)。

A. 端口号小于此数字的服务　　B. 端口号大于此数字的服务

C. 端口号等于此数字的服务　　D. 端口号不等于此数字的服务

二、多选题

1. 配置访问控制列表必须要做的配置包括(　　)。

A. 设置时间段　　B. 指定日志主机

C. 定义访问控制列表　　D. 在端口上应用访问控制列表

2. 访问控制列表可以实现的要求有(　　)。

A. 允许 202.10.1.0/24 网段的主机使用协议 HTTP 访问 130.12.23.1

B. 不让任何机器使用 telnet 登录

C. 使某个用户能从外部远程登录

D. 让某公司的每台机器都可以经由 SMTP 发送邮件

E. 允许在晚上 8:00 到晚上 12:00 访问网络

F. 有选择地只发送某些邮件而不发送另一些邮件

3. 使用 ACL 可带来的好处有(　　)。

A. 保证合法主机进行访问，拒绝某些不希望的访问

B. 通过配置 ACL，可以限制网络流量，进行通信流量过滤

C. 实现企业私有网络的用户都可访问 Internet

D. 管理员可根据网络时间情况实现有差别的服务

4. 下列选项中，ACL 可以做到的有(　　)。

A. 允许 120.25.0.0/16 网段的主机使用 FTP 协议访问主机 200.102.8.11

B. 不让任何主机使用 telnet 登录

C. 拒绝一切数据包通过

D. 以上说法都不正确

5. 在路由器 R1 上配置下列命令，并将此规则应用在端口上，下列说法正确的是(　　)。

```
[R1]acl 3000
[R1]rule deny icmp source 10.1.0.0 0.0.255.255 destination any icmp-type host-redirect
[R1]rule deny tcp source any destination 10.2.1.2 0.0.0.0 destination-port eq 23
[R1]rule permit ip source any destination any
```

A. 禁止从 10.1.0.0 网段发来的 ICMP 的主机重定向报文通过

B. 禁止所有用户远程登录到 10.2.1.2 主机

C. 允许所有的数据包通过

D. 以上说法均不正确

三、简答题

1. 简述什么是访问控制列表?

2. 简述访问控制列表的实现机制。

3. 简述什么是命名访问控制列表,它具有什么优势?

4. 高级 ACL 可以基于哪些条件来定义规则?

5. 访问控制列表主要有哪 2 种类型,各有什么区别?

单元11 网络地址转换

单元导航

IPv4 地址资源日渐枯竭，推进基于 IPv6 的下一代互联网规模化商用迫在眉睫。全球各国都将 IPv6 作为下一代互联网的发展方向，我国也明确了加快以 IPv6 为主的下一代互联网建设的发展策略。NAT 技术是避免 IPv4 地址短缺的有效手段，也是一种安全机制。本单元主要介绍不同类型 NAT 的技术原理，让学生理解如何在不同场景下，选用不同类型的 NAT 技术以及常见的 NAT 的配置方法。

学习目标

知识目标

(1)了解 NAT 的技术背景。

(2)理解不同类型 NAT 的技术原理。

(3)理解如何在不同场景下选用不同类型的 NAT 技术。

技能目标

(1)掌握静态 NAT 的配置方法。

(2)掌握动态 NAT 的配置方法。

(3)掌握动态 NAPT 的配置方法。

(4)掌握 Easy IP 的配置方法。

(5)掌握 NAT Server 的配置方法。

素养目标

(1)培养分析和排除故障的能力。

(2)培养表达能力和文档能力。

(3)增强网络安全意识。

学习准备

实际应用中，Internet 使用 TCP/IP 实现了全世界的计算机互联互通，每台连入 Internet 的计算机要和其他计算机通信，都必需拥有唯一的、合法的 IP 地址，此 IP 地址由 Internet 管理机构 NIC 统一进行管理和分配。NIC 分配的 IP 地址被称为公有的、合法的 IP 地址，这些 IP 地址具有唯一性，连入 Internet 的计算机只要拥有 NIC 分配的 IP 地址就可以和其他计算机通信。

但是，由于当前普遍使用的 TCP/IP 协议版本还是 IPv4，具有天生的 IP 地址数量相对较少等缺陷，难以满足目前爆炸性增长的 IP 需求。因此，不是每台计算机都能申请并获得 NIC 分配的 IP 地址。一般来说，对于需要连上 Internet 的个人或家庭用户而言，可以通过 Internet 服务提供商（ISP）间接获得合法的公有 IP 地址（如用户通过 ADSL 线路拨号，从运营商获得临时租用的公有 IP 地址）。对于大型机构而言，可以直接向 Internet 管理机构申请永久的公有 IP 地址，也可以通过 ISP 间接获得临时或永久的公有 IP 地址。

无论是通过哪种方式获得公有的 IP 地址，当前的可用 IP 地址数量依然不足。IP 地址作为有限的资源，NIC 要为网络中数以亿计的计算机都分配公有的 IP 地址是不可能的。同时，为了使计算机能够具有 IP 地址并在专用网络（内部网络）中通信，NIC 定义了供专用网络内的计算机使用的专用 IP 地址。这些 IP 地址是在局部使用的（非全局的、不具有唯一性）、非公有的（私有的）IP 地址，这些 IP 地址的地址范围具体如下所示。

（1）A 类地址：10.0.0.0～10.255.255.255。

（2）B 类地址：172.16.0.0～172.31.255.255。

（3）C 类地址：192.168.0.0～192.168.255.255。

组织机构可根据自身园区网的大小以及计算机数量的多少来选用不同类型的专用地址范围或者它们的组合。但是，这些 IP 地址不可以出现在 Internet 上，也就是说源地址或目的地址为这些专有 IP 地址的数据包是不可以在 Internet 上传输的，这样的数据包只能在内部专用网络中传输。

为解决 IPv4 公有地址不足，而私有地址又不能在公网上使用的问题，网络地址转换（network address translation，NAT）技术应需而生。

NAT 技术主要用于实现处于内部网络的主机访问外部网络的情况。一方面 NAT 缓解了 IPv4 地址短缺的问题，另一方面还带来了 2 个好处。

（1）可以有效避免来自外部网络的攻击，很大程度上提高了网络的安全性。

（2）控制内网主机访问外网，同时也可以控制外网主机访问内网，解决了内网和外网不能相互通信的问题。

由于私有地址无法在 Internet 上进行路由转发，访问 Internet 的 IP 数据包将因缺乏路由而无法到达私有网络出口设备。因此，如果使用了私有地址的私有网络需要访问 Internet，就必须在网络出口设备上配置 NAT，将访问 Internet 的 IP 数据报文中的私有网络源地址转换成公有网络源地址。

通过私有地址的使用，并结合 NAT 技术，可以有效节约公网 IPv4 地址。

NAT 可以应用于多种场景，其中最为常见的应用场景有以下几种。

（1）在私有网络内部（园区网络、家庭网络）使用私有地址，有多个公有地址可用（公有地址远少于内网使用的私有地址）时，出口设备部署 NAT。对于“从内到外”的流量，网络设备通过 NAT 将数据包的源地址进行转换，将其转换成特定的公有地址。

（2）在私有的园区网络使用私有地址，内部部署有允许外部访问的服务器时，入口设备部署 NAT。对于“从外到内”的流量，对数据包的目的地址进行转换，将其转换成服务器的私有地址。

（3）在小型的私有网络内部使用私有地址，只有 1 个公有地址可用，该地址配置在出口设备的出端口上时，出口设备部署 NAT。对于“从内到外”的流量，网络设备通过 NAT 将数据包的源地址及端口号进行转换，将其转换成出口设备出端口的公有地址及端口号。

接下来，我们将通过学习不同类型 NAT 的工作原理和相关配置命令等知识内容，进而完成上述不同应用场景下 NAT 技术的部署。

11.1　NAT 概述

NAT 是一种 Internet 工程任务组(Internet engineering task force，IETF)标准，在当前网络中被广泛部署。NAT 是把内部私有网络地址转换成合法外部公有网络地址的技术，一般部署在网络出口设备，如路由器或防火墙上。

如果专用网络的计算机要访问 Internet，则组织机构在连接 Internet 的设备上至少需要 1 个公有 IP 地址，然后采用 NAT 技术，将内部网络的私有 IP 地址转换为公有 IP 地址，从而让使用私有 IP 地址的计算机能够和 Internet 中的计算机进行通信，如图 11-1 所示。

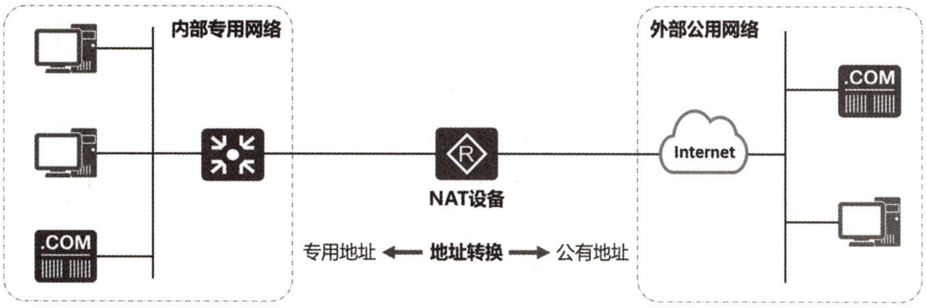

图 11-1　网络地址转换

11.2　NAT 工作原理

根据工作方式不同，NAT 可以分为静态 NAT、动态 NAT 和动态 NAPT 等类型，下面将详细介绍各类 NAT 的工作原理及配置命令。

11.2.1　静态 NAT

静态 NAT 是将私有 IP 地址转换为公有 IP 地址的技术，且应用静态 NAT 时每个私有地址都有 1 个与之对应并且固定的公有地址，即私有地址和公有地址之间的关系是一对一映射。静态 NAT 通常应用在允许外网用户访问内网服务器的场景。

静态 NAT 支持双向互访，即私有地址访问 Internet 经过出口设备 NAT 转换时，会被转换成对应的公有地址，同时，外部网络访问内部网络时，其报文中携带的公有地址(目的地址)也会被 NAT 设备转换成对应的私有地址。静态 NAT 的工作过程如图 11-2 所示。

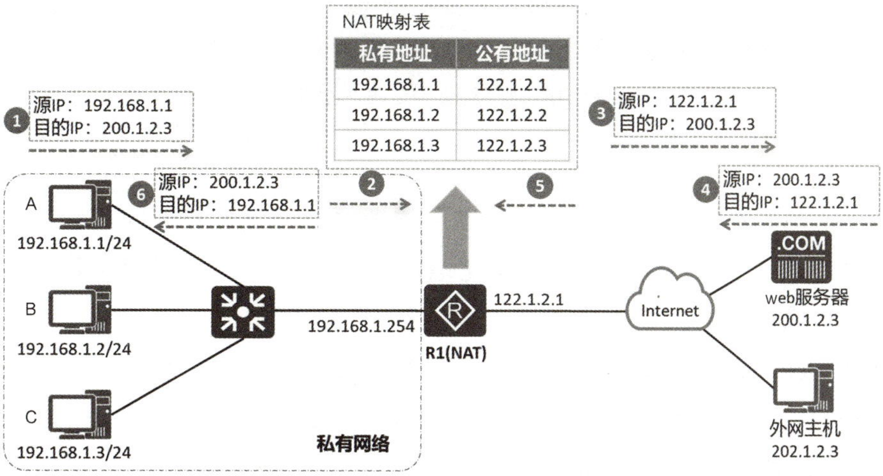

图 11-2　静态 NAT 工作过程

①计算机 A(192.168.1.1)发送数据包给 Web 服务器，数据包的源 IP 地址为 192.168.1.1，目标 IP 地址为 200.1.2.3。

②数据包到达路由器 R1 时,路由器将查询本地的 NAT 映射表,找到映射条目后将数据包的源地址 192.168.1.1 转换为公网 IP 地址 122.1.2.1,目的地址保持不变。NAT 路由器上有 1 个公有的 IP 地址池,在本次通信前,网络管理员已经在 NAT 路由器上做了静态 NAT 地址映射关系,指定 192.168.1.1 与 122.1.2.1 映射。

③转换后的数据包经公网传输,最终将被 web 服务器接收。

④web 服务器收到数据包后,将响应内容封装在目的地址为 122.1.2.1 的数据包中,然后将该数据包发送出去。

⑤目的地址为 122.1.2.1 的数据包到达路由器 R1 后,路由器将对照自身的 NAT 映射表,找出对应关系,将源地址 122.1.2.1 转换为目的地址 192.168.1.1,然后将该数据包发送到内部网络中。

⑥目的地址为 192.168.1.1 的数据包在内部网络中传送,最终到达计算机 A。计算机 A 通过数据包的源地址(200.1.2.3),只知道此数据包是路由器 R1 发送过来的,实际上,该数据包是 web 服务器发送的。

静态 NAT 的配置命令如下所示。

方式一:端口视图下配置静态 NAT。

```
[Huawei-GigabitEthernet0/0/0] nat static global {global-address} inside {host-address}
```

其中 global-address 为公有地址,host-address 为私有地址。

方式二:系统视图下配置静态 NAT。

```
[Huawei] nat static global {global-address} inside {host-address}
```

在端口下开启 nat static 功能。

```
[Huawei-GigabitEthernet0/0/0] nat static enable
```

例 11.1 静态 NAT 配置案例,网络拓扑如图 11-2 所示。

在 R1 上配置静态 NAT,将内网主机的私有地址一对一映射到公有地址。

```
[R1] interface GigabitEthernet0/0/1
[R1-GigabitEthernet0/0/1] ip address 122.1.2.1 24
[R1-GigabitEthernet0/0/1] nat static global 122.1.2.1 inside 192.168.1.1
[R1-GigabitEthernet0/0/1] nat static global 122.1.2.2 inside 192.168.1.2
[R1-GigabitEthernet0/0/1] nat static global 122.1.2.3 inside 192.168.1.3
```

11.2.2 动态 NAT

静态 NAT 严格地一对一进行地址映射,这会导致即便内网主机长时间离线或者不发送数据时,与之对应的公有地址也处于使用状态。为了避免地址浪费,动态 NAT 提出了地址池的概念,即将所有可用的公有地址组成地址池。

当有内部主机访问外部网络时临时分配 1 个地址池中未使用的地址,并将该地址标记为“In Use”;当该主机不再访问外部网络时回收分配的地址,重新标记为“Not Use”。

动态 NAT 的工作过程如图 11-3 所示。

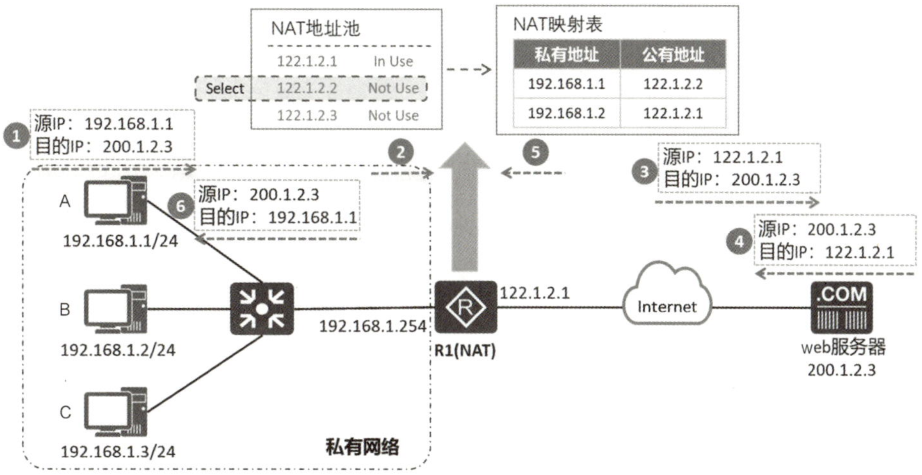

图 11-3　动态 NAT 工作过程

通过图 11-3 我们可以看到，与静态 NAT 类似，动态 NAT 的路由器上有 1 个公有 IP 地址池，地址池中有 3 个公有 IP 地址，它们是122.1.2.1/24～122.1.2.3/24。在图 11-3 中，假设专用网络的计算机 A(192.168.1.1)需要和互联网的 web 服务器(200.1.2.3)通信，其通信过程如下：

①计算机 A 发送源 IP 地址为 192.168.1.1 的数据包给 web 服务器。

②数据包经过路由器 R1 的时候，路由器调用 NAT 技术，查找 NAT 映射表，将数据包的源地址 192.168.1.1 转换为公有 IP 地址 122.1.2.2。为什么会转换为 122.1.2.2 呢？这是由于路由器上的地址池有多个公有 IP 地址，当需要进行地址转换时，路由器会在地址池中选择 1 个未被占用的地址来进行转换。这里假设后面 2 个地址未被占用，因此路由器挑选了第 1 个未被占用的地址122.1.2.2 作为转换后的地址，同时将该地址的标记变为“In Use”，并生成 1 个临时的 NAT 映射表。地址池中的公有 IP 地址的数量决定了可以同时访问 Internet 的内网计算机的数量，如果地址池中的 IP 地址都被使用了，那么内网的其他计算机就不能够和 Internet 的计算机通信了。当内网计算机和外网计算机的通信连接结束后，路由器将释放被占用的公有 IP 地址，同时将该地址的标记变为“Not Use”，这样，被释放的 IP 地址就又可以为其他内网计算机提供公网接入服务了。

③源地址为 122.1.2.2 的数据包在 Internet 上转发，最终被 web 服务器接收。

④web 服务器收到源地址为 122.1.2.2 的数据包后，将响应内容封装在目的地址为122.1.2.2的数据包中，然后将该数据包发送出去。

⑤目的地址为 122.1.2.2 的数据包经过 Internet 其他路由器的转发，最终到达连接专用网络的路由器 R1 上，路由器查找 NAT 映射表，根据公有地址查找私有地址，将目的地址为 122.1.2.2 的数据包转换为目的地址为 192.168.1.1 的数据包，然后发送到内部专用网络中。

⑥目的地址为 192.168.1.1 的数据包在专用网络中传送，最终到达计算机 A。计算机 A 通过数据包的源地址 200.1.2.3 知道此数据包是 Internet 上的 web 服务器发送过来的。

动态 NAT 的配置命令如下：

(1)创建公有地址池。

```
[Huawei] nat address-group [group-index | start-address | end-address]
```

配置公有地址范围，其中 group-index 为地址池编号，start-address 和 end-address 分别为地址池起始地址和结束地址。

(2)配置地址转换的 ACL 规则。

```
[Huawei] acl number
[Huawei-acl-basic-number ] rule permit source [source-address | source-wildcard]
```

配置基础 ACL,匹配需要进行动态转换的源地址范围。

(3)端口视图下配置带地址池的 NAT outbound。

```
[Huawei-GigabitEthernet0/0/0] nat outbound acl-number address-group group-index [ no-pat ]
```

端口下关联 ACL 与地址池进行动态地址转换,用 no-pat 参数指定不进行端口转换。

例 11.2 动态 NAT 配置案例,网络拓扑如图 11-3 所示。

在 R1 上配置动态 NAT,将内网主机的私有地址动态映射到公有地址。

```
[R1] nat address-group 1 122.1.2.1 122.1.2.3
[R1] acl 2000
[R1-acl-basic-2000] rule 5 permit source 192.168.1.0 0.0.0.255
[R1-acl-basic-2000] quit
[R1] interface GigabitEthernet0/0/1
[R1-GigabitEthernet0/0/1] nat outbound 2000 address-group 1 no-pat
```

11.2.3 动态 NAPT

动态 NAT 选择地址池中的地址进行地址转换时不会转换端口号,即非端口地址转换(no-port address translation,No-PAT),公有地址与私有地址还是一对一的映射关系,无法提高公有地址利用率。

网络地址端口转换(network address and port translation,NAPT)指从地址池中选择地址进行地址转换时不仅转换 IP 地址,同时也会对端口号进行转换,从而实现同一个公有地址(相同的公有地址,不同的源端口)与不同的私有地址(不同的私有地址,不同的源端口)的一对多映射,可以有效提高公有地址利用率。

动态 NAPT 的工作过程如图 11-4 所示。

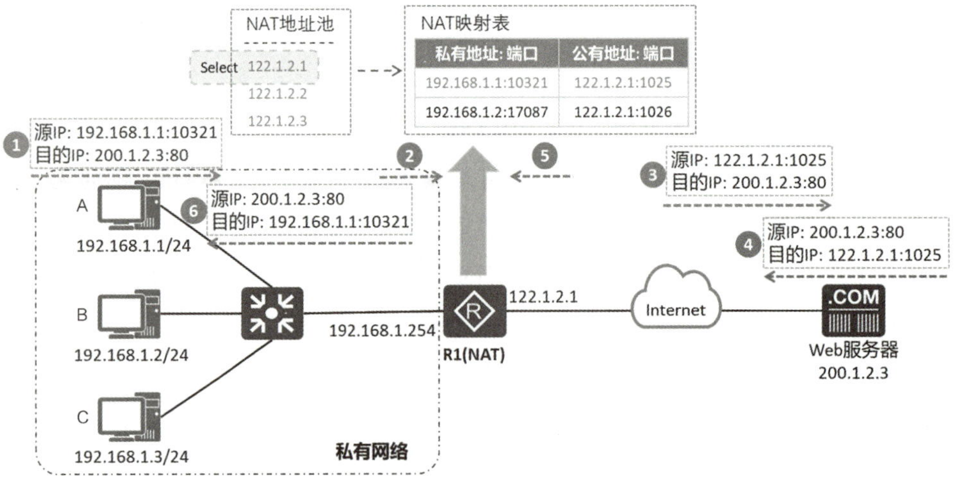

图 11-4 动态 NAPT 的工作过程

"IP 地址"到"IP 地址"的转换关系局限性很大,因为公有 IP 地址一旦被占用,内网的其他计算机就不能再使用被占用的公有 IP 地址访问外网。而"IP 地址:端口"的转换关系则非常灵活,1 个 IP 地址可以和多个端口进行组合(自由使用的端口号有几万个:1024-65535)。所以,路由器上可用的网络地址映射关系条目数量就很多,完全可以满足大量内网计算机访问外网的需求。

在图 11-4 中,假设私有网络的计算机 A(192.168.1.1)要访问外网的 web 服务器站点(200.1.2.3),其通信过程如下:

①计算机 A 发送数据包给 web 服务器。数据包的源 IP 地址为 192.168.1.1,源端口号为 10321(10321 为一个计算机 A 随机分配的端口号);数据包的目的地址为 200.1.2.3,目的端口号为 80(web 服务器默认端口号是 80)。

②数据包经过路由器的时候,路由器采用了动态 NAPT 技术,以"IP:端口"形式进行转换。数据包的源地址及源端口号将从 192.168.1.1:10321 转化为 122.1.2.1:1025(1025 为路由器随机分配的端口号),目的地址及端口号不变,仍然指向 web 服务器的 web 服务。转换后的源 IP 地址为路由器在外网的端口 IP 地址,源端口为路由器上未被使用的可分配端口号,这里假设为 1025。

③转换后的数据包在 Internet 上转发,最终被 web 服务器接收。

④web 服务器收到数据包后,将响应内容封装在目的地址为 122.1.2.1 且目的端口号为 1025 的数据包中(源地址及端口为 200.1.2.3:80),然后将数据包发送出去。

⑤响应的数据包最终经过 Internet 转发,到达连接私有网络的路由器上,路由器查找 NAPT 映射表,根据"公有地址:端口"信息查找对应的"私有地址:端口",并对 IP 数据报文目的地址和端口进行转换,将目的地址及端口号为 122.1.2.1:1025 的数据包转换为目的地址及端口号为 192.168.1.1:10321 的数据包,然后发送到私有网络中。

⑥目的地址及端口号为 192.168.1.1:10321 的数据包在私有网络中传送,最终到达计算机 A。计算机 A 通过数据包的源地址及端口号(200.1.2.3:80)知道此数据包是外网的 web 服务器发送过来的。

动态 NAPT 的内外网"IP+端口号"映射关系是临时性的,因此,它主要的应用是为内网计算机提供访问外网的服务。例如,家庭的宽带路由器拥有动态 NAPT 功能,可以满足家庭电子设备访问 Internet;网吧的出口网关也拥有动态 NAPT 功能,可以满足网吧电脑访问 Internet。

动态 NAPT 的配置命令与动态 NAT 的配置命令相似,可参考之。

例 11.3 动态 NAPT 配置案例,网络拓扑如图 11-4 所示。

在 R1 上配置 NAPT,让内网所有私有地址转换为公有 IP 122.1.2.1 访问公网。

```
[R1] nat address-group 1 122.1.2.1 122.1.2.1
[R1] acl 2000
[R1-acl-basic-2000] rule 5 permit source 192.168.1.0 0.0.0.255
[R1-acl-basic-2000] quit
[R1] interface GigabitEthernet0/0/1
[R1-GigabitEthernet0/0/1] nat outbound 2000 address-group 1
```

11.2.4 Easy IP

Easy IP 的实现原理和 NAPT 相同,可同时转换 IP 地址、传输层端口,Easy IP 与 NAPT 的区别在于 Easy IP 没有地址池的概念,因为 Easy IP 只会用到一个公有 IP 地址,该 IP 地址就是路由器连接公网的出口 IP 地址。Easy IP 具有以下特点。

(1)Easy IP 会建立并维护 1 张动态地址及端口映射表,且会将表中公有 IP 地址绑定成路由器公网出口 IP 地址。

(2)路由器出口 IP 地址如果发生了变化,表中公有 IP 地址也会随之变化。

(3)路由器出口 IP 地址可以是手工配置,也可以是动态分配。

Easy IP 适用于不具备固定公网 IP 地址的场景,如小规模局域网等。小规模局域网通常部署在小型网吧或办公室中,这些地方内部主机不多,出端口可以通过 PPPoE 拨号方式获取 1 个临时公网 IP 地址。Easy IP 可以让内部主机使用这个临时公网 IP 地址访问 Internet。

Easy IP 的工作过程与 NAPT 完全一样。某小型公司的网络拓扑结构,如图 11-5 所示。

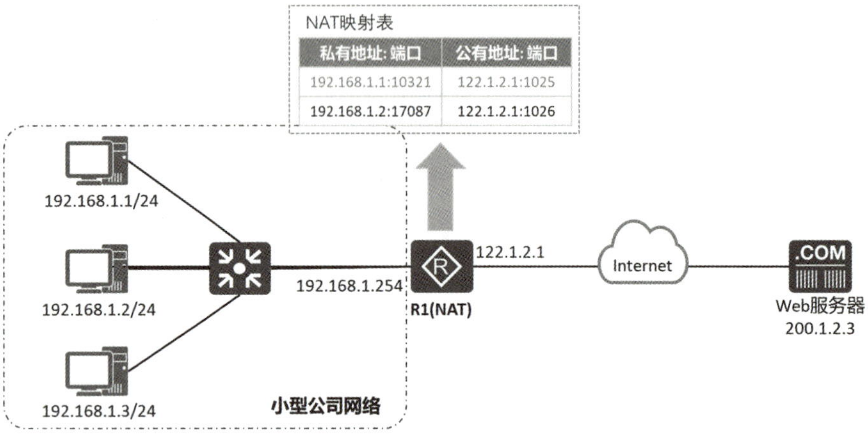

图 11-5　某公司网络拓扑结构

例 11.4 Easy IP 配置案例,网络拓扑结构如图 11-5 所示。

在 R1 上配置 Easy IP,让内网所有私有地址转换为 R1 出端口的 IP 访问公网。

```
[R1] acl 2000
[R1-acl-basic-2000] rule 5 permit source 192.168.1.0 0.0.0.255
[R1-acl-basic-2000] quit
[R1] interface GigabitEthernet0/0/1
[R1-GigabitEthernet0/0/1] nat outbound 2000
```

11.2.5　NAT Server

NAT Server,又称静态 NAPT。指定"公有地址:端口"与"私有地址:端口"的一对一映射关系,将内网服务器映射到公网,私有网络中的服务器需要在对公网提供服务时使用。外网主机通过主动访问"公有地址:端口"实现对内网服务器的访问。NAT Server 的工作过程如图 11-6 所示。

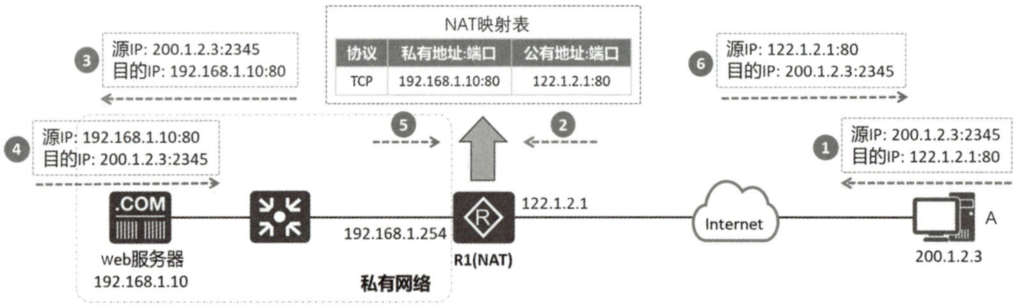

图 11-6　NAT Server 工作过程

如图 11-6 所示,假设外网的计算机 A(200.1.2.3)需要访问私有网络的 web 服务器(192.168.1.10),其通信过程如下:

①计算机 A 发送数据包给 web 服务器。数据包的源 IP 地址为 200.1.2.3,源端口号为 2345(随

机端口号)；数据包的目的地址为 122.1.2.1，目的端口号为 80(web 服务器默认端口号是 80)。

②数据包经过路由器 R1 的时候，路由器查询 NAT 地址映射表，找到对应的映射条目后，数据包的目的地址及目的端口号将从 122.1.2.1:80 转化为 192.168.1.10:80，源地址及目的端口号不变。这里转换后的目的 IP 地址为内网 web 服务器的 IP 地址，目的端口为 web 服务器的 web 服务端口号 80。

③转换后的数据包在私有网络上转发，最终被 web 服务器接收。

④web 服务器收到数据包后，将响应内容封装在目的地址为 200.1.2.3，目的端口号为 2345 的数据包中，然后将数据包发送出去。

⑤响应数据包经过路由转发，将到达路由器 R1 上，路由器对照 NAT 映射表，找出对应关系，将源地址及端口号为 192.168.1.10:80 的数据包转换为源地址及端口号为 122.1.2.1:80 的数据包，然后发送到 Internet 中。

⑥目的地址及端口号为 200.1.2.3:2345 的数据包在 Internet 中传送，最终到达计算机 A。计算机 A 通过数据包的源地址及端口号(122.1.2.1:80)知道这是它访问 web 服务的响应包。但是，计算机 A 并不知道 web 服务其实是由私有网络内的 web 服务器所提供的，它只知道这个 web 服务是由 Internet 上的 IP 地址为 122.1.2.1 的机器提供的。

NAT Server 的内外网“IP+端口”映射关系是永久性的，因此，它主要应用在内网服务器的指定服务(如 web、FTP 等)向外网提供服务的场景。典型的应用为公司将内部网络的门户网站映射到公网 IP 的 80 端口上，满足互联网用户访问公司门户网站的需求。

例 11.5 NAT Server 配置案例，网络拓扑如图 11-6 所示。

在 R1 上配置 NAT Server，将内网服务器 192.168.1.10 的 80 端口映射到公有地址 122.1.2.1 的 80 端口。

```
[R1] interface GigabitEthernet0/0/1
[R1-GigabitEthernet0/0/1] ip address 122.1.2.1 24
[R1-GigabitEthernet0/0/1] nat server protocol tcp global 122.1.2.1 www inside 192.168.1.10 80
```

拓展阅读

近年来，我国 IPv6(互联网协议第六版)规模部署实现跨越式发展，IPv6 网络“高速公路”全面建成，信息基础设施 IPv6 服务能力已基本具备。

IPv6 是公认的下一代互联网商业应用解决方案。它能够为每个联网设备提供一个独立的 IP 地址，有望解决端到端的连接和安全性、移动性等问题。部署 IPv6 有利于支撑 5G、人工智能和云计算等新兴技术的发展，提升我国互联网的承载能力和服务水平。目前，我国 IPv6 互联网活跃用户数达 6.93 亿，移动网络 IPv6 流量占比突破 40%。

——摘自《人民日报》2022.8.8

项目实战

项目 11-1　园区网静态 NAT 配置

项目 11-1　园区网静态 NAT 配置

某公网的园区网通过路由器 R1 接入 Internet，网络拓扑结构如图 11-7 所示，网络需求如下所示。

（1）公司向 Internet 申请了 2 个公网 IP：122.1.2.1 和 122.1.2.2。

（2）公司的 Web 服务器需要以静态 NAT 方式对外提供服务，映射 IP 为 122.1.2.2。

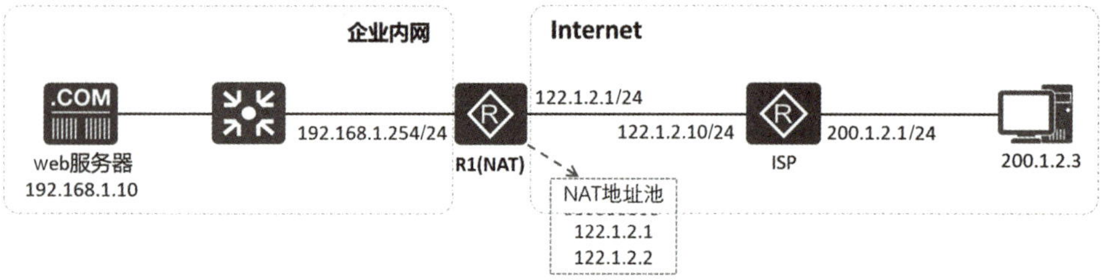

图 11-7　项目 11-1 网络拓扑结构

项目规划

欲实现上述功能需求，配置思路如下所示。

（1）为各设备端口配置 IP 地址，在 R1 和 ISP 设备上配置路由。

（2）在路由器 R1 配置 NAT，将 web 服务器映射到 122.1.2.2。

项目实施

步骤 1：配置设备的端口 IP 地址和路由。

```
# R1:
[R1] interface g0/0/0
[R1-GigabitEthernet0/0/0] ip add 192.168.1.254 24
[R1-GigabitEthernet0/0/0] quit
[R1] interface g0/0/1
[R1-GigabitEthernet0/0/1] ip add 122.1.2.1 24
[R1-GigabitEthernet0/0/1] quit
[R1] ip route-static 0.0.0.0 0 122.1.2.10# 配置默认路由
# ISP:
[ISP] interface g0/0/0
[ISP-GigabitEthernet0/0/0] ip add 122.1.2.10 24
[ISP-GigabitEthernet0/0/0] quit
[ISP] interface g0/0/1
[ISP-GigabitEthernet0/0/1] ip add 200.1.2.1 24
[ISP-GigabitEthernet0/0/1] quit
[ISP] ip route-static 0.0.0.0 0 122.1.2.1# 配置默认路由
```

步骤 2：为 R1 配置静态 NAT。

```
[R1] interface g0/0/1
[R1-GigabitEthernet0/0/1] nat static global 122.1.2.2 inside 192.168.1.10
```

▷项目验证

（1）在 R1 上执行"display nat static"命令，查看公有 IP 地址与私有 IP 地址的映射关系，查看结果如图 11-8 所示。

```
[R1]display nat static
  Static Nat Information:
  Interface   : GigabitEthernet0/0/1
    Global IP/Port      : 122.1.2.2/----
    Inside IP/Port      : 192.168.1.10/----
    Protocol : ----
    VPN instance-name   : ----
    Acl number          : ----
    Netmask   : 255.255.255.255
    Description : ----
```

图 11-8　查看 R1 上公有 IP 地址与私有 IP 地址映射的结果

（2）在公网主机上，执行"ping 122.1.2.2"命令，测试与内网 web 服务器的连通性，如图 11-9 所示，结果显示可以成功连接 web 服务器。

```
PC>ping 122.1.2.2 -c 2

Ping 122.1.2.2: 32 data bytes, Press Ctrl_C to break
From 122.1.2.2: bytes=32 seq=1 ttl=253 time=47 ms
From 122.1.2.2: bytes=32 seq=2 ttl=253 time=47 ms
```

图 11-9　测试公网主机与内网 web 服务器的连通性

（3）查看 R1 上的 NAT 会话表，结果显示目的 IP 的公有地址成功转换为对应的私有地址，如图 11-10 所示。

```
[R1]display nat session all
  NAT Session Table Information:

     Protocol          : ICMP(1)
     SrcAddr   Vpn     : 200.1.2.3
     DestAddr  Vpn     : 122.1.2.2
     Type Code IcmpId  : 0   8   23776
     NAT-Info
       New SrcAddr     : ----
       New DestAddr    : 192.168.1.10
       New IcmpId      : ----
```

图 11-10　查看 R1 上 NAT 会话表的结果

项目 11-2　园区网动态 NAT 配置

项目 11-2　园区网动态 NAT 配置

某公网的园区网通过路由器 R1 接入 Internet，网络拓扑结构如图 11-11 所示，网络需求为如下所示。

（1）公司向 Internet 申请了 1 批公网 IP：122.1.2.1～122.1.2.5。

（2）公司计算机 192.168.1.0/24 可通过路由器 R1 随机映射到公网，实现内外网互访。

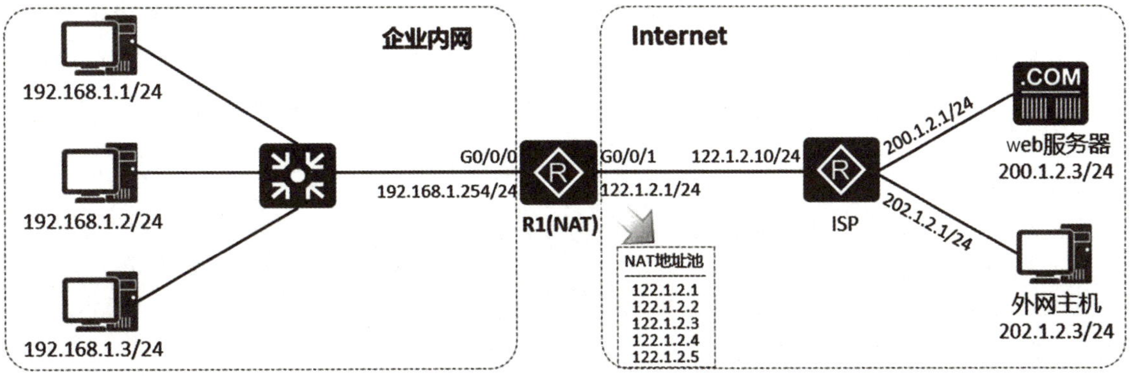

图 11-11　项目 11-2 网络拓扑结构

项目规划

欲实现上述功能需求，配置思路如下所示。

(1)为各设备端口配置 IP 地址，在 R1 和 ISP 设备上配置路由。

(2)在路由器 R1 上配置公网 IP 地址池。

(3)在路由器 R1 上配置 ACL 规则，该规则定义了可用于映射公网的主机。

(4)在路由器 R1 配置动态 NAT，将符合 ACL 规则的主机自动映射到公网地址池 IP 中。

项目实施

步骤 1：配置设备的端口 IP 地址和路由。

```
#R1:
[R1] interface g0/0/0
[R1-GigabitEthernet0/0/0] ip add 192.168.1.254 24
[R1-GigabitEthernet0/0/0] quit
[R1] interface g0/0/1
[R1-GigabitEthernet0/0/1] ip add 122.1.2.1 24
[R1-GigabitEthernet0/0/1] quit
[R1] ip route-static 0.0.0.0 0 122.1.2.10# 配置默认路由
# ISP:
[ISP] interface g0/0/0
[ISP-GigabitEthernet0/0/0] ip add 122.1.2.10 24
[ISP-GigabitEthernet0/0/0] quit
[ISP] interface g0/0/1
[ISP-GigabitEthernet0/0/1] ip add 200.1.2.1 24
[ISP-GigabitEthernet0/0/1] quit
[ISP] interface g0/0/2
[ISP-GigabitEthernet0/0/2] ip add202.1.2.1 24
[ISP-GigabitEthernet0/0/2] quit
[ISP] ip route-static 0.0.0.0 0 122.1.2.1# 配置默认路由
```

步骤 2：为路由器 R1 配置公网 IP 地址池。

```
[R1] nat address-group 1 122.1.2.2 122.1.2.5
```

需要注意的是，申请到的公网 IP 不能全部纳入地址池，必须至少保留 1 个用于路由器与公网通信，本项目保留了 122.1.2.1 给 R1 的 G0/0/1 端口。此外，地址池必须是一段连续的 IP 地址集合。

步骤 3：为路由器 R1 配置 ACL 规则，匹配内网 192.168.1.0/24 网段的流量。

```
[R1] acl 2000
[R1-acl-basic-2000] rule 5 permit source 192.168.1.0 0.0.0.255
[R1-acl-basic-2000] quit
```

步骤 4：为路由器 R1 配置动态 NAT，并关联 ACL 2000。

```
[R1] interface g0/0/1
[R1-GigabitEthernet0/0/1] nat outbound 2000 address-group 1 no-pat
[R1-GigabitEthernet0/0/1] quit
```

no-pat 参数表示只转换数据报文的 IP 地址而不转换端口信息。

项目验证

（1）在路由器 R1 上执行“display nat address-group group-index”命令，查看 NAT 地址池配置信息或执行“display nat outbound”命令，查看动态 NAT 配置信息，查看结果如图 11-12 所示。

```
[R1]display nat address-group 1

 NAT Address-Group Information:
 --------------------------------------
 Index   Start-address      End-address
 --------------------------------------
 1           122.1.2.2        122.1.2.5
 --------------------------------------
  Total : 1
[R1]display nat outbound
 NAT Outbound Information:
 --------------------------------------------------------------------------
 Interface                    Acl     Address-group/IP/Interface       Type
 --------------------------------------------------------------------------
 GigabitEthernet0/0/1         2000                             1     no-pat
 --------------------------------------------------------------------------
  Total : 1
```

图 11-12　查看 R1 上动态 NAT 的配置信息

（2）在内网主机上，执行“ping 200. 1. 2. 3”命令，测试与外网 web 服务器的连通性，如图 11-13 所示，结果显示可以成功连接 web 服务器。

```
PC>ping 200.1.2.3 -c 2

Ping 200.1.2.3: 32 data bytes, Press Ctrl_C to break
From 200.1.2.3: bytes=32 seq=1 ttl=253 time=47 ms
From 200.1.2.3: bytes=32 seq=2 ttl=253 time=31 ms
```

图 11-13　测试内网主机与外网 Web 服务器的连通性

（3）查看 R1 的 NAT 会话表，结果显示源 IP 的私有地址成功转换为地址池中的公有地址，如图 11-14 所示。

```
[R1]display nat session all
  NAT Session Table Information:

     Protocol          : ICMP(1)
     SrcAddr   Vpn     : 192.168.1.1
     DestAddr  Vpn     : 200.1.2.3
     Type Code IcmpId  : 0   8   32894
     NAT-Info
       New SrcAddr     : 122.1.2.2
       New DestAddr    : ----
       New IcmpId      : ----
```

图 11-14　查看 R1 上 NAT 会话表的结果

项目 11-3　园区网 Easy IP 配置

某公网的园区网通过路由器 R1 接入 Internet，网络拓扑如图 11-15 所示，网络需求如下所示。

（1）公司通过拨号接入 Internet，并申请到 1 个固定公网 IP：122. 1. 2. 1。

（2）公司要求使用 Easy IP 技术实现全部内网计算机快速访问 Internet。

项目 11-3　园区网 Easy IP 配置

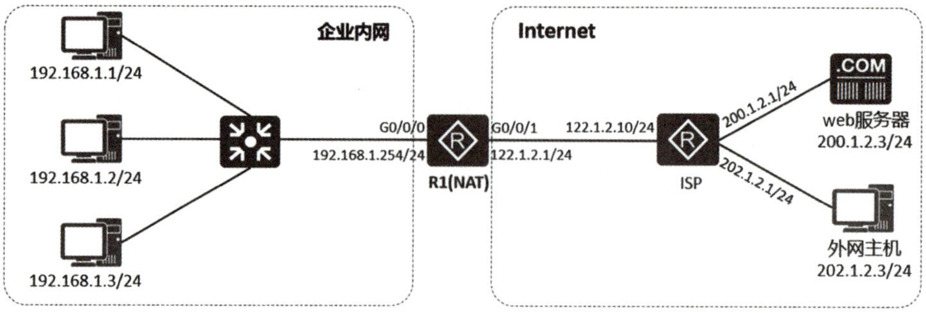

图 11-15　项目 11-3 网络拓扑结构

项目规划

欲实现上述功能需求，配置思路如下所示。

(1)为各设备端口配置 IP 地址。

(2)在路由器 R1 配置 ACL 规则，该规则定义了可用于映射公网的主机。

(3)在路由器 R1 配置 Easy IP，将符合 ACL 规则的主机设置为允许访问外网。

项目实施

步骤 1：配置设备的端口 IP 地址和路由。

```
#R1:
[R1] interface g0/0/0
[R1-GigabitEthernet0/0/0] ip add 192.168.1.254 24
[R1-GigabitEthernet0/0/0] quit
[R1] interface g0/0/1
[R1-GigabitEthernet0/0/1] ip add 122.1.2.1 24
[R1-GigabitEthernet0/0/1] quit
[R1] ip route-static 0.0.0.0 0 122.1.2.10# 配置默认路由
# ISP:
[ISP] interface g0/0/0
[ISP-GigabitEthernet0/0/0] ip add 122.1.2.10 24
[ISP-GigabitEthernet0/0/0] quit
[ISP] interface g0/0/1
[ISP-GigabitEthernet0/0/1] ip add 200.1.2.1 24
[ISP-GigabitEthernet0/0/1] quit
[ISP] interface g0/0/2
[ISP-GigabitEthernet0/0/2] ip add 202.1.2.1 24
[ISP-GigabitEthernet0/0/2] quit
[ISP] ip route-static 0.0.0.0 0 122.1.2.1# 配置默认路由
```

步骤 2：为路由器 R1 配置 ACL 规则，匹配内网 192.168.1.0/24 网段的流量。

```
[R1] acl 2000
[R1-acl-basic-2000] rule 5 permit source 192.168.1.0 0.0.0.255
[R1-acl-basic-2000] quit
```

步骤 3:为路由器 R1 配置 Easy IP,并关联 ACL 2000。

```
[R1] interface GigabitEthernet0/0/1
[R1-GigabitEthernet0/0/1] nat outbound 2000
[R1-GigabitEthernet0/0/1] quit
```

项目验证

(1)在 R1 上执行“display nat outbound”命令,查看配置结果,如图 11-16 所示。

```
[R1]display nat outbound
 NAT Outbound Information:
 --------------------------------------------------------------------------
 Interface                     Acl     Address-group/IP/Interface      Type
 --------------------------------------------------------------------------
 GigabitEthernet0/0/1         2000                      122.1.2.1    easyip
 --------------------------------------------------------------------------
  Total : 1
```

图 11-16　查看 R1 上 Easy IP 的配置结果

图 11-16 中 Address-group/IP/Interface 表项表明端口(122.1.2.1)和 ACL 2000 允许的企业内网网段192.168.1.0/24已经关联成功,Type 表项表明 Easy IP 已经配置成功。

(2)在内网主机上,执行“ping 200.1.2.3”命令,测试与外网 web 服务器的连通性,如图 11-17 所示,结果显示可以成功连接 web 服务器。

```
PC>ping 200.1.2.3 -c 2

Ping 200.1.2.3: 32 data bytes, Press Ctrl_C to break
From 200.1.2.3: bytes=32 seq=1 ttl=253 time=47 ms
From 200.1.2.3: bytes=32 seq=2 ttl=253 time=31 ms
```

图 11-17　测试内网主机与外网 Web 服务器的连通性

(3)查看 R1 上的 NAT 会话表,结果显示源 IP 的私有地址及端口号成功转换为 R1 出端口的公有地址及端口号,如图 11-18 所示。

```
[R1]display nat session all
  NAT Session Table Information:

     Protocol          : ICMP(1)
     SrcAddr   Vpn     : 192.168.1.1
     DestAddr  Vpn     : 200.1.2.3
     Type Code IcmpId  : 0   8   31902
     NAT-Info
       New SrcAddr     : 122.1.2.1
       New DestAddr    : ----
       New IcmpId      : 10248
```

图 11-18　查看 R1 上 NAT 会话表的结果

单元总结

本单元详细介绍了不同类型 NAT 技术的工作原理及应用,主要学习了以下知识内容。

(1)在私有网络内使用私有地址,并在网络出口使用 NAT 技术,可以有效减少网络所需的 IPv4 公有地址数量,NAT 技术有效地缓解了 IPv4 公有地址短缺的问题。

(2)动态 NAT、NAPT 和 Easy IP 实现了私有网络的主机访问公网(提供源地址转换)的功能,其中 Easy IP 应用在私有网络只有 1 个公有地址的场景。

(3)静态 NAT 提供了一对一映射,支持内外双向互访。

(4)NAT Server 实现了私有网络的服务器对公网提供服务(提供目的地址转换)。

巩固练习

一、单选题

1. 以下选项中，符合公有 IP 地址利用率从低到高的顺序的是（　　）。

A. 动态 NAT，静态 NAT，NAPT　　B. NAPT，动态 NAT，静态 NAT

C. 静态 NAT，NAPT，动态 NAT　　D. 静态 NAT，动态 NAT，NAPT

2. 如果企业内部需要接入 Internet 的用户一共有 300 个，但该企业只申请到 1 个 C 类的合法 IP 地址，则应该使用（　　）方式实现企业内网访问 Internet。

A. 静态 NAT　　B. 动态 NAT

C. NAT Server　　D. Easy IPE. NAPT

3. NAT 的功能是（　　）。

A. 将 IP 协议改为其他网络协议

B. 实现 ISP 之间的通讯

C. 实现拨号用户的接入功能

D. 实现私有 IP 地址与公有 IP 地址的相互转换

4. NAPT 技术把内部的所有地址映射到 1 个外部地址，这样做的好处是（　　）。

A. 可以快速访问外部主机

B. 限制了内部对外部主机的访问

C. 增强了访问外部资源的能力

D. 隐藏了内部网络的 IP 配置

5. 下面关于 Easy IP 的说法中，叙述错误的是（　　）。

A. Easy IP 是 NAPT 的 1 种特例

B. 配置 Easy IP 时不需要配置 ACL 来匹配需要被 NAT 转换的报文

C. 配置 Easy IP 时不需要配置 NAT 地址池

D. Easy IP 适合用于 NAT 设备拨号或动态获得公网 IP 地址的场合

二、多选题

1. 下列关于 NAT 技术的说法中，叙述正确的有（　　）。

A. 使用 NAT 技术时的基本场景是：公网内部进行通信

B. 使用 NAT 技术时的基本场景是：私网内部进行通信

C. 使用 NAT 技术时的基本场景是：私网与公网进行通信

D. NAT 技术可以在一定程度上节约公有 IP 地址资源

E. IP 地址空间中，私有 IP 地址的数量远小于公有 IP 地址的数量。NAT 技术的使用，可以在很大程度上节约私有 IP 地址资源

F. Easy IP 是 NAPT 的 1 种特殊情况

2. 下列关于地址池的描述中，正确的有（　　）。

A. 只能定义 1 个地址池

B. 地址池中的地址必须是连续的

C. 当某个地址池已和某个访问控制列表关联时，不允许删除这个地址池

D. 以上说法都不正确

3. 下列关于地址转换的说法中，正确的有（　　）。

A. 地址转换有效地解决了因特网地址短缺的问题

B. 地址转换实现了对用户透明的网络外部地址的分配

C. 使用地址转换后，对 IP 包加密和快速转发不会造成什么影响

D. 地址转换为内部主机提供了一定的“隐私”保护

E. 地址转换使得网络调试变得更加简单

4. 下列有关 NAT 的说法中，正确的有（　　）。

A. NAT 是英文“地址转换”的缩写，又称地址翻译

B. NAT 用来实现私有地址与公有地址之间的转换

C. 当内部网络的主机访问外部网络时，一定不需要 NAT

D. 地址转换的提出，为解决 IP 地址紧张的问题提供了 1 个有效途径

5. NAPT 主要对数据包的（　　）信息进行转换。

A. 数据链路层　　B. 网络层　　C. 传输层　　D. 应用层

三、简答题

1. 何种 NAT 转换可以让外部网络主动访问内网服务器？

2. NAPT 相较于 No-PAT 有哪些优点？

3. 在配置 NAT Server 时，转换前的目的端口和转换后的目的端口是否要相同？

4. 简述解决 IP 地址不足的措施有哪些？

参考文献

[1]谢钧,谢希仁.计算机网络教程[M].5版.北京:人民邮电出版社,2018.

[2]华为技术有限公司.网络系统建设与运维(中级)[M].北京:人民邮电出版社,2020.

[3]韩立刚,李圣春,韩利辉.华为 HCNA 路由与交换学习指南[M].北京:人民邮电出版社,2019.

[4]王达.华为交换机学习指南[M].2版.北京:人民邮电出版社,2019.

[5]时瑞鹏.SDN 基础及项目实践[M].北京:中国铁道出版社,2021.